第2版

Pythonで学ぶ あたらしい統計学の教科書

馬場 真哉 | 著

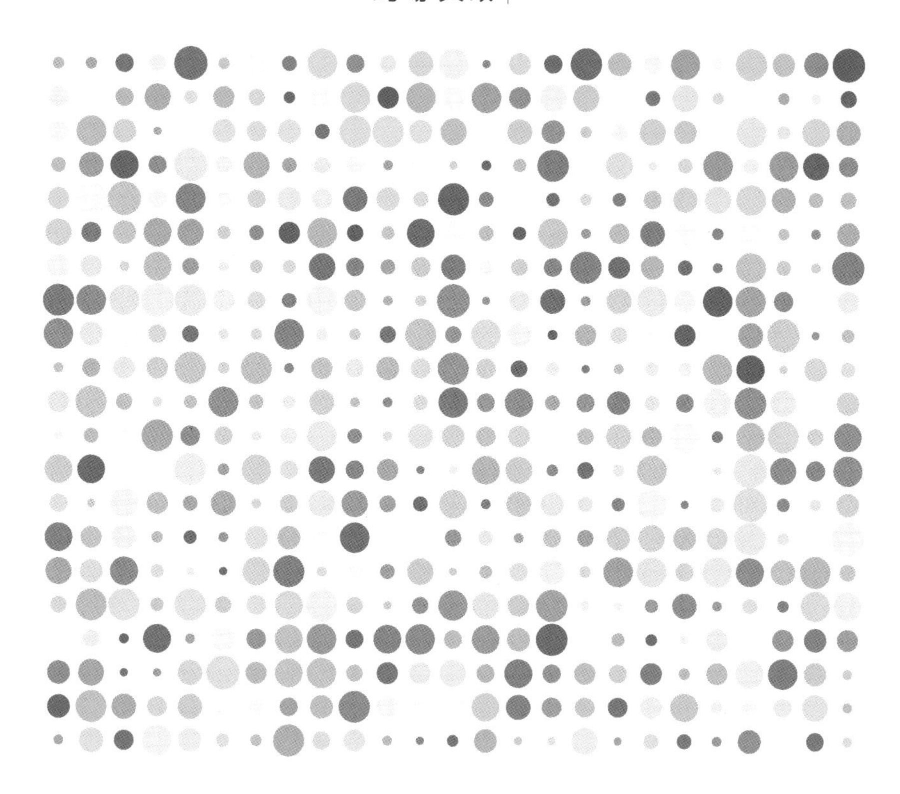

AI & TECHNOLOGY

SE SHOEISHA

本書内容に関するお問い合わせについて

このたびは翔泳社の書籍をお買い上げいただき、誠にありがとうございます。弊社では、読者の皆様からのお問い合わせに適切に対応させていただくため、以下のガイドラインへのご協力をお願い致しております。下記項目をお読みいただき、手順に従ってお問い合わせください。

●ご質問される前に

弊社Webサイトの「正誤表」をご参照ください。これまでに判明した正誤や追加情報を掲載しています。

正誤表　https://www.shoeisha.co.jp/book/errata/

●ご質問方法

弊社Webサイトの「刊行物Q&A」をご利用ください。

刊行物Q&A　https://www.shoeisha.co.jp/book/qa/

インターネットをご利用でない場合は、FAXまたは郵便にて、下記翔泳社 愛読者サービスセンターまでお問い合わせください。
電話でのご質問は、お受けしておりません。

●回答について

回答は、ご質問いただいた手段によってご返事申し上げます。ご質問の内容によっては、回答に数日ないしはそれ以上の期間を要する場合があります。

●ご質問に際してのご注意

本書の対象を越えるもの、記述個所を特定されないもの、また読者固有の環境に起因するご質問等にはお答えできませんので、予めご了承ください。

●郵便物送付先およびFAX番号

送付先住所　〒160-0006　東京都新宿区舟町5
FAX番号　03-5362-3818
宛先　（株）翔泳社 愛読者サービスセンター

※本書に記載されたURL等は予告なく変更される場合があります。
※本書の出版にあたっては正確な記述につとめましたが、著者や出版社などのいずれも、本書の内容に対してなんらかの保証をするものではなく、内容やサンプルに基づくいかなる運用結果に関してもいっさいの責任を負いません。
※本書に掲載されているサンプルプログラムやスクリプト、および実行結果を記した画面イメージなどは、特定の設定に基づいた環境にて再現される一例です。

※本書の内容は、2022年5月執筆時点のものです。

はじめに

本書の特徴

本書は、統計学の入門書です。Pythonという無料で使えるプログラミング言語を使った分析方法も載っています。

本書は「Pythonで学ぶあたらしい統計学の教科書」の第2版です。初版はありがたいことに増刷を重ね、中国や韓国など海外でもお読みいただいています。第2版では初学者の方がさらに勉強しやすくなるように、初版から大きく内容を変えました。章立てが変わっただけでなく、全面的に書き下ろした項目も多くあります。内容も大きく増えました。このように初版から大きくバージョンアップしましたが、基本思想は変わっていません。

本書では、主に以下の3点を解説します。

- データをどのように分析するのか
- なぜそのように分析するのが良いことなのか
- Pythonを使ってどのように分析するのか

本書には、統計学と関係のないことがほとんど載っていません。細かいノウハウやコラムのような、初学者にとってあまり重要でない内容はなるべく削りました。逆に、統計学の基礎を理解するために必要なことは、ページ数を割いて解説しました。

Pythonを使った分析の方法も、ページ数を割いて丁寧に解説しました。Pythonの文法は比較的シンプルなうえに、人気のある言語なので情報を得るのも容易です。高度な統計分析も比較的簡単に実行できます。

本書の第1部から第6部までは、いわゆる「統計学入門」と銘打った書籍らしい内容です。記述統計、確率と確率分布の基本、そして統計的推定と統計的仮説検定を解説します。初版から構成を大きく見直し、初めて統計学を学ぶ人でも独学しやすい流れにしました。

本書の第7部からは、回帰分析や分散分析といった分析手法を統一的に扱うための「統計モデル」について解説します。統計モデルを扱うことで、推測統計の理論をより深く学べるだけでなく、予測ができるようにもなります。予測をする技術として機械学習法との接点についても触れることで、統計学の基礎から機械学習へのつながりまでを俯瞰できるようにしました。

本書の執筆の方針

「用語がわからないから、数式が読めないから、比喩表現になじめないから、統計学がわからない」ということがなるべく起こらないように本書を執筆しました。日本語・数式・Pythonコードで3回同じことを説明しますので、読み進めるうちに理解できる箇所が増えるはずです。

統計学を難しいと感じる大きな理由の1つは「理解すべき項目がとても多い」ことだと思います。個別の項目とそれらのつながりを把握するのが大事です。

本書では用語同士の関連性がわかるように配慮しました。目次を見ればわかるように、節の頭に「用語」あるいは「実装」というマークを入れています。用語の定義の解説と、用語同士の関連性の解説、そしてプログラミングの解説などを明確に分けました。このため、混乱しないで読み進められると思います。目次をとても詳細に書いているので、自分が今どこにいて何を学んでいるのか一目でわかるはずです。

また、単なる記述・説明のための分析ではなく、予測のための分析も取り扱いました。統計学を俯瞰してもらうことが本書の狙いの1つですので、個別の内容ではやや厳密ではない表現もあるかもしれません。本書では適宜参考文献を紹介し、高度な文献への橋渡しという意味も持たせました。

本書の対象読者

統計学を初めて学ぶという方、あるいは統計学の勉強に挫折したがもう一度勉強したいという方が、本書の対象読者です。統計学を学ぶモチベーションについて、第1部で丁寧に解説しました。本書を読み進めるかどうかを判断するために、第1部の内容をぜひ参照してください。

実際にデータを分析しながら理論を学びたいという方にとって、本書は特にフィットするはずです。人気のプログラミング言語Pythonを使いながら、「実際に手を動かして、データを分析する」方法を学んでください。Pythonを初めて使う方でも読み進められるよう、第2部でPythonの導入的解説をしました。

確率・統計の理論を、Pythonによるシミュレーションを通して直観的に理解できるのも、本書の大きな特徴です。「なんとなく計算はできるが、納得がいかない」という方にとっても、本書は役に立つはずです。

本書では、統計学の入門的な内容に加えて、統計モデルを用いた予測の方法も扱っています。予測をする技術としての機械学習法との接点も解説しました。「単に機械学習のライブラリを使えるだけの状況から脱したい」という方にも、本書をおすすめします。

逆に、統計学の数理的な内容について深く知りたいという方、深層学習など機械学習の高度な技術について知りたいという方は、本書の対象読者から離れます。

本書の構成

本書は前から順番に読み進めてください。事前に用語の解説をしてから本論に進む構成になっているので、目次に知らない用語があると感じても大丈夫です。

第1部では統計学を学ぶモチベーションを与えるために、統計学の基本的な考え方と、統計学を学ぶご利益を解説します。平均値だけを見るような単純な分析方法が持つ問題点などを理解してください。

第2部ではプログラミング言語であるPythonを導入します。

インストールの方法から始め、Pythonプログラミングをするための便利なツールであるJupyter Notebookの使い方を解説します。そして、四則演算から繰り返し構文まで、Pythonの基本文法を解説したあと、データを分析するための便利な機能を利用するために、numpyとpandasと呼ばれるライブラリの使い方を解説します。

第3部ではデータの集計をする技術である記述統計を解説します。

まずはデータにまつわる用語を導入し、そしてΣ記号などの数式の読み方を解説します。

続いて、度数分布とヒストグラム、1変量データの統計量、多変量データの統計量と順に導入し、1つ1つPythonで計算する方法を解説します。

第3部後半では、グループ別に分析を行う、層別分析と呼ばれる方法を解説します。最後にデータの可視化の方法として、matplotlibとseabornというライブラリを使い、美麗なグラフを簡単に描く方法を解説します。これらは実務的にも役立つ技術です。

第4部では推測統計への序章として、確率と確率分布の初歩を解説します。

集合の基本的な用語から始めて、確率論の初歩を解説します。そのあと、代表的な確率分布として二項分布と正規分布を解説します。個別の確率分布の解説では、シミュレーションを使って、直観的に理解できるよう配慮しました。

第5部では統計的推定の問題を扱います。

統計的推定の基本的な考え方を紹介したあと、母平均の推定問題と母分散の推定問題を扱います。推定に関する用語の解説だけでなく、シミュレーションを併用し、推定の考え方について解説します。

第5部後半では、母集団分布に正規分布を仮定したうえで、標本から計算された統計量が従う標本分布を導入し、最後に標本分布を利用して区間推定を行います。

第6部ではデータに基づいて判断を下すための手法である統計的仮説検定を解説します。

母平均に関する1標本のt検定、平均値の差の検定、そして分割表の検定を解説します。最後に、統計的仮説検定の結果を解釈するときの注意点なども紹介します。

第7部では統計モデルを導入し、基本事項とモデルを構築する手続きを解説します。

統計モデルに関する基本的な用語や考え方を紹介したあと、モデルのパラメータを推定するための方法論として、最尤法と最小二乗法を解説します。最後に、モデルの評価の方法と、モデルに用いる変数を選択する方法を解説します。

第8部では線形回帰分析とその発展について解説します。

まずは基本的な分析手法である単回帰分析と分散分析について解説します。そして共分散分析とも呼ばれる、複数の変数を扱うモデルを解説します。複数の変数がある場合に単純な比較を行うのが好ましくない理由と、分析を改善する方法を解説します。

第9部では正規分布以外の確率分布を利用できる、一般化線形モデルについて解説します。

導入的解説をしたあと、「ある/ない」といった二値のデータを分析するための手法であるロジスティック回帰分析、そして「0個、1個、2個、……」といった離散型の数値を分析するための手法であるポアソン回帰モデルを解説します。実用上とても大切な技術である一般化線形モデルの残差診断の方法もあわせて解説します。

第10部では機械学習の導入的解説をします。

機械学習にかかわる用語を導入したあと、単純な線形回帰分析を拡張したRidge回帰とLasso回帰を導入します。本書の締めくくりとしてニューラルネットワークの導入的解説をします。そのうえで一般化線形モデルとニューラルネットワークの関係を解説します。

統計学は便利な道具です。統計学を教える書籍も、便利な道具であるべきです。

本書が皆さんにとって、有用なツールとなることを願います。

2022年5月吉日

馬場真哉

本書サポートページから、サンプルコードなどをダウンロードできます。

URL：https://logics-of-blue.com/python-stats-book-2nd-support/

本書のサンプルの動作環境とサンプルプログラムについて

本書はWindows10（64bit）の環境を元に解説しています。Pythonとライブラリのインストールには Anaconda Individual Edition（Anaconda3-2021.11-Windows-x86_64.exe）を使用しています。本書のサンプルは表1の環境で、問題なく動作していることを確認しています。

表1 サンプルの実行環境

環境	バージョン
OS	Windows10 64-bit
Python	3.9.7
Anaconda Individual Edition	Anaconda3-2021.11

■付属データのご案内

付属データ（本書記載のサンプルコード）は、viiにも記載していますが以下のサイトからダウンロードできます。

・本書サポートページ

URL：https://logics-of-blue.com/python-stats-book-2nd-support/

■会員特典データのご案内

会員特典データは、以下のサイトからダウンロードして入手いただけます。

・会員特典データのダウンロードサイト

URL：https://www.shoeisha.co.jp/book/present/9784798171944

CONTENTS

第9部 ■ 一般化線形モデル……477

第1部

統計学をはじめよう

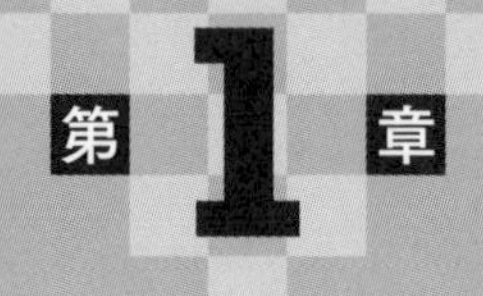

第1章 統計学

統計学辞典によると**統計学**は「データを収集、表示、解析する科学」と定義されています（Upton and Cook(2010)）※。著者個人として統計学とは何かと聞かれれば、データの“良い”使い方を学ぶための学問だと答えます。ただ、これらの説明だと、ややあいまいですね。
統計学はとても適用範囲が広い分野です。大雑把な見取り図を最初に提示し、第3部以降の本論につなげます。
この章では、記述統計と推測統計という統計学の2つの分類を紹介します。そして、各々の特徴とその目的を解説します。

1-1 記述統計とは

手持ちのデータを整理・要約するという統計学のジャンルを**記述統計**と呼びます。

データを分析する際、多くの場合、たくさんの数値を相手にすることになります。例えば｛1，5，3，6，4｝といった数値の集まりを眺めていても何もわかりません。数値が1万個あったとしたら、数値を眺めるだけでも大変です。

そこで統計学の出番です。たくさんの数値を代表する指標を計算します。例えば先ほどのデータの平均値は3.8です。たくさんある数値を1つ1つ確認するのは誠実なやり方かもしれませんが、あまりにも時間がかかります。

※「著者名(西暦)」で引用文献を示しています。「Upton and Cook(2010)」は「UptonさんとCookさんが2010年に書いた本」という意味です。具体的な書名は巻末の参考文献リストを参照してください。

そこでデータを要約して、理解しやすくします。

しかし、要約だけを見るのは、元データの特徴の多くをそぎ落とすことにもつながります。

記述統計の目的を大雑把に説明すると「データの解釈やデータ同士の比較を簡単にしつつ、それでいてなるべく情報を減らさない方法を探る」ことだと言えるでしょう。次章ではこの問題についてもう少し深く解説します。

1-2 推測統計とは

まだ手に入れていない未知のデータを推測するという統計学のジャンルを**推測統計**と呼びます。未知のデータとは、例えば「明日の売り上げデータ」などの未来のデータも含みます。

未知のデータは取り扱いが難しいです。しかし、未知のデータのことが何もわからないというのであれば、データ分析をする意味がほとんど失われてしまいます。

例えば、赤い靴と青い靴では「今日の夜までのデータにおいて」赤い靴の方がよく売れていたとします。しかし、未知のデータ、すなわち「明日の売り上げデータ」について言及できなければ「今日までは赤い靴が売れていたけれど、明日は何が売れるかさっぱりわかりません」ということになります。

データの活用が謳われています。過去のデータを使って「赤い靴がよく売れているようだから、明日も赤い靴の在庫を多く持っておくべきだ」と提案したいところです。

この提案には「手持ちのデータでは赤い靴が売れていた。“だから” まだ手に入れていない明日の売り上げデータで見ても、赤い靴の方が売れるはずだ」という推測がなされているのです。これは一種の売り上げ予測とも言えるでしょう。

手持ちのデータを用いて未知データの推測ができるようになることが、統計学を学ぶことで私たちが得られるメリットとして最も大きなものと言えます。本書の第4部以降でこの問題に取り組みます。

第2章 なぜ記述統計が必要か

手持ちのデータを整理・要約するという統計学のジャンルを記述統計と呼びます。本章では記述統計が果たす役割について解説します。具体的な技術は第3部以降で解説します。

2-1 なぜ記述統計が必要か

記述統計の理論は、データの解釈やデータ同士の比較を簡単にしつつ、それでいてなるべく情報を減らさないよう工夫するために必要です。

大きなデータだと、数千行、数万行、あるいはそれ以上のサイズになることもしばしばあります。これらのデータを1つ1つ目で見て確認していくのはあまりにも非効率です。データの特徴を把握するのに便利な少ない数の指標を計算するのが普通です。これらの指標を文脈に応じてデータの**代表値**や**要約統計量**、あるいは単に**統計量**などと呼びます。さまざまな統計量の定義とその使い方を学ぶのが第一です。

また、データの**可視化**、すなわちグラフを活用したデータの要約も試みます。データを手に入れたら、そのデータを積極的に可視化しましょう。グラフはデータの解釈をするうえでとても役に立ちます。場当たり的にグラフを作るのではなく、グラフの特徴を理解したうえで使い分けるのが大切です。

2-2 平均値の持つ問題点

データの代表値としてしばしば使われるのが平均値です。たとえデータが1万件あったとしても、平均値を計算すると、たった1つの数値に集約できます。1万個の数値を眺めるのと比べると、とても楽です。ただし、データの平均値だけを見て議論することはおすすめできません。

例えば、ある村に住んでいる人の貯金額を調べて、経済的援助が必要かどうかを検討するとしましょう。以下のような貯金額のデータが得られたとします。

Aさん：1億円

Bさん：0円

Cさん：0円

Dさん：0円

4人の平均貯金額は2500万円です。ここで「平均貯金額が2500万円もあるから、経済的援助の必要はないな」と判断するのは問題ですね。B,C,Dさんはまったく貯金がないのですから。

このように、1つの代表値を見るだけだと、誤った解釈をしてしまう可能性があります。これを逆用して、自分の意見を通しやすくするため、意図的に代表値を選んだり、都合の悪い代表値を隠したりすることもできてしまいます。

テレビのニュースやSNSなどからデータを提示される機会が飛躍的に増えました。数値を出されると、なんとなく納得してしまいそうな気持ちになるかもしれません。意図的に誘導された議論に対して、批判的に検証する能力は、これからとても重要になるはずです。データを分析する人だけではなく、データ分析の結果を受け取る人にとっても、統計学を学ぶことは役立ちます。

2-3 平均値以外の指標を使う

誤った解釈を防ぐためには、平均値「だけ」を使うやり方から脱却しなければいけません。誤解のないように申し上げておくと、平均値を使ってはいけないというわけではありません。「いかなるときでも、平均値しか計算しない」というやり方に問題があるのです。代表値は使い分けが大切です。また、複数の代表値を併記することも有効です。

第3部ではデータの分類別に、さまざまな代表値を紹介します。

2-4 データを可視化する

本書ではデータの可視化を記述統計とあわせて解説します。グラフを活用することで、平均値「だけ」を使っていては見えなかったものが明らかになることがしばしばあります。

Pythonを使うと、とても簡単に美麗なグラフが描けます。第3部では、具体的なデータの可視化の方法を、事例とともに解説します。

第3章 なぜ推測統計が必要か

まだ手に入れていない未知のデータを推測するという統計学のジャンルを推測統計と呼びます。本章では推測統計が果たす役割について解説します。具体的な技術については第4部以降で解説します。

3-1 なぜ推測統計が必要か

まだ手に入れていない未知のデータについて議論する際に、推測統計の理論が必要です。

調査には大きく**全数調査**と**標本調査**の2種類があります。全数調査は例えば国勢調査のように、余すことなく全員を対象にして調査します。一方の標本調査では、全体の一部だけを対象にして調査します。

例えば選挙の出口調査は典型的な標本調査です。出口調査では、投票した人にアンケートをとります。ただし、「投票した人全員にアンケートをとる」わけではありません。それでもなお、推測統計の理論を使うことで、例えば開票率が数％しかない状況でも速やかに当確を出せます。

出口調査以外でも、推測統計の使い道は幅広いです。例えばお店に来てくれたお客様にアンケートをとることがあると思いますが、全員にアンケートをとるのは難しそうです。また、例えばある動物種の生態を調べたいと思ったとき、この世界に存在するすべての場所のすべての個体を対象に調査をするのには無理があります。

推測統計は、ビジネスでも、研究活動でも、欠かすことのできない重要な技術です。

3-2 用語 母集団・標本

本書では、読者の混乱を防ぐために、詳細な用語の説明は節を分けて解説します。

関心のある対象全体を**母集団**と呼び、母集団の一部分を**標本**と呼びます。標本は**サンプル**とも呼びます。

標本は、母集団を代表するような方法で取得されます。母集団は、標本として得られていない対象も含めた、集団全体を指します。

実際に手に入った標本をデータと呼ぶことにします。手持ちのデータだけを使って、母集団という全体について議論することが、推測統計学の目的です。この点はぜひ覚えておいてください。

例えば選挙の出口調査の例では、投票した有権者全体が母集団であり、出口調査をした対象者が標本です。そしてアンケート調査の結果がデータとして得られます。アンケート調査に基づいて当確を判断するのに推測統計の理論が役立ちます。

なお、母集団の「母」という文字はいろいろな用語に登場します（母数、母平均など）。紛らわしい用語や誤解されて使われている用語もしばしばあるので適宜注意を促しますが、読者の皆様も「母」という文字が登場したら「母集団と関係があるのかもしれない」と少し注意してみてください。

3-3 用語 サンプルサイズ

標本の大きさ、データの個数のことを**サンプルサイズ**と呼びます。例えば魚を1尾釣ったならば、サンプルサイズは1です。10人にアンケートをとったならばサンプルサイズは10です。

サンプルサイズはあくまでも「標本の大きさ」ですので、サンプルサイズが大きい、またはサンプルサイズが小さいと表現します。サイズが多い、という呼び方は違和感があるので、多い・少ないとは表現しないのが普通です。

ほとんどの場合、標本調査において、サンプルサイズは母集団の大きさと比べると圧倒的に小さいと考えられます。

3-4　推測のイメージ

標本から母集団について推測する、言い換えると一部から全体を推測するのが推測統計です。推測統計のイメージについて解説するとき、しばしば「スープの味見」のたとえ話が登場します。作っているスープが塩辛くないか、あるいは味が薄すぎないかを調べるために、お鍋いっぱいのスープを全部飲み干す必要はありませんね。小皿によそった分量を飲むだけで、ある程度の味はわかるはずです。これが標本調査（小皿にスープを入れて飲む）と推測統計（スープの味について推測する）のイメージです。

なお、この方法は理にかなっているように見えますが、注意すべき点もあります。例えばスープ鍋の底は味が濃くて、上層の味は薄いということがあり得ます。この場合、上層からスープを一部とって味見して「味が薄いな」と判断すると失敗ですね。標本にはバイアスがかからないようにするのがとても大切です。例えば特定のSNSの意見だけを聞いていて「世の中の人はみんなこう思っているんだ」と考えると、間違える可能性が高いです。

本書ではバイアスの入っていない標本を手に入れたことを想定して議論を進めますが、調査データの取得方法に気を配ることは大切です。

3-5　標本の確率的なばらつきと区間推定

推測統計の大きな役割は、推定された値のばらつきの大きさを評価することです。例えば多くの魚が生息する湖で釣りをして魚を10尾釣り、魚の体長を計測したとします。標本の平均値は20㎝でした。釣った魚はリリースします。

ここで「まったく同じ場所で、同じ方法で、もう一度10尾の魚を釣った」とします。このときに「次も、釣れた10尾の魚の体長の平均値は、コンマ1桁違わず、ぴったり前回と同じ大きさになるはずだ」と考えるのには無理があります。

もっと機械的な例を紹介します。例えば黒い箱の中に1000枚のくじが入っていて、そのうちの100枚が当たりくじだとします。複数の挑戦者がおり、この人たちは各々10枚のくじを箱から取り出します。取り出したくじは結果を確認してから元に戻すので、最初にくじを引いても、最後にくじを引いても、条件は変わりません。

このとき、10枚とも外れくじを引く人や、1枚だけ当たる人、2枚当たる人など、いろいろな人が出てくるはずです。同じ条件でくじを引いても、人によって異なる結果が出る可能性があることを認めなくてはなりません。

スマートフォンのゲームなどでガチャを引いたことはあるでしょうか。同じゲームのガチャを引いているのに、友達は当たりが出て、自分は外ればかり（あるいはその逆）という経験をした人もいるはずです。確率的に結果が変わるというのは、日常的に起こり得ることです。

異なる結果が得られることを、ばらつきがあると表現します。例えば標本から計算された平均値などは確率的に変化します。同じ条件で標本調査を行うと、また異なる結果が得られるはずだからです。このばらつきの大きさを検討するのが推測統計の1つの役割です。

区間推定という手法を使えば、ばらつきの大きさを加味したうえで幅のある推定値を提示できます。第5部で**統計的推定**について解説する際に詳細を述べます。

3-6 判断と統計的仮説検定

データに基づいて何らかの判断を下したいときもあります。例えば「商品を購入」というボタンの横に添える写真を、アイドルの写真にしたときと子猫の写真にしたときで売り上げが変わるのかどうかを判断するときなどです。このときは統計的仮説検定と呼ばれる手法がしばしば使われます。**統計的仮説検定**は第6部で解説します。

3-7　モデルと推測

推測統計を学ぶ際には、確率論について学ぶことが大切です。標本は確率的に変化するはずなので、そのばらつきを確率の言葉で表現する必要があります。この確率はどのように計算されるのでしょうか。

ここで登場するのが**モデル**です。モデルとは模型の意味です。現実世界の模型を作ります。詳細は第7部で解説しますが、確率的な表現を伴うモデルを**確率モデル**と呼びます。本書では確率モデルを実際のデータに当てはめたものを**統計モデル**と呼びます。この区別は便宜的なものであり、文献によって用語の使い分けが異なることもあります。区別が難しいときや、区別する必要性が薄いときは、単にモデルと表記します。モデルを構築する作業を**モデリング**と呼びます。これらモデルに基づいてさまざまな確率を計算します。

推測統計を学ぶことで、区間推定や仮説検定ができるようになります。Pythonを使えば、複雑な計算をコンピュータに任せることができ、とても簡単に結果が得られます。

ただし、その結果を鵜呑みにはできません。これらの結果はモデルが提示した結果にすぎないからです。モデルとはあくまでも人間が想定した「現実世界の模型」にすぎません。模型と、実際の世界が大きく異なっているようならば、模型から導出された結果を信用することには問題があります。区間推定や仮説検定の手続きを学ぶことと、これらの技術の背後に仮定されたモデルについて学ぶことは、本来セットでなくてはなりません。

本書では初歩的なモデルを、シミュレーションを通して第4部と第5部で解説します。ただし、現実世界は複雑で、単純なモデルではうまくいかないこともあります。第7部以降でより高度なモデルを解説します。

モデリングについて学ぶことは、区間推定や仮説検定などの技術を理解することに加えて、より複雑な現象に対してデータ分析を試みる際の道具としても役立ちます。

3-8 線形モデルから機械学習へ

第7部から第9部までで、線形回帰モデルや一般化線形モデルといった基礎的かつ実用的なモデルを解説します。これらのモデルは統計学の教科書で紹介されることもありますが、機械学習の教科書で登場することもあります。統計学と機械学習は明確に分かれるものではありません。統計モデルについて学ぶことで、統計学と機械学習との接点についても理解が深まるはずです。

本書では機械学習の詳細には立ち入りませんが、ニューラルネットワークといった代表的な手法と線形モデルとの関連について解説します。

本書を用いて、さまざまな手法を体系的に学んでいただければと思います。ニューラルネットワークは第10部で解説します。

第 2 部

Python と Jupyter Notebook の基本

第1章 環境構築

第2部でプログラミング言語であるPythonを導入します。本章ではPythonをお手持ちのPCにインストールする方法を解説します。プログラミングができる“環境”をPCに作るので、環境構築と呼ばれます。
本書では多く使われているOSであるWindowsの利用を前提とします。執筆時の著者の動作環境は以下の通りです。

- Windows10 64-bit
- Python 3.9.7（Anaconda3-2021.11）

用語を簡単に紹介したあと、インストールの手順と若干の補足事項を紹介します。

1-1 用語 Python

Pythonはプログラミング言語の1つです。もちろん無料で使えます。文法がシンプルなので、覚えることが少ないです。とても人気のある言語なので、書籍やWebなどで豊富な情報が公開されています。プログラミングを初めて学ぶ方にもおすすめできる言語です。

Pythonはデータ分析にとても強いプログラミング言語です。Pythonを使うと、統計分析や機械学習などを、比較的簡単にプログラミングできます。

1-2 用語 Anaconda

Pythonの配布形態として有名なものがAnacondaです。Anacondaは、素のPythonに加えて、分析をするのに便利な機能がたくさん詰め込まれたものだと言えます。

Pythonをインストールしたあとで、ライブラリと呼ばれる分析のための追加機能をインストールする方法もありますが、やや面倒です。そのため本書ではAnacondaをインストールすることを推奨します。Anacondaをインストールすることにはデメリットもあります。しかし、初学者が最も簡単に分析のための環境を構築できる方法だと思います。

1-3 用語 Jupyter Notebook

Jupyter Notebookは実際にプログラムを書くときに使われるツールです。Anacondaをインストールすると Jupyter Notebookが使えるようになっています。

Jupyter Notebookを起動するとGoogle ChromeやEdgeなどのブラウザが立ち上がります。ここでプログラムを書きます。

1-4 Anacondaのインストール

Anacondaをインストールする方法を解説します。

以下のURLにアクセスして「Download」ボタンを押します。

・URL

https://www.anaconda.com/products/individual

ご自身のOSにあわせてAnacondaのインストーラをダウンロードします。本書ではWindowsにおける「64-Bit Graphical Installer」を選択したというストーリーで進めます。本書執筆時では「Anaconda3-2021.11-

Windows-x86_64.exe」というファイルがダウンロードされました（時期によって、異なるファイルがダウンロードされるかもしれません）。これをダブルクリックすることで、Anacondaがインストールされます。

インストールする際は「I Agree」や「Next」を押していくだけで問題ありません。PATHの設定なども不要です。

1-5 古いバージョンのAnacondaのインストール

本書では「Anaconda3-2021.11-Windows-x86_64.exe」というファイルをダウンロードして、Anacondaをインストールしました。ただし、本書が出版されてから日がたつと、新しいバージョンのAnacondaが配布されているかもしれません。基本的には新しいバージョンを使った方が良いのですが、この場合、本書の内容を完全には再現できない可能性があります。

勉強のために本書の内容を再現したい場合は、本書記載のバージョンにあわせて、古いバージョンのAnacondaをインストールしてください。以下のURLから「Anaconda3-2021.11-Windows-x86_64.exe」をダウンロードできます。

・URL
https://repo.anaconda.com/archive/

この方法で「Anaconda3-2021.11-Windows-x86_64.exe」を実行してAnacondaをインストールすると、本書の出版から日があいても、本書の実行結果を再現できるはずです。

1-6 用語 Pythonプログラミング用語

Pythonにおけるプログラミングの説明をする際によく使われる用語をまとめました。軽く読み流していただいて結構です。WebでPythonの情報を集めると出てくる用語なども載せています。

- **実装する**：プログラミングすること
- **コード**：書かれたプログラムのこと
- **ソース**：コードとほぼ同じ意味。ソースコードと呼ぶこともある
- **ライブラリ・パッケージ**：ともにPythonの追加機能だと思うとよい。Anacondaをインストールすると分析用のライブラリがすでにたくさん入っている。numpy・pandas・matplotlib・seaborn・scipy・statsmodels・sklearnなどがある
- **モジュール**：Pythonコードを記述したファイル。複数のモジュールが集まってパッケージを構成する。パッケージの中の特定のモジュールだけを読み込むこともある。なお、複数のパッケージをまとめたものをライブラリと呼ぶ
- **pip**：ライブラリを管理するツールのようなもの。Anacondaを使う場合はあまり使わない
- **conda-install**：Anacondaでライブラリをインストールしたり更新したりする場合はこれを使うことが多い。ただしAnacondaは必要なライブラリがほとんど入っているので、最初のうちはあまり使わない
- **エディタ**：プログラムを書くためのソフトウェア。Jupyter Notebookを使う場合は気にしなくてよい
- **IDE**：統合開発環境のこと。長いプログラムを書くときに便利な機能（構文のチェックなど）がついたソフトウェア。PyCharmやVisual Studio Codeなどが有名。Jupyter Notebookを使う場合は気にしなくてよいが、Pythonでアプリを作る場合は使い方を知っておくと便利なこともある。本書を読み進めるにあたっては不要
- **対話環境**：プログラムを書くと計算結果がすぐに出てくる環境。Jupyter Notebookを使う場合は気にしなくてよい
- **IPython Notebook**：Jupyter Notebookの古い名称
- **2系と3系**：Pythonには大きく2系と3系と呼ばれるバージョンがある。2系は古く、2系で動くコードが3系で動かないということがよくある。本書では3系を利用する。今はほぼ3系しか使われていないと思われるが、古い教科書を読むときには注意が必要

第2章

Jupyter Notebookの基本

本章では、Pythonの文法について学ぶ前準備として、Jupyter Notebookの基本的な使い方を解説します。
本書では一貫してJupyter Notebookを用いて、Pythonのコードを書いたり計算結果を確認したりします。Jupyter Notebookを使うと、簡単に計算結果を確認できるので便利です。
Jupyter Notebookの解説をしたあと、Anaconda Promptと呼ばれるツールの使い方も簡単に紹介します。

2-1 Jupyter Notebookの起動

Anacondaがインストールできていると、Jupyter Notebookが使えるようになっています。Windows10をお使いなら、検索ボックスに「Jupyter Notebook」と打ち込んでから「Enter」キーを押せば起動します。

Jupyter Notebookが起動すると、黒い画面（コマンドプロンプト）が立ち上がったのち、Google ChromeやEdgeなどのブラウザが立ち上がります。SNSのようなWebサービスを使う感覚で、プログラムを書くことができます（図2-2-1）。

ここからは、Jupyter Notebook上での作業となります。なお、ソフトウェアのバージョンアップに従い、書籍本文中の画像と、読者の方が実行されている画面が異なることがあります。

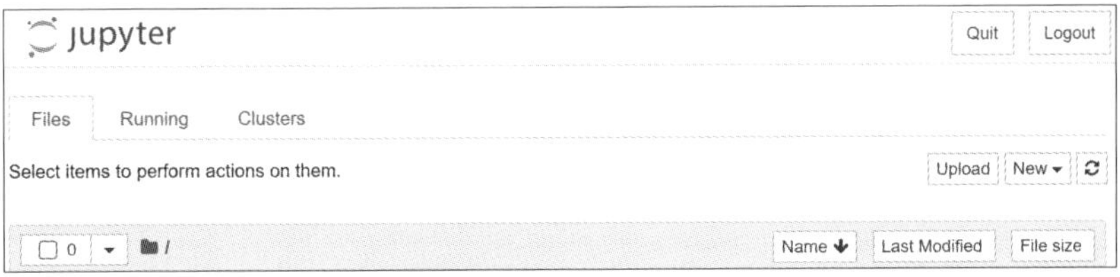

図 2-2-1 Jupyter Notebookの起動画面

2-2 新しいファイルを作る

インストール時の設定によりますが、「C:\Users\ユーザー名」のフォルダ内のファイルの一覧が表示されているかと思います。

分析のための新しいフォルダを作ります。画面右上の「New ▼」→「Folder」を選択すると「Untitled Folder」という名称のフォルダができます（図2-2-2）。

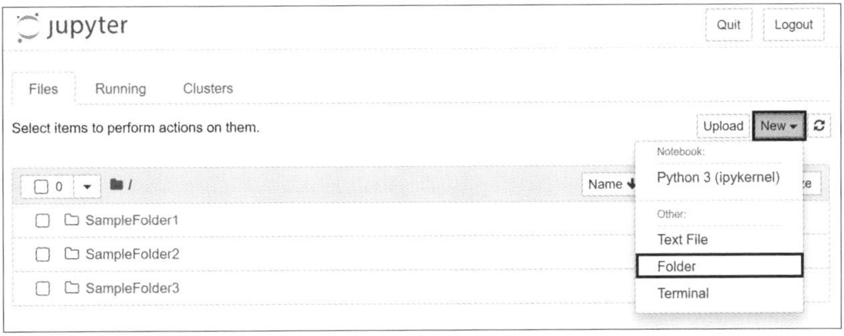

図 2-2-2 フォルダの作成

この「Untitled Folder」フォルダの左側にあるチェックボックスにチェックをつけたあとに、画面左上の「Rename」を選択するとファイル名称を変更できます。例えば「PyStat」とつけることにします。

「PyStat」フォルダのフォルダ名称をクリックすると、「PyStat」フォルダの中に移動できます。この状態で右上の「New ▼」→「Python3」を選択すると、プログラムを書く画面が出てきます（図2-2-3）。「In [ ]」と左端に書かれている場所にコードを書きます。説明のため、この部分をセルと呼ぶことにします。

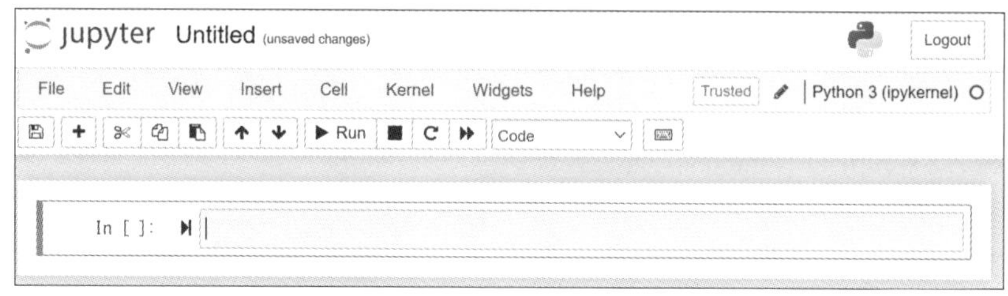

図 2-2-3 プログラムを書く画面

2-3 計算を実行する

セルに半角の「1」を入力したあとに「Shift」+「Enter」キーを押します。すると「Out[1]」と左端に書かれた位置の右側に、計算の結果が表示されます。今回は、ただの1がそのまま出力されます。

2-4 実行結果を保存する

プログラムを書く画面の左上に「Untitled」と表示されているはずです(**図2-2-4**)。これをクリックするとファイルの名称を変えることができます。「2-2-Jupyter Notebookの基本」という名称にしておきます。

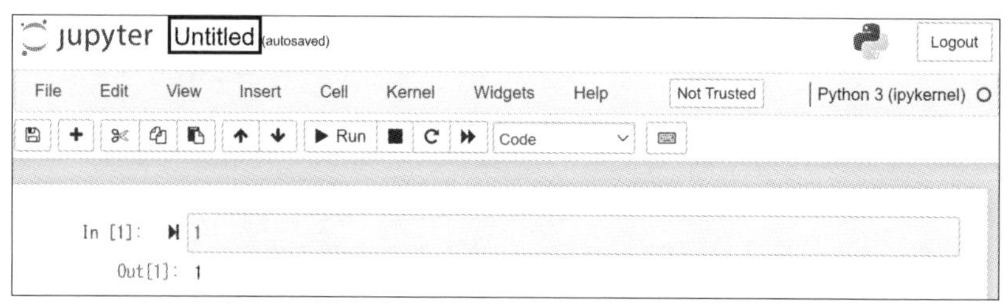

図 2-2-4 ファイル名の変更

そのあとで「Ctrl」+「S」というショートカットキーを押すと、ファイルが保存できます。「PyStat」フォルダの中に「2-2-Jupyter Notebookの基本.ipynb」ファイルが保存されているはずです。

画面左上から「File」→「Download as」→「HTML(.html)」を選択すると、計算結果をHTMLファイルとしてダウンロードできます（図2-2-5）。ほかの人と結果を共有する場合に便利です。

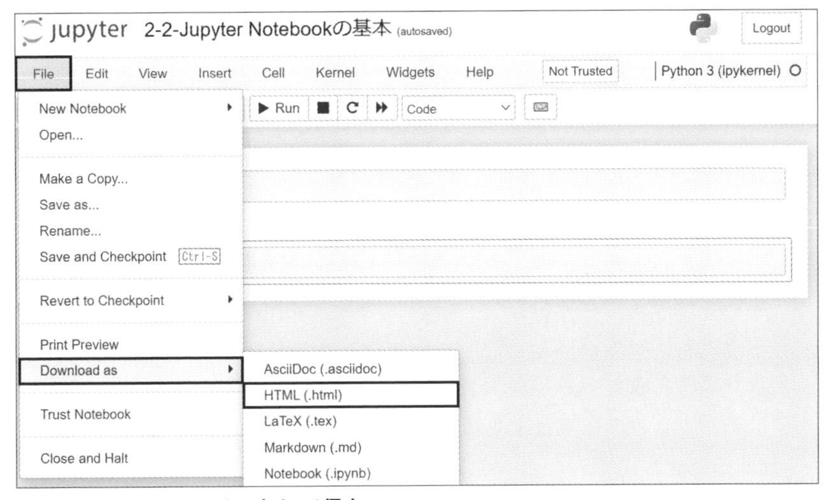

図 2-2-5 HTMLファイルとして保存

2-5　Markdown記法を使う

Jupyter Notebookは計算をするだけではなく、計算結果をレポートのような形式でまとめることもできます。表題を作ったり、箇条書きをしたり、といった分析レポートのデザインを整える際は、**Markdown記法**を使うと便利です。

「In [ ]」と左端に書かれているセルにマウスカーソルを当てたあと、上部の「code」と書かれた選択ボックスをクリックします。そして「Markdown」を選ぶと、Markdown記法が使えるようになります（図2-2-6）。

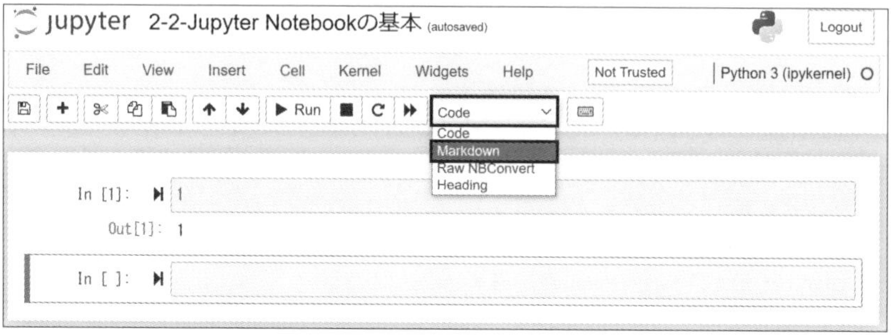

図 2-2-6 Markdown記法を使えるようにする

Markdown形式にしたセルでは、表題や箇条書きが簡単に作れます。行の最初に # と半角スペースをつけると、それは表題として扱われます。# が1つなら最も大きな表題となり、## のように数を増やすと少しずつ小さな表題に変わっていきます。

箇条書きをする場合は、行の頭に半角のマイナス記号（-）と半角スペースを入れます。番号つきの箇条書きにする場合は、行の頭に`1.`といったように、番号とドット記号と半角スペースを入れます。

Markdown形式にしたセルの編集が終わったら、Pythonコードと同じように「Shift」+「Enter」キーを押すと、表題や箇条書きがきれいに表示されます（図2-2-7）。

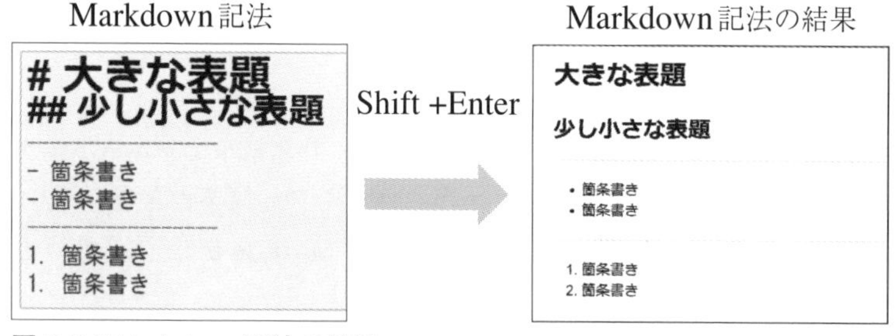

図 2-2-7 Markdown記法の結果

もう一度編集したい場合は、セルをダブルクリックします。本書のサンプルコードはすべてダウンロードできます。自分でプログラミングするのが難しいと感じたら、サンプルコードをダウンロードして、中身を確認してみるだけでも勉強になると思います。もちろん、時間に余裕があれば、できるだけ自分でコードを書くことをおすすめします。

2-6　Jupyter Notebookを終了する

Jupyter Notebook起動画面（プログラムを書く画面ではありません。図2-2-1のようにファイル名が表示されている画面です）の右上にある「Quit」ボタンをクリックすると、Jupyter Notebookを終了できます。

2-7　Anaconda Promptを使う

Anacondaをインストールすると、Anaconda Promptが利用できるはずです。Anaconda Promptを利用してもJupyter Notebookを起動できます。フォルダの移動などをする場合は、Anaconda Promptを利用した方が簡単なこともあります。

本節では、Anaconda Promptの使い方を解説します。難しいと感じたら飛ばしても大丈夫です。

7-A◆Anaconda Promptとは

Anaconda Promptを起動すると、ボタンがなく、文字の入力だけを受け付ける真っ黒の画面が立ち上がります。コマンドを入力することで、さまざまな処理を実行するツールがAnaconda Promptです。

Anaconda Prompt上で例えば「`jupyter notebook`」とコマンドを入力してから「Enter」キーを押すと、Jupyter Notebokが起動します。2-1節の方法で起動した場合と同じ結果になります。

7-B◆フォルダの移動

フォルダを移動する場合は「`cd`」というコマンドを使います。もしもJupyter Notebookを起動している場合は、終了してから以下の処理を実行してください。

例えばWindowsを利用することを前提に、Cドライブ直下に「PyStat」というフォルダを作ったとします。「`cd C:\PyStat`」とコマンドを入力することで、このフォルダに移動できます。そのあとで「`jupyter notebook`」とコマンドを入力してJupyter Notebookを起動すると、「PyStat」フォルダ直下でJupyter Notebokが起動できます。

7-C◆対話環境の利用

本書では利用しませんが、Anaconda Promptを使うことで、Jupyter Notebookを介さずにPythonコードを実行できます。もしもJupyter Notebookを起動している場合は、終了してから以下の処理を実行してください。

単純に「`python`」とコマンドを入力して「Enter」キーを押して実行することで、Pythonの機能が利用できます。この状態で例えば「`1 + 1`」と入力してから「Enter」キーを押すと、計算結果の2が返ってきます。終了する場合は「`quit()`」と入力して実行します。

一部のPython入門書では、**対話シェル**を使ってPythonを実行する方法が紹介されていることがあります。この場合はAnaconda Promptを使うと似たような処理を実行できます。

第3章

Pythonによるプログラミングの基本

本章ではPythonにおけるプログラミングの基本を説明します。最初のうちは基本的な文法の説明です。最初からすべてを覚えきる必要はありません。忘れてしまったら、そのときに本章をもう一度確認してください。ただし、本章の最後で解説している「使いやすいプログラムを書くコツ」については確実に目を通してください。

3-1 実装 四則演算

まずは四則演算の実行方法を解説します。実装パートでは節の頭に「実装」と表記しています。

画面にあわせて灰色の四角で「In [ ]」と書かれた入力行を表すことにします。足し算を実行する場合は＋記号を使います。

```
1 + 1
```

結果は白背景の四角で表すことにします。以下のような結果が出てきます。

```
2
```

引き算は - 記号を使います。

```
5 - 2
```

```
3
```

次は掛け算です。* 記号を使います。

```
2 * 3
```

```
6
```

割り算は / 記号を使います。

```
6 / 3
```

```
2.0
```

割り算のときだけ少し注意が必要です。
計算結果に小数点がつきました。

3-2 実装 その他の演算

累乗を計算する場合は ** とします。下記のコードで2の3乗、すなわち、2×2×2=8を求めます。

```
2 ** 3
```

```
8
```

小数点以下を切り捨てた割り算を行う場合は // とします。

```
7 // 3
```

```
2
```

余りを計算する場合は % 記号を使います。

```
7 % 3
```

```
1
```

3-3 実装 コメント

を行の頭につけると、その行は**コメント**行として扱われます。

```
# 1 + 1
```

ただのコメント扱いですので、「Shift」+「Enter」キーを押しても結果は出てきません。

3-4 実装 データの型

データの型の紹介をします。データと一口に言っても、「1, 2, 3」といった数値と「A, B, C」といった文字列では扱いが変わりますね。これらを使い分ける方法を紹介します。

4-A◆文字列型

文字列型を紹介します。これは名前の通り文字列を扱います。シングルクォーテーションまたはダブルクォーテーションで囲みます。どちらを使うこともできます（ただし、統一した方がきれいです）。以下ではダブルクォーテーションを使いました。

```
"A"
```

```
'A'
```

シングルクォーテーションを使っても結果は変わりません。どちらを使ってもよいのですが、本書ではシングルクォーテーションを中心に使います。

```
'A'
```

```
'A'
```

type関数を使うと、型の名称を出力できます。

```
type('A')
```

```
str
```

strはStringの略で、文字列型であることを示しています。

4-B◆整数型・浮動小数点型

数値型としては、**整数型**と**浮動小数点型**の2種類があります。小数点以下があるかないかの違いです。整数型はint型とも呼ばれます。

```
type(1)
```

```
int
```

浮動小数点型はfloatと呼ばれます。

```
type(2.4)
```

```
float
```

4-C◆ブール型

正解ならばTrue（真）、間違っていればFalse（偽）といった真偽を表すデータ型を**ブール型**と呼びます。頭文字が大文字で、それ以外を小文字で入力することに気を付けてください。

```
type(True)
```

```
bool
```

Falseもブール型です。

```
type(False)
```

```
bool
```

4-D◆異なるデータ型の間での演算

異なるデータの型で演算をするとエラーになることがあるので注意しましょう。

```
'A' + 1
```

```
---------------------------------------------------------------------------
TypeError                                 Traceback (most recent call last)
~\AppData\Local\Temp/ipykernel_9880/2400233845.py in <module>
----> 1 'A' + 1

TypeError: can only concatenate str (not "int") to str
```

3-5 (実装) 比較演算

数値の大小関係などを比較したい場合には、**比較演算子**を使います。比較演算子の計算結果はブール型です。

```
1 > 0.89
```

```
True
```

正しくない場合はFalseが返ります。

```
3 < 2
```

```
False
```

比較演算子の種類は以下の通りです。

>	より大きい
>=	以上
<	より小さい
<=	以下
==	等しい
!=	等しくない

3-6 実装 変数

例えば数値の100が「やっぱりぼくは293になりたいです」と言い出すことはありません。中身が変わらないものを**定数**と呼びます。

一方で中身が変わる可能性があるものを**変数**と呼びます。以下のコードでは変数xに100を代入しています。この場合のイコール記号（=）は等しいという意味ではなく、**代入演算子**と呼ばれるものなので注意してください。

```
x = 100
```

これで変数xの中身は100になりました。単にxと記述してコードを実行するとxの中身である100が出力されます。

```
x
```

```
100
```

変数xは中身を変えることができます。以下のコードを実行すると、中身が293になります。

```
x = 293
x
```

```
293
```

なお100 = 293というコードはエラーになるので注意してください。また、中身を代入する前だとエラーになります。例えば以下のコードはname 'y' is not definedと「yが定義されていない」ことが原因でエラーになります。

```
y
```

```
---------------------------------------------------------------------------
NameError                                 Traceback (most
recent call last)
~\AppData\Local\Temp/ipykernel_9880/3563912222.py in
<module>
----> 1 y

NameError: name 'y' is not defined
```

yを定義すれば、エラーはなくなります。

```
y = 50
y
```

```
50
```

変数同士で計算などができます。

```
x + y
```

```
343
```

計算の効率化のためなど、さまざまな場面で変数が使われます。

3-7 実装 関数

計算ロジックを保存したものを**関数**と呼びます。計算のロジックは**処理**と呼ばれることも多いです。

7-A◆関数の作成

例えば、ある値に2を足してから4を掛けるという計算をする必要があったとしましょう。

```
(y + 2) * 4
```

```
208
```

yには50が代入されているので(50+2)×4=52×4=208となります。

これをいろいろなデータに対して適用したいと思ったとき、何度もこの計算を書くのはやや面倒ですね。そこで、以下のようにして処理を関数に保存します。

```
def sample_function(data):
    return (data + 2) * 4
```

関数を作る場合は、以下の要領で実装します（以下のコードは動きません）。

```
def 関数名 (引数):
    処理
```

1行目の行頭に「def」と入れること、行末にコロン（:）記号を入れることに注意します。これはPythonにおける約束事なので覚えるしかありません。

2行目以降は行の頭に空白文字を入れる（**インデント**すると呼びます）ことに注意します。これを忘れるとうまく動きません。

計算結果を返すときはreturnを使います。これもルールとして覚えておきましょう。

7-B◆関数の実行

関数に渡す対象を**引数**(ひきすう)と呼びます。引数に入れるデータを変えることで、まったく同じ計算ロジックをさまざまなデータに対して適用できます。

まずは、変数yを引数に入れて実行します。

```
sample_function(data=y)
```

```
208
```

関数を使う際data=といった引数の名前は省略できます。すなわち以下のように実装しても結果は変わりません。

```
sample_function(y)
```

```
208
```

引数を変えて、実行してみます。

```
sample_function(3)
```

```
20
```

$(3+2)\times 4=5\times 4=20$ですね。

関数の演算結果をさらに計算に使うこともできます。

```
sample_function(y) + sample_function(3)
```

```
228
```

関数の便利なところは、ほかの人が作った計算のロジックを流用できることです。統計分析には複雑な計算が必要となることが多々あります。この計算を全部自分でプログラミングしていると、とても長い時間がかかってしまいます。しかし、他の方が作ってくれた関数を使うことで、あっという間に、短いコードで分析を実行できます。

3-8 実装 頻繁に使う関数

本書で頻繁に用いる関数を紹介します。

8-A◆print関数

結果を画面に出力させる際にしばしば用いるのがprint関数です。例えば1 + 1の結果を出力させます。

```
print(1 + 1)
```

```
2
```

上記の結果は、print関数を使わないときと同じです。ただし、複雑な結果を出力させる場合はprint関数を使った方が便利なことがあります。例えば文字列と計算結果をあわせて表示させる場合はprint関数を使うと簡単です。

```
print('今から計算をします：計算結果は', 1 + 1)
```

```
今から計算をします：計算結果は 2
```

ところで、複数の計算を1つのセルで行うと、最後の結果だけが出力されます。

```
1 + 1
1 + 3
```

```
4
```

print関数を使うことで、両方の結果を出力できます。

```
print(1 + 1)
print(1 + 3)
```

```
2
4
```


8-B◆round関数

本書ではさまざまな計算を行います。計算結果に対して小数点を丸めるときにはround関数を使います。引数に対象となる数値を入れると、整数に丸めてくれます。

```
print('1.234を丸めた結果', round(1.234))
print('1.963を丸めた結果', round(1.963))
```

```
1.234を丸めた結果 1
1.963を丸めた結果 2
```


整数ではなく、例えば小数点以下第2位で丸める場合は、引数ndigitsを追加します。

```
round(1.234, ndigits=2)
```

```
1.23
```

いわゆる四捨五入とは異なる挙動を示すため注意してください。同じだけ近い場合には、偶数が選ばれるという挙動になっています。

```
print('2.5を丸めた結果', round(2.5))
print('3.5を丸めた結果', round(3.5))
```

```
2.5を丸めた結果 2
3.5を丸めた結果 4
```

3-9 (実装) クラス・インスタンス

本節では**クラス**と**インスタンス**という2つの概念について説明します。

この2つの考え方を突き詰めると、哲学的な文章になってしまうので、データ分析をする際に覚えておくと良いことに絞って解説します。また、本節は、難しいと感じたら飛ばしても大丈夫です。

9-A◆クラスの作成

データと計算のロジックをともに使いまわせるようにできると便利ですね。クラスを使うと、データの構造と計算のロジックをともに指定できます。

ここからは、クラスやインスタンスを実際に作っていくのですが、実はこの作業は今後一切行いません。ほかの方が作ってくれたクラスを流用するからです。クラスの使い方だけ理解できれば大丈夫です。

Sample_Classという名前のクラスを作ります。

```
class Sample_Class:
    def __init__(self, data1, data2):
        self.data1 = data1
        self.data2 = data2

    def method2(self):
        return self.data1 + self.data2
```

クラスを作る場合は、以下の要領で実装します（以下のコードは動きません）。

```
class クラス名:
    def 関数名1(引数):
        関数名1の処理

    def 関数名2(引数):
        関数名2の処理
```

関数は2つに限らず、3つでも4つでもいくつでも追加できます。

1つ目の関数__init__は特殊な関数で、クラスの初期化をする**コンストラクタ**と呼ばれます。クラスにデータ（data1, data2）を格納する関数としてコンストラクタを使っています。

9-B◆インスタンスの生成

インスタンスを生成することで、実際にデータを中に格納できます。sample_instanceという名前でインスタンスを生成します。

```
sample_instance = Sample_Class(data1=2, data2=3)
```

これで、data1に「2」が、data2に「3」が格納されたインスタンスsample_instanceができました。コンストラクタの引数のselfとは、クラス自身のことを指すので、指定は不要です。

中身のデータを取り出す際には、ドット記号を使います。

```
sample_instance.data1
```

```
2
```


自身の関数を使う場合も、ドット記号を使います。

```
sample_instance.method2()
```

```
5
```

関数を実行するとき、sample_function(y)のように単に関数名を指定する場合と、インスタンスからsample_instance.method2()のように実装する場合があります。両者の使い分けに注意してください。

クラスにデータを格納したインスタンスを実際には使っていくということ。インスタンスの中身（データや計算のロジック）を取り出す場合には、ドット記号を使うこと。この2点だけ覚えておけば、本書を読むにあたっては十分です。

正確には、インスタンスはクラスの「実体」という扱いです。クラスが設計図で、インスタンスが「設計図を基に作られたモノ」です。

厳密な表現ではありませんが、データ分析をする場合は、設計図というよりかは「データの構造」を指定したものがクラスだと考えると直観的に受け入れやすいかもしれません。

3-10 実装 if構文による分岐

「もしも○○ならば、××の動作をする」という条件分岐を含むプログラムを書く場合はifという構文を使います。

一般的に、if文は以下のように書きます（以下のコードは動きません）。

```
if(条件):
    条件を満たしたときの動作
else:
    満たさなかったときの動作
```

あるdataが2未満なら「2より小さいデータです」と出力され、そうでなければ「2以上のデータです」と出力させる機能を実装します。

```
data = 1
if(data < 2):
    print('2より小さいデータです')
else:
    print('2以上のデータです')
```

```
2より小さいデータです
```

data = 1であり、2より小さいので、そのように結果が表示されます。

条件を満たさなかったときの動作も確認します。

```
data = 3
if(data < 2):
    print('2より小さいデータです')
else:
    print('2以上のデータです')
```

```
2以上のデータです
```

3-11 実装 for構文による繰り返し

同じ計算を何度も繰り返す場合はforという構文を使います。

いろいろなやり方があるのですが、繰り返しの幅を設定するのが簡単です。幅はrange関数を使って指定します。

```
range(0, 3)
```

```
range(0, 3)
```

range(0, 3)と指定すると「0スタートで3つの幅」を表します。すなわち0, 1, 2です。

以下のコードではiという変数をrange(0, 3)の範囲で変化させながら、print(i)を繰り返し実行しています。

```
for i in range(0, 3):
    print(i)
```

```
0
1
2
```

2行目をprint('hello')とすると、helloが3回続けて表示されます。

```
for i in range(0, 3):
    print('hello')
```

```
hello
hello
hello
```

まったく同じ処理を繰り返すこともできますし、データを変えながら似たような処理を繰り返すこともできます。if構文とfor構文を組み合わせると、さまざまな動きをプログラミングできます。本書では第4部以降でシミュレーションするときなどに使います。

3-12 使いやすいプログラムを書くコツ

Jupyter Notebookは、複数のセルのどこからでも計算を始められます。しかし、5番目のセルを実行したあとでないと2番目のセルの計算は動かない、というのではとても使いにくいです。

ぜひ、**1番上のセルから順番に実行していけば、正しい結果が得られるようにコードを書きましょう**。これだけで見通しがとても良くなります。

また、同じコードは何度も書かないというのも守っておくと良いです。同じ計算は関数としてまとめたり、`for`構文を使って一気に繰り返し実行したりします。

そして、Pythonにかかわらず、プログラミングで最も重要なことは**何をやっているのかほかの人が見てもわかるようにすること**です。

例えば変数名を「A」という1文字だけにすることはおすすめできません。本書ではページ数の関係で短い変数名を使うこともありますが、実際にコードを書く場合は、ちゃんと理解ができる、中にどんなデータが入っているのか想像できるような変数名を使いましょう（ただし`for`構文の「`i`」については、IndexのIですので、この1文字だけの変数名が頻繁に使われます)。

関数名やクラス名も同様で、使い方が想像できるような名称にすることが推奨されます。コードに適宜コメントを入れることも良い習慣です。

ほかの人が読んでもわかる、**あるいは3か月後に自分が読み返しても内容がわかる**ようにすることは、個人の勉強でも、チームでの共同作業でも、とても大事です。

第4章 numpy・pandasの基本

本章では、numpy・pandasという2つのライブラリの使い方を解説します。numpy・pandasを用いることで、データの取り扱いがとても簡単になります。
本章では、最初にnumpy・pandasという2つのライブラリの基本事項を紹介します。補足的に、リストと呼ばれる、外部ライブラリを利用しなくても使えるデータの形式も紹介します。続いてnumpyの使い方を、最後にpandasの使い方を解説します。

4-1 実装 追加機能のインポート

ライブラリを読み込むと、便利な関数やクラスなどを利用できるので、分析がとても簡単になります。

以下のコードでライブラリを読み込みます。

```
import numpy as np
import pandas as pd
```

numpyとpandasという2つのライブラリを読み込みました。今後少しずつ扱うライブラリが増えていきます。しかし、この2つだけでも、データの整理や集計くらいであれば、十分な機能を備えています。

各々のライブラリを読み込む際、numpyならばnp、pandasならばpdという略称を設定しました。numpyといちいち入力するよりもnpとだけ入力する方が簡単だからです。numpyの機能を使う場合は「np.関数名」のように、頭にnp.をつけます。pandasならpd.をつけます。

基本的には「import ライブラリ名」のように読み込みます。ちなみに「from ライブラリ名 import モジュール名・関数名」のようにして、ライブラリ内の特定のモジュールや関数だけを読み込むことなどもできます。

4-2 用語 numpy・pandas

numpyとpandasは、データを読み込んだり整形したり、集計したりするのに便利なライブラリです。numpyとpandasの使い分けに関しては、自分にとって最も扱いやすいと感じたものを採用していただければと思います。本書で紹介する使い方はあくまでもその一例です。

numpyは**アレイ**（正確にはndarray）というデータを保持するクラスを主に使います。また、本書ではあまり使いませんが、行列演算も簡単に実行できます。

pandasは、**データフレーム**（DataFrame）という、データ管理のためのとても強力なクラスを持っています。本書では主にpandasのデータフレームを使います。

4-3 実装 リスト

numpy・pandasを使う前に、前準備としてPython標準のデータの形式を紹介します。以下のようにして複数のデータをまとめたものを**リスト**（list）と呼びます。

半角の角カッコで複数のデータを囲むことによってリストを作ります。ここでは、作ったリストを変数に代入しています。中身を表示する場合は、2行目のように変数名だけを記述します。

```
sample_list = [1,2,3,4,5]
sample_list
```

```
[1, 2, 3, 4, 5]
```

なお、リストに対する演算には少し工夫が必要です。sample_list + 1のようにリストに1を加えるとエラーになります。

いろいろな計算処理を行う場合は、後ほど紹介するnumpyのアレイやpandasのデータフレームを使う方が簡単です。あくまでも使い分けの問題です。リストを使うべき場面もあります。

4-4 (実装) 行(Row)・列(Column)

次に移る前に、とても重要な用語を説明します。それが、行と列です。

行が横です。

列が縦です。

行はRowと、列はColumnの頭文字のColと表記することがあります。また"行列"の名の通り、**行番号→列番号の順番で表記**されることが多いです。

とてもつまらないことですが、これを間違えるとかなり大きな痛手になるので、ちゃんと対応を把握しておくと安心です。

4行3列の表は以下のようになります。

	1列目 col1	2列目 col2	3列目 col3
1行目 row1			
2行目 row2			
3行目 row3			
4行目 row4			

行という漢字は横線が多くて、列という漢字は縦線が多い、ということで覚えます（図2-4-1）。

図 2-4-1 行列の覚え方

4-5 実装 アレイ

ここからはnumpyの解説に移ります。本節ではnumpyの**アレイ**という形式でデータを格納する方法を解説します。リストを用いてアレイを作ります。numpyの機能を用いるので「np.array」とします。

```
sample_array = np.array([1, 2, 3, 4, 5])
sample_array
```

```
array([1, 2, 3, 4, 5])
```

同一のアレイには、同一のデータの型しか入りません。仮に、数値型と文字列型を同時に入れようとすると、すべてが文字列型として扱われてしまいます。

```
np.array([1 ,2, 'A'])
```

```
array(['1', '2', 'A'], dtype='<U11')
```

4-6 (実装) アレイに対する演算

アレイに対する演算は、アレイの中身のデータすべてに対して一律に適用されます。例えば足し算ならば、以下のようになります。リストだとエラーになりましたが、アレイなら問題なく実行できます。

```
sample_array + 1
```

```
array([2, 3, 4, 5, 6])
```

掛け算なども同様です。

```
sample_array * 2
```

```
array([ 2,  4,  6,  8, 10])
```


4-7 (実装) 2次元のアレイ

2次元のアレイを作ることもできます。リストを入れ子にしたものを引数に指定します。

```
sample_array_2 = np.array(
    [[1, 2, 3, 4, 5],
     [6, 7, 8, 9, 10]])
sample_array_2
```

```
array([[ 1,  2,  3,  4,  5],
       [ 6,  7,  8,  9, 10]])
```

行数や列数は以下のようにして取得できます。今回は2行5列です。

```
sample_array_2.shape
```

```
(2, 5)
```

4-8 実装 等差数列の作成

アレイを作成する方法は、引数にリストを指定する以外にもさまざまあります。よく使うものをここではいくつか紹介します。

まずは**等差数列**の作成方法を解説します。等差数列とは例えば{1, 2, 3, 4, 5}のように「前後の数値の差が等しい数列」のことです。この例だと、右の数値から左の数値を引くと1になりますね。同様に{0.1, 0.3, 0.5, 0.7}も等差数列です。差分は0.2です。

8-A◆arange関数の利用

まずは{1, 2, 3, 4, 5}という、スタートが1で、差分が1の等差数列を作ります。np.arange関数を使います。

引数は開始位置start、終了位置stop、差分stepです。終了位置は「この位置に来たら終了」ですので、stopの位置はアレイの要素に含まれないことに注意してください。1から5までの数値がほしいならstopはプラス1をして6とします。

```
np.arange(start=1, stop=6, step=1)
```

```
array([1, 2, 3, 4, 5])
```

次は{0.1, 0.3, 0.5, 0.7}を作ります。

```
np.arange(start=0.1, stop=0.8, step=0.2)
```

```
array([ 0.1,  0.3,  0.5,  0.7])
```

第2部第3章3-7節でも解説しましたが、関数を使う際start=といった引数の名前は省略できます。すなわちnp.arange(0.1, 0.8, 0.2)としても結果は変わりません。

8-B◆linspace関数の利用

np.linspace関数を使うことでも等差数列を作れます。np.arange

関数は等差数列の差分値を指定しましたが、np.linspace関数は要素の数を指定します。要素の数が決まっている場合は、np.linspace関数を使う方が簡単です。

1から5まで等差数列は以下のようにして作成します。

```
np.linspace(start=1, stop=5, num=5)
```
```
array([1., 2., 3., 4., 5.])
```

start=1, stop=5, num=5にすることで、「1から始めて5までを、5等分する」という指示になります。stopが含まれることに注意してください。

次は1から5までを11等分します。

```
np.linspace(start=1, stop=5, num=11)
```
```
array([1. , 1.4, 1.8, 2.2, 2.6, 3. , 3.4, 3.8, 4.2, 4.6, 5. ])
```

次は{0.1, 0.3, 0.5, 0.7}を作ります。

```
np.linspace(start=0.1, stop=0.7, num=4)
```
```
array([0.1, 0.3, 0.5, 0.7])
```

4-9 (実装) さまざまなアレイの作成

同じ値をたくさん格納したアレイを作る場合はnp.tile関数を使います。例えばAというアルファベットを5個格納した配列を作ります。

```
np.tile('A', 5)
```
```
array(['A', 'A', 'A', 'A', 'A'], dtype='<U1')
```

同じ数値を複数格納することもできます。0という数値を4個格納します。

```
np.tile(0, 4)
```

```
array([0, 0, 0, 0])
```

すべてゼロであるアレイはnp.zeros関数を使うと、より簡単に作成できます。引数にはアレイの要素数を指定します。

```
np.zeros(4)
```

```
array([ 0.,  0.,  0.,  0.])
```

2次元のアレイにもできます。要素数は[行数,列数]の順に指定します。

```
np.zeros([2,3])
```

```
array([[ 0.,  0.,  0.],
       [ 0.,  0.,  0.]])
```

1埋めもできます。np.ones関数を使います。

```
np.ones(3)
```

```
array([ 1.,  1.,  1.])
```

4-10 実装 スライシング

numpyのアレイは、スライシングという技法を使うことで簡単にデータを抽出できます。

10-A◆1次元のアレイの事例

まずは1行のアレイを作ります。以下ではd1_arrayを対象に要素を抽出します。

```
d1_array = np.array([1, 2, 3, 4, 5])
d1_array
```

```
array([1, 2, 3, 4, 5])
```

データを抽出する場合は角カッコを使います。例えばd1_arrayの最初の要素を取得する場合はd1_array[0]とします。インデックスは0始まりであることに注意してください。

```
d1_array[0]
```

```
1
```

複数の要素を抽出する場合は、インデックスをリストで指定します。リストも角カッコを使うので角カッコが連続します。

```
d1_array[[1, 2]]
```

```
array([2, 3])
```


範囲を指定して抽出する場合はコロン記号（:）を使うのが便利です。以下のように実装すると、インデックスが1番と2番の要素が取得できます。

```
d1_array[1:3]
```

```
array([2, 3])
```

10-B◆2次元のアレイの事例

2行以上のアレイでも同様にデータを抽出できます。まずは、2次元のアレイを作ります。

```
d2_array = np.array(
    [[1, 2, 3, 4, 5],
     [6, 7, 8, 9, 10]])
d2_array
```

```
array([[ 1,  2,  3,  4,  5],
       [ 6,  7,  8,  9, 10]])
```

行インデックス・列インデックスの順番に番号を指定することで要素を抽出します。インデックスは0始まりなので、以下のコードで1行4列目のデータが取得できます。

```
d2_array[0, 3]
```

```
4
```

ここでもコロン記号を使うことで、複数の要素を抽出できます。以下のコードで2行目における3番目と4番目の要素を取得します。

```
d2_array[1, 2:4]
```

```
array([8, 9])
```

4-11 実装 データフレーム

ここからはpandasの解説に移ります。本節ではpandasのデータフレームという形式でデータを格納する方法を解説します。

さまざまな作り方がありますが、アレイやリストを使うのが簡単です。中カッコを忘れないように注意してください。

```
sample_df = pd.DataFrame({
    'col1' : sample_array,
    'col2' : sample_array * 2,
    'col3' : ['A', 'B', 'C', 'D', 'E']
})
print(sample_df)
```

```
   col1  col2 col3
0     1     2    A
1     2     4    B
2     3     6    C
3     4     8    D
4     5    10    E
```

データフレームは列の名称と列に格納するデータを'col1' : sample_arrayのように指定します。アレイと異なり、データフレームは、列が異なれば、数値型と文字列型を混在できます。

データフレームを表示させる際print関数を使っていますが、これは必須ではありません。print(sample_df)とせずに単にsample_dfと記述してもエラーにはなりません。ただし見た目が少し変わります。お好きな見た目で出力してください。本書では特に区別せず、両方を併用します。print関数を使わなかったときの出力結果を表示します。デザインが少し変わります。

```
sample_df
```

	col1	col2	col3
0	1	2	A
1	2	4	B
2	3	6	C
3	4	8	D
4	5	10	E

4-12 (実装) ファイルデータの読み込み

データフレームは、自分で作ることもありますが、外部のデータを読み込む際にもしばしば使われます。

調査データなどがCSVファイルで保存されており、作業中のフォルダに格納されている場合は、以下のようにしてデータを読み込むことができます（以下のコードは動きません）。

```
データを格納する変数名 = pd.read_csv("ファイル名")
```

今回は「2-4-1-sample_data.csv」というファイルを読み込みます。なお、このデータは本書サポートページからダウンロードできます。読み込まれたデータは、データフレームとなっています。

```
file_data = pd.read_csv('2-4-1-sample_data.csv')
print(file_data)
```

```
   col1 col2
0     1    A
1     2    A
2     3    B
3     4    B
4     5    C
5     6    C
```

4-13 実装 データフレームの結合

作成されたデータフレームを結合して、新たなデータフレームを作ることができます。

まずは、データフレームを2つ作ります。各々3行2列です。

```
df_1 = pd.DataFrame({
    'col1' : np.array([1, 2, 3]),
    'col2' : np.array(['A', 'B', 'C'])
})
df_2 = pd.DataFrame({
    'col1' : np.array([4, 5, 6]),
    'col2' : np.array(['D', 'E', 'F'])
})
```

この2つのデータフレームを縦方向につなげます。`pd.concat`関数を使います。結果は6行2列のデータフレームです。

```
print(pd.concat([df_1, df_2]))
```

```
   col1 col2
0     1    A
1     2    B
2     3    C
0     4    D
1     5    E
2     6    F
```

続いて、横に結合させます。axis=1という引数を追加します。結果は3行4列のデータフレームです。

```
print(pd.concat([df_1, df_2], axis = 1))
```

```
   col1 col2  col1 col2
0     1    A     4    D
1     2    B     5    E
2     3    C     6    F
```


pd.concat関数はほかにもさまざまな結合ができます。データベースの操作に使うSQLがわかっていれば、より複雑な処理もできるでしょう。pandasのデータフレームとSQLは少しだけ似ているところがあります。

4-14 実装 特定の列の取得

データフレームは、データの抽出などの操作を柔軟に行えます。よく使うものをここでは紹介します。

4-11節で作ったsample_dfを対象とします。3列あるデータです。

```
print(sample_df)
```

```
   col1  col2 col3
0     1     2    A
1     2     4    B
2     3     6    C
3     4     8    D
4     5    10    E
```

列名を指定して取得する場合は、ドット記号を使います。col2だけを取得しました。

```
print(sample_df.col2)
```

```
0     2
1     4
2     6
3     8
4    10
Name: col2, dtype: int32
```

以下のように角カッコを使う方法もあります。

```
print(sample_df['col2'])
```

```
0     2
1     4
2     6
3     8
4    10
Name: col2, dtype: int32
```

複数列を抽出します。列名を指定する角カッコの中にリスト形式で列名を複数指定します。

```
print(sample_df[['col2', 'col3']])
```

```
   col2 col3
0     2    A
1     4    B
2     6    C
3     8    D
4    10    E
```

逆に、特定行だけをなくすこともできます。drop関数を使います。

```
print(sample_df.drop('col1', axis=1))
```

```
   col2 col3
0     2    A
1     4    B
2     6    C
3     8    D
4    10    E
```

4-15 (実装) 特定の行の取得

特定の行を取得するいくつかの方法を紹介します。

15-A◆先頭行の取得

sample_dfの最初の3行だけを取得します。head関数を使います。引数nで、取得する行数を指定します。

```
print(sample_df.head(n=3))
```

```
   col1  col2 col3
0     1     2    A
1     2     4    B
2     3     6    C
```

15-B◆抽出条件を指定する

もっと柔軟にデータの抽出を行うこともできます。sample_dfのquery関数を使います。最初の1行のみを抽出します。

```
print(sample_df.query('index == 0'))
```

```
   col1  col2 col3
0     1     2    A
```

query関数は便利でして、さまざまな条件でデータを取得できます。例えば、col3という列の値がAである行のみを抽出します。

```
print(sample_df.query('col3 == "A"'))
```

```
   col1  col2 col3
0     1     2    A
```

ダブルクォーテーションとシングルクォーテーションの使い分けに注意してください。今回は「文字列A」を、ダブルクォーテーションを使って"A"と指定しました。ここで、抽出条件も文字列として指定する必要があります。ここでもダブルクォーテーションを使ってしまうと、ダブルクォーテーションが4つ登場することになり、区切りがわからなくなります。そのため、抽出条件「col3 == "A"」はシングルクォーテーションで囲っています。

複数の条件を指定する方法を解説します。query('col3 == "A" | col3 == "D"')とすると、「col3がAまたはD」であるという条件で抽出できます。"または"の条件はOR条件とも呼ばれます。

```
print(sample_df.query('col3 == "A" | col3 == "D"'))
```

```
   col1  col2 col3
0     1     2    A
3     4     8    D
```

query('col3 == "A" & col1 == 3')とすると「col3がAであり、かつ、col1が3である」という条件で抽出できます。"かつ"の条件はAND条件とも呼ばれます。今回のデータではこの条件に合致する行はありません。

```
print(sample_df.query('col3 == "A" & col1 == 3'))
```

```
Empty DataFrame
Columns: [col1, col2, col3]
Index: []
```

最後に、行も列も条件を指定します。


```
print(sample_df.query('col3 == "A"')[['col2', 'col3']])
```

```
   col2 col3
0     2    A
```

行の抽出にはquery関数以外にもさまざまな方法がありますが、最初のうちはこの方法だけで、不便することはあまりないと思います。

4-16 (実装) シリーズ

pandasデータフレームの1列だけを抽出したものは、シリーズと呼ばれる別のデータの型に変わります。

まずはtype関数を使ってsample_dfのクラス名がDataFrameになっていることを確認します。

```
type(sample_df)
```

```
pandas.core.frame.DataFrame
```

次は1列だけを抽出した結果のクラス名を調べてみます。Seriesに変わっています。

```
type(sample_df.col1)
```

```
pandas.core.series.Series
```

1列だけを抽出すると勝手にシリーズ形式になるため、分析をしているとしばしばシリーズ型が登場します。

シリーズはアレイとほぼ同様に扱えるものの、アレイの方が行列演算を簡単に実行できるなど若干の違いがあります。シリーズをアレイに変換する場合はnp.arrayの引数にシリーズを入れます。

```
type(np.array(sample_df.col1))
```

```
numpy.ndarray
```

シリーズに対してto_numpy()とつけることでも、アレイとして扱えます。

```
type(sample_df.col1.to_numpy())
```

```
numpy.ndarray
```

4-17 実装 関数のヘルプ

関数の使い方をすべて覚えるのは大変ですね。Pythonには便利なヘルプ関数が用意されています。query関数の場合は、以下のコードを実行すると、関数の使い方が表示されます。

```
help(sample_df.query)
```

```
Help on method query in module pandas.core.frame:
・・・・・・以下略
```

英語ではありますが、実行例が載っていることもあるので、参考になることが多いと思います。

第3部

記述統計

第1章 データの分類

データ分析のすべての基礎となる、データの分類について解説します。データを扱う際の用語の整理という位置づけです。多くの用語が登場します。すべてを一度に覚えきる必要はありません。データの分類に関する用語は本章でまとめて解説しているので、忘れた場合はその都度、本章を読みなおしてください。

1-1 用語 観測・変数

観測は、名前の通り調査などによって観測された個別の対象を指します。同様の意味で**個体**や**ケース**と呼ぶこともあります。

調査項目のことは**変数**と呼びます。プログラミングにおける変数とは異なる意味なので注意しましょう。

例えば、湖の中にいる魚を対象に標本調査を行い、以下の表の結果が得られたとします。このとき、「魚の種類」や「体長」が変数です。個別の対象、例えば「魚種はAで、体長は2cm」や「魚種はBで、体長は8cm」といった結果は観測や個体と呼びます。

魚の種類	体長（cm）
A	2
A	4
B	8
B	9

表の列名が変数に対応し、行が観測に対応するようにデータを整理すると扱いやすいです。pandasのデータフレームとしてデータを管理する場合も、なるべくこの形式にすべきです。詳しくは第3部第6章で整然データを扱ったときに解説します。

1-2 用語 数量データ・カテゴリーデータ

以下の節では変数の分類を紹介します。

最初の分類は、**定量的**か定量的ではないかというものです。平たく言えば、計測できるかできないかという分類です。計測できるかどうかというのは「数値の差が等間隔であるかどうか」で判断します。数値の差に意味があるかどうかが重要ということです。すぐあとで例を挙げて解説します。

定量的な変数を**量的変数**と呼びます。**数量データ**や**量的データ**と呼ぶこともあります。本書では数量データという呼び方を多く使います。例えば魚の体長は数量データです。

定量的ではない変数は**質的変数**や**カテゴリカル変数**と呼びます。**カテゴリーデータ**や**質的データ**と呼ぶこともあります。本書ではカテゴリーデータという呼び方を多く使います。例えば魚の種類はカテゴリーデータです。

数量データかカテゴリーデータかを判断するとき、「見た目が数値かどうか」で評価するのは危険です。例えば便宜上、メダカをNo.1、金魚をNo.2、マグロをNo.3と数値で表現したとします。このとき「1 + 2 = 3なので、メダカと金魚を足すとマグロになる」と計算するのは意味が通りませんね。

先の例では、メダカと金魚の間の数値の差「1」と、金魚とマグロの間の数値の差「1」がまったく異なる意味を持ちます。そのため、魚種を数値で表現しても、これは数量データにはなりません。

1-3 用語 離散型のデータ・連続型のデータ

数量データをさらに2つに分けます。

魚の数は、1尾、2尾、といったように整数しかとりません。このような数量データを**離散型のデータ**と呼びます。

一方で魚の体長は、2.34cm、4.25cmといったように小数点以下の値をとり、連続的に変化します。このような数量データを**連続型のデータ**と呼びます。

1-4 用語 2値データ・多値データ

カテゴリーデータをさらに2つに分けます。

コインは裏と表の2つしかとりません。2つのカテゴリーしかとらないデータを**2値データ**と呼びます。

一方で、魚の種類は3つ以上の値をとります。この場合は**多値データ**と呼びます。

1-5 用語 名義尺度・順序尺度・間隔尺度・比例尺度

少し異なる角度から、カテゴリーデータと数量データを、さらに2つずつの尺度に分けます。以下で紹介する名義尺度と順序尺度はカテゴリーデータに属し、間隔尺度と比例尺度は数量データに属します。

5-A◆名義尺度

名義尺度は値が同じか異なるかということだけが意味を持ちます。

例えばメダカをNo.1、金魚をNo.2、マグロをNo.3と数値で表現しても、この数値は「同じか、異なるか」ということしか意味を持ちません。足し引きはできないし、順序関係もありません。そのため魚種は名義尺度です。

5-B◆順序尺度

順序尺度は値の大小関係に意味を持ちます。ただし、明示的に順序尺度と呼ばれる場合は、「数値の差分」の大小には意味を持たないのが普通です。

例えばマグロの体長を、小（No.1）・中（No.2）・大（No.3）・特大（No.4）の4つに分けたとします。この場合の１，２，３，４という数値には明確な順序があります。ただし、「小と中の差」と「大と特大の差」が等しいという保証はありませんね。このようなデータは順序尺度です。

例えばアンケート調査で「そう思わない・ややそう思わない・どちらとも言えない・ややそう思う・そう思う」の5段階評価が使われることもあります。こういったデータも順序尺度として扱われることが多いです。

5-C◆間隔尺度

間隔尺度は値の大小関係と値の差の両方に意味を持ちます。ただし0という数値には相対的な意味しか持ちません。

例えば摂氏で計った気温は間隔尺度です。「昨日の気温が1℃で、今日の気温は2℃なので、今日は昨日よりも2倍も暑いのだ」と感じることは少ないと思います。「2倍になった」という表現に意味を見出しにくいのが間隔尺度です。

5-D◆比例尺度

比例尺度は値の大小関係と値の差の両方に意味を持ち、さらに0という数値に絶対的な意味を持ちます。

例えば魚の体長は比例尺度です。1cmのメダカ（まだ幼魚）と2cmのメダカを比較すると、2cmの方が2倍大きいという表現は違和感がないと思います。 また、絶対零度を0としたケルビン温度は比例尺度です。

5-E◆まとめ

カテゴリーデータであっても、数値で表現することはできます。例えばメダカをNo.1と表現するようなやり方です。ただし、この場合でも魚種は数量データとはみなせません。見た目は同じ数値であっても、ちゃんと分類ができると便利ですね。このときに4つの尺度を知っていると、見た目に騙されることなくデータを扱うことができます。

尺度によって、適用できる集計の方法が変わることに注意が必要です。例えば名義尺度は平均値に意味を見出すことができません。No.1のメダカとNo.3のマグロを平均すると、No.2の金魚が爆誕するということはありません。

1-6 用語 1変量データ・多変量データ

ここからは、数量データ・カテゴリーデータから離れて、異なる視点からデータを分類します。

1つの変数だけからなるデータを**1変量データ**や**1次元データ**と呼びます。例えば魚の体長だけを測定したならば、それは1変量データです。魚の種類だけを測定しても、これは1変量データです。

2つ以上の変数からなるデータを**多変量データ**や**多次元データ**と呼びます。例えば魚の体長と魚の種類の2つを同時に測定したデータは多変量データです。変数が2つの場合は2変量データと呼ぶこともあります。魚の体長・魚のヒレの大きさ・魚の体重という3つの変数を測定したデータは3変量データです。

多変量データを分析する場合は、変数同士の関連性を調べることも重要な課題になります。

1-7 用語 時系列データ・クロスセクションデータ

データの取得状況からデータを分類します。

時系列データは名前の通り時間によって変化するデータです。同一の対象を異なった時点で測定した結果となります。時系列データは並び順に意味があるのが特徴です。例えば売り上げが｛1，2，3｝と増えている場合と｛3，2，1｝と減少している場合では、まったく解釈が変わってきますね。

クロスセクションデータは、異なる対象から得られたデータです。例えばあるチェーン店のオーナーが2000年1月における、自社店舗100店の売り上げを分析する、という場合は、100店舗の売り上げデータはクロスセクションデータとなります。

第2章

数式の読み方

本章では、数式を用いたデータの表現方法を解説します。統計学を学ぶ以上、どうしても数式は登場します。数式からの逃げ道を選んで統計学を学ぶと、とてつもない遠回りを要求されます。数式から逃げることは、むしろ非効率です。
本書ではなるべく数学が苦手な読者でも無理なく読み進められるよう配慮しました。本書ではあくまでも「表現の技法」として数式を取り扱います。そのうえで、数式を見て面食らうことがないように、本章で準備をします。

2-1 表現の技法としての数式

本書では、高度な数学はほとんど出てきません。式の展開や証明もほぼすべて端折ります。しかし、数式はしばしば登場します。数式を使う理由は「短くて、かつ、誤解を生まない表現」ができるからです。

本書では数学的な厳密さよりも背後の概念を説明することに注力しています。本書を読むにあたって、数学の素晴らしさや美しさを理解する必要はありません。それでも、第2外国語だと思って、数式を読む技術だけは身につけてください。

2-2 標本を数式で表記する

まず、標本を数式で表現することを試みます。サンプルサイズをnとしたとき、標本は以下のように表記されます。

$$\{x_i\}_{i=1}^n = \{x_1, x_2, \cdots, x_n\} \tag{3-1}$$

個別のデータを、添え字をつけた記号x_iと表記しました。例えば2番目のデータを指し示したいときはx_2と表記します。

今回はxというアルファベットを使いましたが、もちろんyでも構いません。魚の体長と魚の体重という2つの変数を扱うときは、体長をx_i、体重をy_iとして使い分けることもあります。

サンプルサイズはNumberの頭文字でnを使うことが多いです。しかし、複数の標本があり、サンプルサイズが各々で異なるという場合は別の記号を使うこともあります。

2-3 なぜ数式で表記するのか

ところで、なぜわざわざ標本を数式で表記するのでしょうか。

主な理由は2つ考えられます。1つ目はデータの変化に柔軟に対応できることです。

例えば「湖を調査した結果、3cmの魚と、6cmの魚と、5cmの魚が釣れました」という調査結果が得られたとします。このとき{3,6,5}とデータを表記できますね。一方で、「8cmの魚と、7cmの魚と、12cmの魚が釣れました」という調査結果が得られたとします。このとき{8,7,12}とデータを表記します。当然ですが中カッコ内の数値が変わります。

ここで「データ一般」を対象にしたいときは$\{x_1, x_2, \cdots, x_n\}$と表記します。こうすることで、数値が変化することを認めつつ「一般的な議論」ができるようになります。

例えば「平均値の計算の仕方」を説明するときに$(3+6+5) \div 3$だと説明

するのは不十分な説明ですね。調査された魚の体長が変われば、もちろん計算の対象となる数値も変わります。「一般的な、平均値の計算の仕方」を説明するためには、xなどの記号を使う必要があります。

もう1つの重要な役割は、サンプルサイズが大きくても扱いが簡単であることです。

例えば調査の結果1000尾の魚が釣れたとします。1000尾分の魚の体長をずらずらと記載すると、それだけでページが埋まってしまいますね。でも数式を使えば簡単。$n=1000$として$\{x_1, x_2, \cdots, x_n\}$と表記すれば一件落着です。

具体的な数値を使うと膨大な数値を相手にする羽目になるけれど、抽象的な数式を使えば簡潔、という事例は、これからもしばしば登場します。大規模データを扱う際に、数式が読めないというのでは致命的に苦しいので、数式はぜひ読めるようになりましょう。

最初のうちは数式を「読める」ようになるだけで十分です。それだけでも、かなり楽になります。

2-4 足し算とΣ記号

標本を数式で表現した次のステップとして、標本に対する計算処理を数式で表現する方法を解説します。

例えば「3cmの魚と、6cmの魚と、5cmの魚が釣れました」というデータに対して、体長の合計値を求めるとします。3+6+5とすればよいです。ここで1000尾の魚が釣れたとします。合計値は表記するだけでも面倒ですね。このような場合にはΣ記号を使います。

$$\text{標本の合計値} = \sum_{i=1}^{n} x_i \tag{3-2}$$

Σ記号の右側のx_iにおける添え字iに着目してください。Σ記号の下側に$i=1$とあります。そしてΣ記号の上側にnとあります。この場合は「添え字iを1からnまで変化させて、x_iを足し合わせる」という意味になります。

例えばサンプルサイズを$n=5$として$x_1=3, x_2=6, x_3=5, x_4=8, x_5=7$だとします。このとき、合計値は以下のように計算されます。

$$
\begin{aligned}
\text{標本の合計値} &= \sum_{i=1}^{n} x_i \\
&= x_1 + x_2 + x_3 + x_4 + x_5 \\
&= 3+6+5+8+7 \\
&= 29
\end{aligned}
\tag{3-3}
$$

2行目でΣ記号を展開して、3行目でx_iに個別の数値を代入しています。Σ記号が苦手な方は、2行目のように展開するイメージをつかみましょう。

2-5　標本平均を数式で表記する

平均値を数式で表記すると以下のようになります。標本xの平均値である**標本平均**は伝統的に$\bar{x}$と表記することが多いのでそのようにしています。

$$
\bar{x} = \frac{1}{n}\sum_{i=1}^{n} x_i \tag{3-4}
$$

例えばサンプルサイズを$n=5$として$x_1=3, x_2=6, x_3=5, x_4=8, x_5=7$だとします。このとき、平均値は以下のように計算されます。

$$
\begin{aligned}
\bar{x} &= \frac{1}{n}\sum_{i=1}^{n} x_i \\
&= \frac{x_1 + x_2 + x_3 + x_4 + x_5}{n} \\
&= \frac{3+6+5+8+7}{5} \\
&= \frac{29}{5}
\end{aligned}
\tag{3-5}
$$

2-6 掛け算とΠ記号

Σ記号は足し算でしたが、これの掛け算バージョンもあります。Πという記号を使います。

$$\prod_{i=1}^{n} x_i = x_1 \cdot x_2 \cdot \cdots \cdot x_n \tag{3-6}$$

この記号は本書後半で登場します。

第3章 度数分布

本章では度数分布について解説します。また、度数分布を可視化したヒストグラムと呼ばれるグラフも紹介します。最後に、少し応用的な話題としてカーネル密度推定を紹介します。
平均値だけを参照するというデータ分析の方法からの脱却として、度数分布表やヒストグラムを参照するというのは、最も強くおすすめできる方法の1つです。Pythonを使うことで比較的容易に実行でき、結果の解釈も難しくないので、初学者の方でも実践しやすいです。一見すると単純なやり方に見えますが、とても広範囲に適用でき、かつ豊富な洞察が得られる、極めて有効な手法です。

3-1 なぜさまざまな集計の方法を学ぶのか

第1部第2章で紹介したように、平均値「だけ」を使ってデータの集計を行うことはまったくおすすめできません。第1部第2章でも紹介しましたが、例えば以下のような貯金額のデータが得られたとします。

Aさん：1億円

Bさん：0円

Cさん：0円

Dさん：0円

4人の平均貯金額は2500万円です。ここで「なるほど平均貯金額はとても高いから、みんな裕福なんだな」と考えるのは明らかな間違いです。4人中3人は貯金額が0で困窮しているのですから。

平均値「だけ」を使ったデータ分析からの脱却として本章では度数分布表の利用方法を解説します。また第3部第4章ではさまざまな指標を導入し、平均値「以外」も利用したデータの集計の仕方を解説します。

3-2 用語 度数・度数分布

度数とは、そのデータが現れた回数、言い換えると頻度のことです。

例えばオスの魚が4尾釣れたなら、オスの度数は4です。あるいは3cmの魚が1尾だけ釣れたならば、3cmの魚の度数は1です。

度数分布とは、データが出てきた回数の一覧です。例えばオスの魚が4尾でメスの魚が6尾など、複数のカテゴリーの度数を一覧としてまとめます。あるいは1cmの魚、2cmの魚、3cmの魚、……とさまざまな体長の魚の度数を一覧にまとめます。度数分布を一覧にした表を**度数分布表**と呼びます。

3-1節の貯金額データならば、貯金額が1億円である度数は1で、0円である度数は3となります。度数分布表を使えば「3人は貯金が0円で、とても困っている」のが一目でわかりますね。単純ですが、とても応用のきく集計の方法です。

3-3 用語 階級・階級値

カテゴリーデータの場合、度数を得ることは難しくありません。カテゴリーごとに観測された回数を記録するだけです。

一方で数量データの場合、度数を得るのには若干の工夫が必要です。特に連続型のデータの場合は、「完全に数値が一致する」という状況が想定しにくいことがあります。この場合、数値をいくつかの範囲に区切ることがしばしばあります。この区切りのことを**階級**と呼びます。

階級を代表する値を**階級値**と呼びます。範囲の最大と最小の中間の値などが階級値として使われます。例えば「$1.5 \leq$ 体長 < 2.5」という階級を設定したときの階級値は2です。数量データの場合は、この階級に属するデー

タの個数を数えることで、度数分布を得ることが多いです。

3-4 実装 分析の準備

Pythonを利用して、実際に度数分布を求めます。まずは必要なライブラリの読み込みなどを行います。

```
# 数値計算に使うライブラリ
import numpy as np
import pandas as pd
```

3-5 実装 度数分布

Pythonを用いて度数分布を求めます。

5-A◆カテゴリーデータの度数分布

カテゴリーデータに対して度数分布を求めます。対象となるデータを読み込みます。魚の種類名が記録されたデータです。

```
category_data = pd.read_csv('3-3-1-fish-species.csv')
print(category_data)
```

```
  species
0       A
1       A
2       A
3       B
4       B
5       B
6       B
7       B
8       B
9       B
```

pandasのシリーズが持つvalue_counts関数を使うと、簡単に度数分布が得られます。

```
category_data.species.value_counts(sort=False)
```

```
A    3
B    7
Name: species, dtype: int64
```

データフレームであるcategory_dataからspecies列のみを抽出した結果はシリーズ型になるのでした（第2部第4章参照）。これに対してvalue_counts関数を適用します。sort=Falseを指定することで、度数の順に並び替えられるのを防いでいます。何も指定しなければ、度数の降順となります。結果は、魚種Aが3尾、魚種Bが7尾となりました。

5-B◆数量データの度数分布

数量データに対して度数分布を求めます。対象となるデータを読み込みます。魚の体長が記録されたデータです。

```
numeric_data = pd.read_csv('3-3-2-fish-length.csv')
print(numeric_data)
```

```
   length
0    1.91
1    1.21
2    2.28
3    1.01
4    1.00
5    4.50
6    1.96
7    0.72
8    3.67
9    2.55
```

value_counts関数をそのまま使うとうまくいきません。「まったく同じ数値」になるデータが存在しないからです。

```
numeric_data.length.value_counts()
```

```
1.91    1
1.21    1
2.28    1
1.01    1
1.00    1
4.50    1
1.96    1
0.72    1
3.67    1
2.55    1
Name: length, dtype: int64
```

以下のように`bins=3`と指定することで、データを3つに区切ったうえで、度数を得ることができます。


```
numeric_data.length.value_counts(bins=3)
```

```
(0.715, 1.98]    6
(1.98, 3.24]     2
(3.24, 4.5]      2
Name: length, dtype: int64
```

0.715より大きく、1.98以下であるデータは6個あることがわかります。1.98より大きく、3.24以下であるデータは2個あります。3.24より大きく、4.5以下であるデータも2個あります。「下限は含まないが、上限は含む」というルールで数えていることに注意してください。

階級の下限と上限を直接与えることもできます。例えば、以下のように0から5までの等差数列として階級を与えるとします。

```
np.arange(0, 6, 1)
```

```
array([0, 1, 2, 3, 4, 5])
```

この階級を以下のように`bins`に指定することで、度数が得られます。結果をあとで使いまわせるように、度数分布を`freq`という名前で保存しました。

```
freq = numeric_data.length.value_counts(
    bins=np.arange(0, 6, 1), sort=False)
freq
```

```
(-0.001, 1.0]    2
(1.0, 2.0]       4
(2.0, 3.0]       2
(3.0, 4.0]       1
(4.0, 5.0]       1
Name: length, dtype: int64
```

なお「ちょうど1cm」というデータが1つありますが、これは(-0.001, 1.0]の階級に属していることに注意してください。

5-C◆numpyの関数を使う

別の方法で度数分布を得ることができます。np.histogramを使います。まずはデータを3区分に分けて度数を得ます。

```
np.histogram(numeric_data.length, bins=3)
```

```
(array([6, 2, 2], dtype=int64), array([0.72, 1.98, 3.24, 4.5 ]))
```

出力は2つのアレイです。1つ目のアレイであるarray([6, 2, 2], dtype=int64)は度数を表します。

2つ目のアレイであるarray([0.72, 1.98, 3.24, 4.5])は、階級の下限と上限の一覧を表します。

度数だけを取得したい場合はnp.histogram(numeric_data.length, bins=3)[0]のように要素インデックスを指定します。この結果は1次元のアレイです。

binsに階級の上限と下限を指定することもできます。

```
np.histogram(numeric_data.length, bins=np.arange(0, 6, 1))
```

```
(array([1, 5, 2, 1, 1], dtype=int64), array([0, 1, 2, 3, 4, 5]))
```

今回利用したバージョン（Anaconda3-2021.11）において、value_counts関数の結果とは異なっていることに注意してください。np.histogram関数は下限を含むため、「ちょうど1cm」のデータの取り扱いが変わっています。それ以外はほぼ同様に利用できます。

3-6 用語 相対度数分布・累積度数分布

相対度数分布は、全体を1としたときの、度数の占める割合の一覧です。度数をサンプルサイズで除すことで得られます。

累積度数分布は、度数の累積値をとったものです。相対度数分布の累積値をとった**累積相対度数分布**もしばしば利用されます。

3-7 実装 相対度数分布・累積度数分布

3-5節で計算した魚の体長データの度数であるfreqを対象にして、相対度数分布と累積度数分布を求めます。

7-A◆相対度数分布

いくつかの方法がありますが、まずは定義通り、度数をサンプルサイズで除すことで相対度数を求めます。

```
rel_freq = freq / sum(freq)
rel_freq
```

```
(-0.001, 1.0]    0.2
(1.0, 2.0]       0.4
(2.0, 3.0]       0.2
(3.0, 4.0]       0.1
(4.0, 5.0]       0.1
Name: length, dtype: float64
```

value_counts関数を使う際にnormalize=Trueと設定すると、最初から割合を計算してくれます。

```
numeric_data.length.value_counts(bins=np.arange(0, 6, 1),
                                 sort=False,
                                 normalize=True)
```

```
(-0.001, 1.0]    0.2
(1.0, 2.0]       0.4
(2.0, 3.0]       0.2
(3.0, 4.0]       0.1
(4.0, 5.0]       0.1
Name: length, dtype: float64
```

np.histogram関数を使う場合はdensity=Trueとします。

```
np.histogram(numeric_data.length, bins=np.arange(0, 6, 1),
             density=True)
```

```
(array([0.1, 0.5, 0.2, 0.1, 0.1]), array([0, 1, 2, 3, 4, 5]))
```

7-B◆累積度数分布

累積度数分布を求める際には、累積値を計算するcumsum関数を使います。

```
freq.cumsum()
```

```
(-0.001, 1.0]     2
(1.0, 2.0]        6
(2.0, 3.0]        8
(3.0, 4.0]        9
(4.0, 5.0]       10
Name: length, dtype: int64
```

np.histogram関数の結果に対しては、要素インデックスを指定して度数だけを取得したうえで、np.cumsum関数を適用します。

```
freq_np = np.histogram(numeric_data.length,
                       bins=np.arange(0, 6, 1))[0]
np.cumsum(freq_np)
```

```
array([ 1,  6,  8,  9, 10], dtype=int64)
```

7-C◆累積相対度数分布

相対度数分布に対して累積値を計算すると、累積相対度数分布が得られます。

```
rel_freq.cumsum()
```

```
(-0.001, 1.0]    0.2
(1.0, 2.0]       0.6
(2.0, 3.0]       0.8
(3.0, 4.0]       0.9
(4.0, 5.0]       1.0
Name: length, dtype: float64
```


3-8　用語 ヒストグラム

度数分布を可視化したものを**ヒストグラム**と呼びます。後ほど紹介しますが、横軸が体長などのデータで、縦軸が度数などとなるグラフです（3-10節で解説するように、設定によっては縦軸が度数でなくなります）。

ヒストグラムを見ることで、どのようなデータがどのくらい存在するかという分布を視覚的に評価できます。

3-9　グラフ描画とmatplotlib・seaborn

ヒストグラムを描くために、グラフを描画する2つのライブラリを紹介します。以下のようにしてライブラリを追加で読み込みます。

```
# グラフを描画するライブラリ
from matplotlib import pyplot as plt
import seaborn as sns
sns.set()
```

matplotlibが基本のグラフ描画ライブラリです。from matplotlib import pyplotは、matplotlibライブラリからpyplotモジュールだけを読み込むという指定です。pltという略称を設定しました。

seabornは美麗なグラフが描ける便利なライブラリです。snsという略称を設定しました。本書ではseabornを積極的に使います。sns.set()と実行することで、pyplotの結果も含めてグラフのデザインをきれいにしてくれます。グラフ描画の詳細は第3部第7章で解説します。

3-10 実装 ヒストグラム

本書ではseabornを積極的に使います。ただしseabornはmatplotlibとも相性が良く、matplotlibの機能を使ってグラフを装飾できます。

ヒストグラムを描く関数はseabornの中でもいくつかありますが、ここではsns.histplot関数を使います。引数x='length'とdata=numeric_dataで「numeric_dataのlength列」を対象にヒストグラムを描くように指定します。colorでヒストグラムの色を、binsで階級を指定します。

```
sns.histplot(x='length', data=numeric_data, color='gray',
             bins=np.arange(0, 6, 1))
```

ヒストグラムを見ることで、データの分布が視覚的にわかります。このヒストグラムの縦軸は度数です。0以上1未満のデータは1つだけで、1以上2未満のデータは5つあり……と度数分布と同様に解釈できます。結果はnp.histogram関数の結果と一致します（**図3-3-1**）。

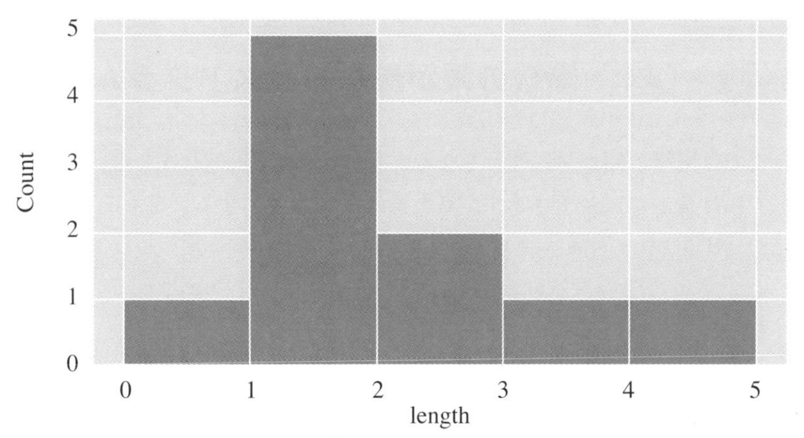

図 3-3-1 seabornによるヒストグラム

ヒストグラムの柱の面積を相対度数とみなせるように標準化した結果を得ることもできます。stat='density'と指定します（図3-3-2）。

```
sns.histplot(x='length', data=numeric_data, color='gray',
             bins=np.arange(0, 6, 1), stat='density')
```

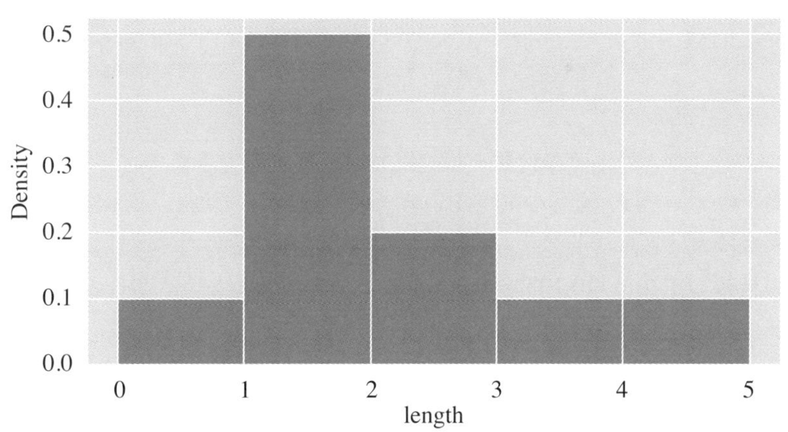

図 3-3-2 グラフの面積を相対度数とみなせるようにしたヒストグラム

3-11 実装 階級の幅が異なるヒストグラム

今までは階級の幅が常に等しくなるようにbinsを設定しました。しかし、階級の幅は任意に設定できます。もちろん異なる幅にすることもできます。階級を「0以上、1未満」「1以上、2未満」「2以上、5未満」と最後の階級だけ長くとった際の度数分布を得ます。density=Trueとしていることに注意してください。

```
np.histogram(numeric_data.length, bins=np.array([0, 1, 2, 5]),
             density=True)
```

```
(array([0.1       , 0.5       , 0.13333333]), array([0, 1, 2, 5]))
```

ここで、「2以上、5未満」のデータは4つあるため、本来の相対度数は0.4となるはずです。けれども「2以上、5未満」の階級に属するデータのヒストグラムの柱の高さは0.13333333となりました。これはヒストグラムを描くと意味合いがわかります（**図3-3-3**）。

```
sns.histplot(x='length', data=numeric_data, color='gray',
             bins=np.array([0, 1, 2, 5]), stat='density')
```

ヒストグラムは、その面積を相対度数として解釈できます。「2以上、5未満」のデータは、全体の40%を占めます。そして「2以上、5未満」という階級におけるヒストグラムの柱の横幅は3です。そのため「柱の高さ×柱の横幅」すなわち0.13333×3とすることで、40%という割合が計算できます。np.histogram関数やsns.histplot関数において、異なる階級の幅を設定したときの挙動はやや複雑ですので注意してください。

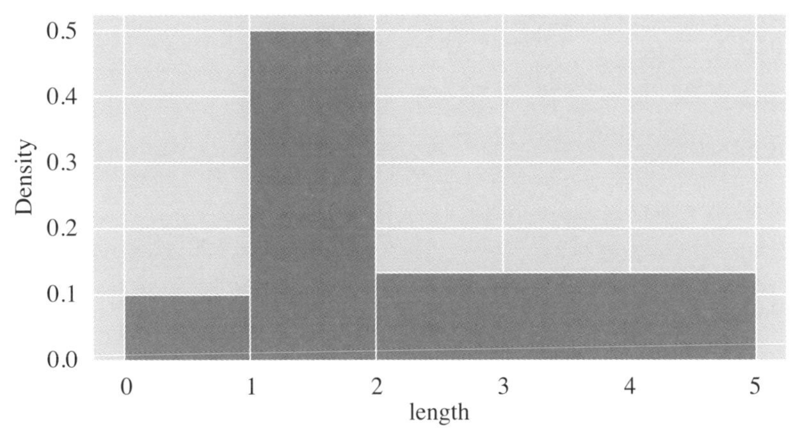

図 3-3-3 階級の幅が異なるヒストグラム

3-12 用語 カーネル密度推定

ヒストグラムとよく似た結果が得られる、カーネル密度推定について解説します。やや高度な内容が含まれます。特に仕組みに関しては、難しいと感じたら飛ばしても大丈夫です。

12-A◆カーネル密度推定の基本

ヒストグラムを平滑化するために**カーネル密度推定**が用いられます。ヒストグラムは、データの分布が一目でわかる便利なグラフですが、階級ごとに段差が生じます。カーネル密度推定を用いることで、この段差をなくして滑らかな分布を提示できます。

12-B◆カーネル密度推定の仕組み

カーネル密度推定の仕組みを、馬場(2019)を参考にして説明します。まずは**ラグプロット**と呼ばれるグラフを紹介します。ラグプロットはデータの位置を縦棒で示したものです。

図3-3-4は`numeric_data.length`を対象にラグプロットを描いた結果です。横軸が体長です。体長の最小値である0.72や、2番目に小さい値

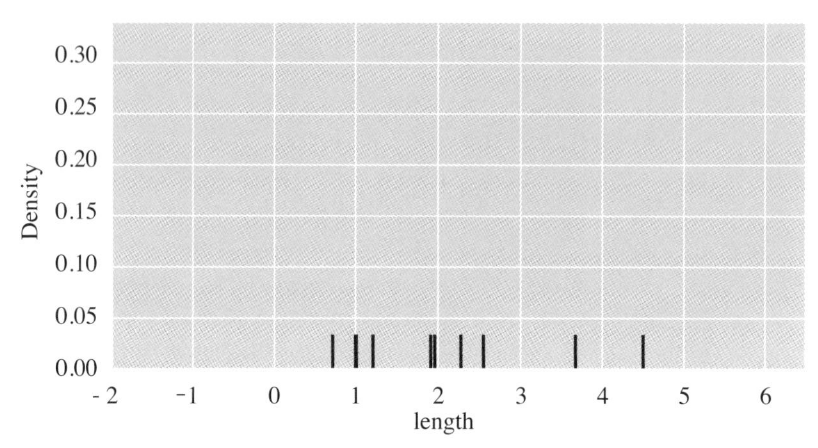

図 3-3-4 ラグプロット

である1.00の位置に縦棒が配置されています。

続いてこのラグプロットにガウス曲線を加えます。ガウス曲線については第4部第4章で解説しますが、左右対称のいわゆる釣り鐘型（ベル型）と呼ばれる形をしているのが特徴です。**図3-3-5**では、最小値0.72を中心としたガウス曲線を描きました。

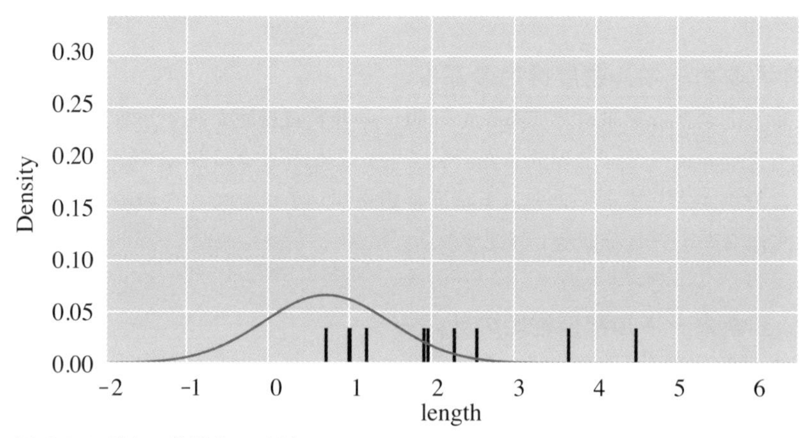

図 3-3-5 ガウス曲線を1つ追加

図3-3-6ではすべてのデータに対してガウス曲線を加えました。

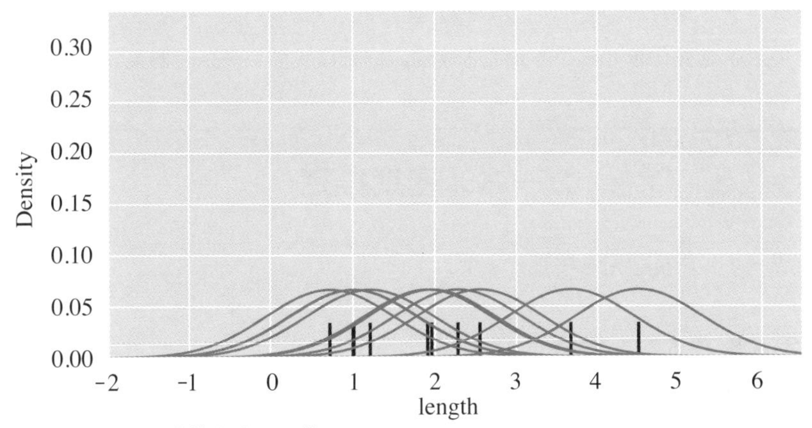

図 3-3-6 ガウス曲線をすべて載せる

最後に、ガウス曲線の値をすべて合計します。この結果がカーネル密度推定の結果となります。こうすることで、データが集中している箇所は、密度が高いと評価されます（図3-3-7）。

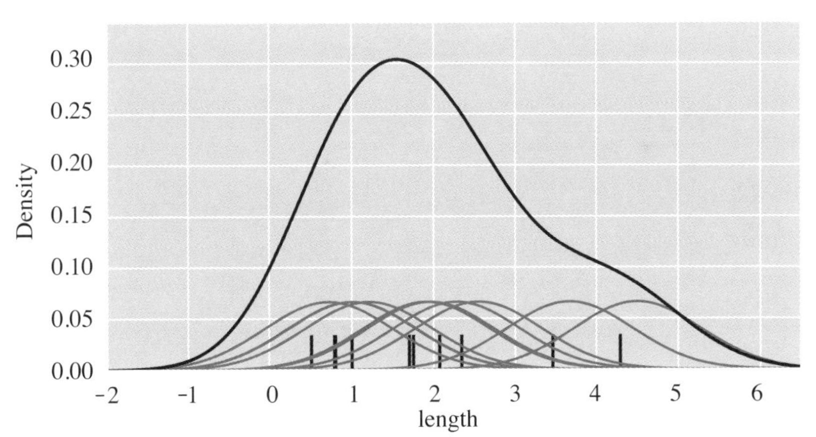

図 3-3-7 カーネル密度推定の結果

12-C◆カーネル密度推定とバンド幅

ヒストグラムは、階級を変えることでグラフの形状が変わります。階級を細かく分けることでデータをより詳細に表現できますが、大局的な見方は難しくなります。

カーネル密度推定ではバンド幅と呼ばれるものを変更することで、グラフの形状を変化させることができます。詳細は実装パートで解説します。

3-13 実装 カーネル密度推定

カーネル密度推定を実行します。

13-A◆基本的な実装

seabornのkdeplot関数を使うことで、カーネル密度推定の結果を簡単に得ることができます。fill=Trueとすることで曲線の下側を塗りつぶします（図3-3-8）。

```
sns.kdeplot(numeric_data.length, fill=True, color='gray')
```

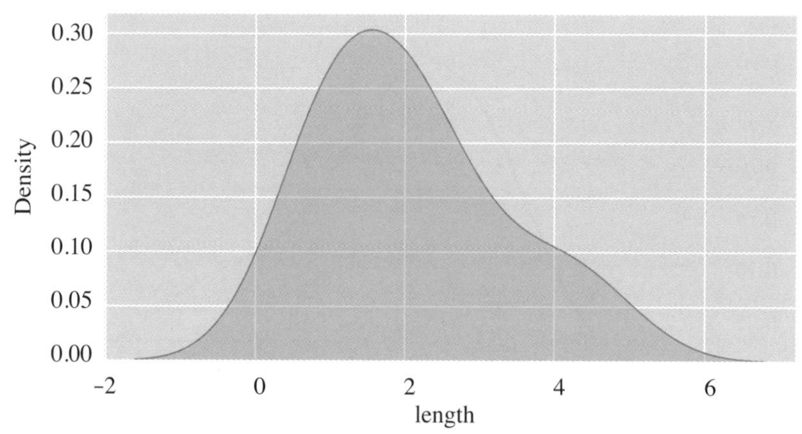

図 3-3-8 seabornによるカーネル密度推定

ヒストグラムと異なり、滑らかな結果が得られます。ただし、体長データにもかかわらず、負の値でも0より大きい密度が得られています。0以上のデータや離散型のデータに対してカーネル密度推定を実行すると、やや直観と異なる結果が得られることもあるので注意してください。このような場合はヒストグラムを用います。

13-B◆バンド幅の変更

参考までにバンド幅を変更した結果を確認します。bw_adjustを小さくすると変動が大きくなります。逆にbw_adjustを大きくすると、滑らかな結果が得られます。

以下はグラフ描画方法の補足です。グラフ描画関数sns.kdeplotを連続で実行することでグラフを上書きしています。linestyleの指定をすることで、線の種類を破線などに変更できます。labelを設定したあとでplt.legend関数を適用すると凡例を表示できます。

```
sns.kdeplot(numeric_data.length,
            color='black', label='default')
sns.kdeplot(numeric_data.length,
            color='black', bw_adjust=0.4,
            linestyle='dashed', label='bw_adjust=0.4')
sns.kdeplot(numeric_data.length,
            color='black', bw_adjust=2,
            linestyle='dotted', label='bw_adjust=2')

plt.legend() # 凡例
```

本書では基本的にseaborn規定のバンド幅を採用します。ただしバンド幅を変えることでデータの形状がどのように変わるのかは知っておくとよいでしょう（図3-3-9）。

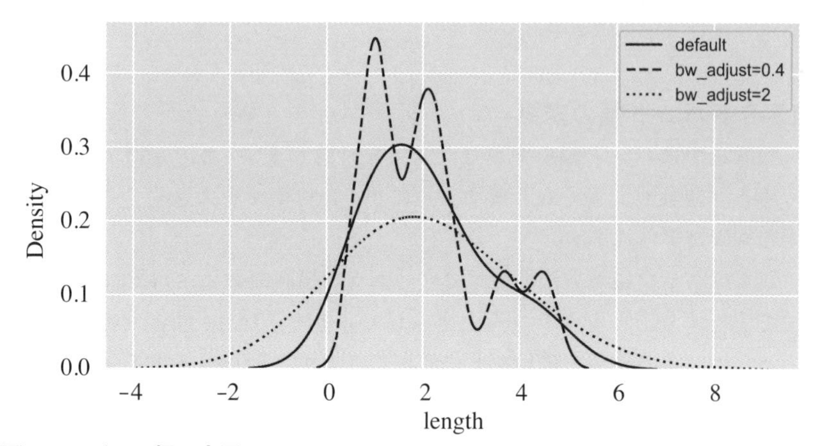

図 3-3-9 バンド幅の変更

第4章

1変量データの統計量

本章では1変量データを対象としたさまざまな統計量を紹介し、Pythonでの実装方法を解説します。統計量の説明では数式を使います。数式が難しいと感じたら第3部第2章を参照してください。プログラムが難しいと感じたら、第2部第3章と第4章を参照してください。
サンプルサイズ・合計値・平均値という単純な指標から紹介し、データのばらつきを評価する指標である分散と標準偏差を解説します。続いて分散を利用した変動係数・標準化について解説します。
次にデータを昇順に並び替えたうえで、順位に基づく統計量を導入します。そして最頻値と呼ばれる度数に基づく統計量を導入します。
最後に、さまざまな指標をまとめて計算できる便利な関数を紹介します。

4-1 (実装) 分析の準備

必要なライブラリの読み込みなどを行います。scipyは科学技術計算を行う際に便利なライブラリです。scipyから特に統計処理に特化したstatsモジュールを読み込みました。

```
# 数値計算に使うライブラリ
import numpy as np
import pandas as pd

# 複雑な統計処理を行うライブラリ
from scipy import stats
```

4-2 分析対象となるデータの用意

分析対象となるデータを用意します。2通りの方法で同じデータを用意します。

2-A◆numpyアレイで用意

numpyのアレイでデータを用意します。魚の体長を10個体だけ記録したデータです。名前はfish_lengthとします。

```
fish_length = np.array([2,3,3,4,4,4,4,5,5,6])
fish_length
```

```
array([2, 3, 3, 4, 4, 4, 4, 5, 5, 6])
```

2-B◆CSVファイルからの読み込み

データはCSVファイルとして保存することが多いと思います。アレイで用意したデータと同じデータを、pandasのデータフレームとして読み込みます。名前は末尾に_dfをつけてfish_length_dfとします。

```
fish_length_df = pd.read_csv('3-4-1-fish-length.csv')
print(fish_length_df)
```

```
   length
0       2
1       3
2       3
3       4
4       4
5       4
6       4
7       5
8       5
9       6
```

2-C◆データフレームとアレイの変換

第2部第4章の復習ですが、データフレームをアレイに変換することは難しくありません。1変量の場合は、列名を指定したうえでさらにto_numpy()とつけることでアレイとして扱えます。すなわちfish_length_df.length.to_numpy()はアレイであるfish_lengthと同様に扱えます。これは以下のコードで確認できます。すべての要素がTrueなので、すべて等しいことがわかります。

```
fish_length_df.length.to_numpy() == fish_length
```

```
array([ True,  True,  True,  True,  True,  True,  True,
        True,  True, True])
```

本章の内容をデータフレームに対して適用する場合の参考にしてください。ただし、一部の関数はアレイとデータフレームの両方で、ほぼ同じように実行できます。

4-3 (実装) サンプルサイズ

標本のサンプルサイズを取得します。len関数を使います。まずはアレイに適用します。10個のデータがあるので結果は10です。

```
len(fish_length)
```

```
10
```

続いてデータフレームに適用します。len関数を使うことで行数が取得できます。

```
len(fish_length_df)
```

```
10
```

データフレームはアレイに変換してから処理をしても構いませんし、データフレームのまま処理を実行できることもあります。両方のやり方を知っておくと便利です。しかし、複数のやり方を併記すると混乱を招くかもしれません。本章では、基本的にアレイを対象に実行します。

ただしnumpyとpandasで「同じ名前の関数なのに、処理の結果が異なる」ということもまれにあります。その場合には適宜注意を促します。

4-4 実装 合計値

標本の合計値を計算します。いろいろな実装方法があります。本節ではアレイとデータフレームの両方を対象とします。

4-A◆基本的な計算方法

合計値を計算するだけでもいろいろな方法があります。読者の方が混乱するのを避けるために、本書ではなるべくnumpyの関数を利用する方法で統一します。必要に応じてscipyのstatsの機能を使います。

numpyの関数を使って合計値を計算する場合はnp.sum関数を使います。まずはアレイを対象に適用します。結果は2+3+3+4+4+4+4+5+5+6=40です。

```
np.sum(fish_length)
```

```
40
```

データフレームにも同様に適用できます。

```
np.sum(fish_length_df)
```

```
length    40
dtype: int64
```

4-B◆その他の計算方法

Pythonを扱った教科書によっては以下のような方法が提示されている

こともあると思います。結果は変わりませんが、読者の混乱を防ぐために、本書では明示的にnp.sum関数を使う方法を中心に使います。

```
fish_length.sum()
```

```
40
```

データフレームも同様にして合計値が計算できます。

```
fish_length_df.sum()
```

```
length    40
dtype: int64
```

4-5 (実装) 標本平均

標本平均を計算します。平均値の計算式を再掲します。ただし$\bar{x}$は標本xの平均値であり、nはサンプルサイズです。

$$\bar{x} = \frac{1}{n}\sum_{i=1}^{n} x_i \tag{3-7}$$

5-A◆計算方法の確認

アレイを対象にして、Pythonで平均値を計算します。標本平均を定義通りに実装します。まずはサンプルサイズを取得します。

```
n = len(fish_length)
n
```

```
10
```

続いて合計値を計算します。

```
sum_value = np.sum(fish_length)
sum_value
```

```
40
```

合計値をサンプルサイズで除すことで平均値が計算できます。

```
x_bar = sum_value / n
x_bar
```

```
4.0
```

5-B◆関数を使った効率的な実装

np.mean関数を使うと簡単に計算できます。

```
np.mean(fish_length)
```

```
4.0
```

4-6 用語 標本分散

データのばらつきを評価する指標である分散を導入します。

6-A◆分散の定義

平たく言うと、**分散**は「データが平均値とどれだけ離れているか」を表した指標です。標本から計算された分散を**標本分散**と呼びます。

平均値はデータの代表値としてしばしば使われます。しかし、その代表値がデータとかけ離れているときに、代表値だけを見てデータの解釈をするのは危険です。

平均値の近くにデータがちゃんと寄っていれば、標本分散は小さくなります。データが平均値から遠くに離れているようであれば、標本分散は大きくなります。

本書では、標本分散を記号s^2と表記します。計算式に2乗する処理が入っているので、記号にもそれを入れています。

$$s^2 = \frac{1}{n}\sum_{i=1}^{n}(x_i - \bar{x})^2 \tag{3-8}$$

平均値 $\bar{x}$ と個別のデータ x_i が離れていれば離れているほど、$(x_i - \bar{x})^2$ は大きな値をとります。$(x_i - \bar{x})^2$ は平均値とデータとの距離のようなものだとみなせます。なお、データと平均値の差を**偏差**と呼び、分散の分子を**偏差平方和**と呼びます。

6-B◆分散のイメージ

補足的に、厳密ではありませんが分散の直観的なイメージを共有します。

平均と分散という2つの指標を使うことで、データのおおよその形状を知ることができます。**図3-4-1**は、横軸に魚の体長を置いた模式図です。黒丸や白丸は、データ点を示しています。グレーの範囲が私たちのイメージする「データの形状」だと思ってください。

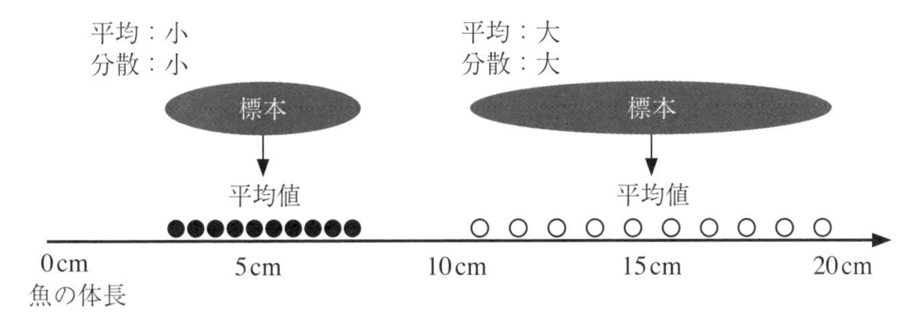

図 3-4-1 平均と分散とデータの範囲

データの範囲を見るだけならば、最大値・最小値を見るだけで十分です。しかし「たまたま1つか2つ極端な値があっただけ」でも、最大値・最小値の幅は広くなってしまいます。

例えば**図3-4-2**では、2つの標本において、最大値と最小値の幅はほぼ同じになっています。しかし、直観的には「データの形状」が異なっているとみなしたいところですね。分散は「データが平均値とどれだけ離れているか」を表した指標なので、このようなときに効果を発揮します。

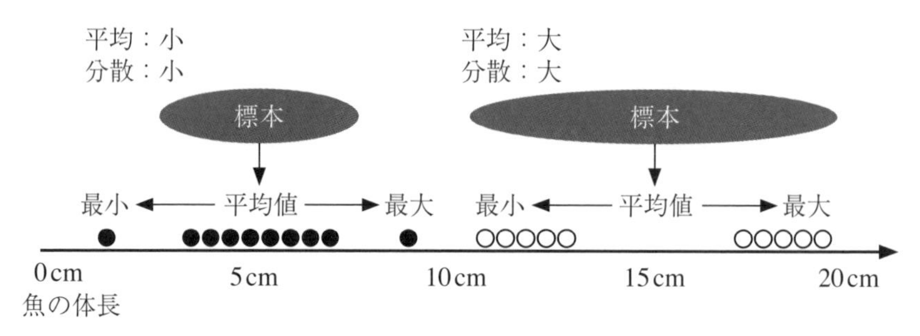

図 3-4-2 分散と最大値・最小値との比較

なお、平均値と分散だけでは、データの形状を正しく判断できないこともしばしばあります。この場合は、ヒストグラムなども利用しましょう。

4-7 実装 標本分散

アレイを対象にして標本分散を計算します。

7-A◆計算方法の確認

標本分散を定義通りに実装します。結果は1.2となります。

```
s2 = np.sum((fish_length - x_bar) ** 2) / n
s2
```

```
1.2
```

7-B◆実装コードの解読

コードがやや複雑なので、順を追って実装コードの解説をします。まずはアレイで用意した魚の体長データx_iを確認します。

```
fish_length
```

```
array([2, 3, 3, 4, 4, 4, 4, 5, 5, 6])
```

データから標本平均である$\bar{x}=4$を引きます。これは$x_i-\bar{x}$となります。

```
fish_length - x_bar
```

```
array([-2., -1., -1.,  0.,  0.,  0.,  0.,  1.,  1.,  2.])
```

先の結果を2乗します。これは$(x_i - \bar{x})^2$となります。

```
(fish_length - x_bar) ** 2
```

```
array([4., 1., 1., 0., 0., 0., 0., 1., 1., 4.])
```

先の結果を合計します。これは$\sum_{i=1}^{n}(x_i - \bar{x})^2$となります。

```
np.sum((fish_length - x_bar) ** 2)
```

```
12.0
```

先の結果をサンプルサイズ$n=10$で除すと、標本分散が計算できます。数式を自由にプログラムに落とし込めると、応用範囲が広がります。

7-C◆関数を使った効率的な実装

np.var関数を使うと簡単に計算できます。ただし間違いをなくすためにddof=0という引数は必ず指定してください。ddofという引数の意味は4-9節で解説します。

```
np.var(fish_length, ddof=0)
```

```
1.2
```

4-8 用語 不偏分散

記述統計で分散と呼ぶ場合は、標本分散s^2を指すことが多いです。ただし、本書では第5部以降で推測統計を解説します。推測統計では**不偏分散**や**不偏標本分散**と呼ばれる分散を使うことが多いです。不偏分散は以下のようにして計算されます。本書では見分けをつけやすくするため、不偏分散を記号u^2と表記します。「不偏」の英語であるunbiasedの頭文字を意図しています。

$$u^2 = \frac{1}{n-1}\sum_{i=1}^{n}(x_i - \bar{x})^2 \tag{3-9}$$

サンプルサイズではなく、サンプルサイズから1を差し引いたもので除します。

不偏分散を理解するためには、推測統計の考え方を理解する必要があります。そのため現時点で不偏分散について理解できなくても大丈夫です。詳しくは第5部第4章で解説します。ここでは、不偏分散の役割を直観的に紹介するにとどめます。

推測統計では、一部の標本から母集団の全体を推測するという問題設定がなされます。実は標本分散の計算式をそのまま使って母集団の分散を見積もると、母集団の分散を過小評価してしまうという偏りがあります。これを修正したものが不偏分散です。

分散を計算するためには、あらかじめ平均値を計算する必要があります。標本平均は、名前の通り標本から計算されます。標本平均は、母集団の平均値から少しずれていると考えるのが自然です。母集団の平均からずれた標本平均を使って、さらに分散を計算することになります。正しく推定しにくそうだな、と想像できるのではないでしょうか。

不偏分散は標本分散よりも大きくなります。不偏分散の定義式を使うと、本当に偏りがなくなるのでしょうか。このあたりは第5部第4章でシミュレーションを通して確認します。ここでは定義の紹介にとどめます。

4-9 実装 不偏分散

アレイを対象にして不偏分散を計算します。

9-A◆計算方法の確認

標本分散を定義通りに実装します。結果は1.33……となります。

```
u2 = np.sum((fish_length - x_bar) ** 2) / (n - 1)
u2
```

```
1.3333333333333333
```

第2部第3章3-8節で解説した通り、小数点以下第3位で丸める場合は以下のようにround関数を使います。

```
round(u2, 3)
```

```
1.333
```

9-B◆関数を使った効率的な実装

np.var関数を使い、引数にddof=1を指定すると簡単に計算できます。


```
round(np.var(fish_length, ddof=1), 3)
```

```
1.333
```

np.var関数はddof=0だと標本分散を、ddof=1だと不偏分散を計算します。どちらの分散を計算しているのかわからなくなると困るので、ddofの指定は必ず入れましょう。

9-C◆ライブラリの違いに注意

numpyとpandasでともにvarという関数がありますが、両者では挙動が違うことに注意してください。numpyのvar関数では、ddofを指定しない場合は標本分散が計算されます。データフレームを対象に実行します。

```
np.var(fish_length_df)
```

```
length    1.2
dtype: float64
```

一方でpandasのvar関数（pandasのデータフレームにつなげて実行したvar関数）では、ddofを指定しない場合は不偏分散が計算されます。

```
fish_length_df.var()
```

```
length    1.333333
dtype: float64
```

紛らわしいので、ddofは確実に指定しましょう。ddof=0と指定するとpandasのvar関数でも標本分散が計算されます。

```
fish_length_df.var(ddof=0)
```

```
length    1.2
dtype: float64
```

なお、この結果はnumpyのバージョン1.20.3、pandasのバージョン1.3.4で確認しました。

4-10 用語 標準偏差

標準偏差とは、分散の平方根をとったものです。分散はデータを2乗することで計算されていました。そのため単位なども2乗されています。これでは扱いにくいので、平方根をとって単位を合わせます。以下では標本分散の平方根として標準偏差sを定義しました。

$$s=\sqrt{s^2}=\sqrt{\frac{1}{n}\sum_{i=1}^{n}(x_i-\bar{x})^2} \tag{3-10}$$

4-11 実装 標準偏差

アレイを対象にして標準偏差を計算します。

11-A◆計算方法の確認

標準偏差を定義通りに実装します。平方根をとるためにnp.sqrt関数を使いました。

```
s = np.sqrt(s2)
round(s, 3)
```

```
1.095
```

11-B◆関数を使った効率的な実装

np.std関数を使うと簡単に計算できます。ddof=0を指定することで、標本分散の平方根をとります。ddof=1ならば不偏分散の平方根をとります。


```
round(np.std(fish_length, ddof=0), 3)
```

```
1.095
```

4-12 用語 変動係数

平均値と標準偏差の比を**変動係数**と呼びます。変動係数は以下のようにして計算されます。本書では変動係数をCoefficient of Variationの略でCVと表記します。

$$\mathrm{CV} = \frac{s}{\bar{x}} \tag{3-11}$$

上記の結果を100倍して%表記にすることもあります。

例えばあるスナック菓子では、平均すると100g封入されているとします。このとき50gのばらつきがあると言われると、かなり大きなばらつきだと感じるはずです。100gのお菓子だと思ったのに50gしか封入されていなかったとなると、とても残念な気持ちになりますね。

一方で庭にまく砂を購入するとします。あるお店では、平均して10kgを1セットとして販売しているとしましょう。このとき50g程度のばらつきを気にする人は少ないはずです。

標準偏差を使うと、先の2つの例は同じばらつきの大きさとみなされます。平均値に占めるばらつきの大きさを意味するCVを利用すると、標準偏差を使うよりも直観に合う結果が得られることがあります。ただし、データによっては変動係数を使うべきでないときもあります。事例は次節で紹介します。

4-13 実装 変動係数

アレイを対象にして変動係数を計算します。

13-A◆計算方法の確認

変動係数を定義通りに実装します。

```
cv = s / x_bar
round(cv, 3)
```

```
0.274
```

魚の体長のばらつきの大きさは、平均を100%とすると27%ほどになるとわかりました。

13-B◆関数を使った効率的な実装

`scipy`の`stats`の`variation`関数を使うと簡単に計算できます。

```
round(stats.variation(fish_length), 3)
```

```
0.274
```

なお本書で利用しているバージョン1.7.1のscipyでは、variation関数でddofが指定できます（古いバージョンだと指定できないことがあります）。不偏分散を使って標準化する場合は以下のように実装します。

```
round(stats.variation(fish_length, ddof=1), 3)
```

```
0.289
```

13-C◆変動係数を使う注意点

変動係数は、割り算する処理が入ることに注意が必要です。例えば平均値が0であれば、0で割ることはできないので計算できません。

また、対象となるデータが比例尺度であることを前提としていることにも注意が必要です。第3部第1章において、摂氏で計測した気温は、比例尺度ではなく間隔尺度だと説明しました。摂氏で計測した気温に対して変動係数を求めると、直観と異なる結果になることがあります。

冬の気温と夏の気温を6日ずつ記録したデータを用意します。冬の気温も夏の気温も、気温の差は1℃しかありません。

```
winter = np.array([1,1,1,2,2,2])
summer = np.array([29,29,29,30,30,30])
```

標準偏差で比較すると、冬も夏も同じばらつきの大きさとみなせます。

```
print('冬の気温の標準偏差：', np.std(winter, ddof=0))
print('夏の気温の標準偏差：', np.std(summer, ddof=0))
```

```
冬の気温の標準偏差： 0.5
夏の気温の標準偏差： 0.5
```

一方、変動係数で比較すると、冬の方が大きなばらつきとみなせます。

```
print('冬の気温の変動係数：', round(stats.variation(winter), 3))
print('夏の気温の変動係数：', round(stats.variation(summer), 3))
```

```
冬の気温の変動係数： 0.333
夏の気温の変動係数： 0.017
```

気温が1℃のときと2℃のときで「2倍暑くなった！」と感じる人は少ないはずです。1℃でも2℃でも、同じくらい寒いですね。変動係数の結果は直観とあわないと思います。間隔尺度を扱う場合には注意してください。

4-14 用語 標準化

統計量ではありませんが、データを変換する方法を補足的に紹介します。データの平均を0に、標準偏差を1にする変換のことを**標準化**と呼びます。平均値が大きな変数や小さな変数が入り混じっていると特徴をつかみにくいため、標準化してからデータを比較すると便利なこともあります。標準化された結果は、**標準化得点**や**z得点**と呼びます。

i番目のデータx_iのz得点をz_iとすると、これは以下のように計算されます。

$$z_i = \frac{x_i - \bar{x}}{s} \tag{3-12}$$

4-15 実装 標準化

アレイを対象にして標準化を実行します。

15-A◆計算方法の確認

定義通りに標準化します。アレイをまとめて丸める場合はnp.round関数を使います。

```
z = (fish_length - x_bar) / s
np.round(z, 3)
```

```
array([-1.826, -0.913, -0.913,  0.   ,  0.   ,  0.   ,
        0.   ,  0.913,  0.913,  1.826])
```


標準化した結果は、平均値がほぼ0となります。e-17は10のマイナス17乗の意味です。コンピュータで計算した場合、このような微小な数値誤差が入ることがしばしばあります。なお、本書ではほとんどの計算事例において、小数点以下第3位で丸めていますので、数値誤差を見る機会は少ないですが、数値誤差の存在は知っておきましょう。

```
np.mean(z)
```

```
2.220446049250313e-17
```

標準化した結果の標準偏差は1となります。


```
np.std(z, ddof=0)
```

```
1.0
```

15-B◆関数を使った効率的な実装

scipyのstatsのzscore関数を使うと簡単に計算できます。

```
np.round(stats.zscore(fish_length, ddof=0), 3)
```

```
array([-1.826, -0.913, -0.913,  0.   ,  0.   ,  0.   ,
        0.   ,  0.913,  0.913,  1.826])
```

4-16 用語 最小値・最大値・中央値・四分位点

データを昇順に並び替えた結果から得られる統計量をまとめて紹介します。本書ではこれらを**順位に基づく統計量**と呼称します。具体的な数値例は次節から解説します。

最小値は、データの最も小さな値であり、**最大値**は最も大きな値です。

中央値は、データを昇順で並び替えた際、ちょうど中央に位置する値です。

四分位点は、データを昇順で並び替えた際、25%と75%に位置する値です。前者を**第1四分位点**と、後者を**第3四分位点**と呼びます。なお、中央値はデータを昇順に並び替えた際に50%に位置する点だと言えます。任意の%に位置するデータを**%点**と呼ぶこともあります。例えば第1四分位点は25%点です。

データのばらつきを評価するときに、最大値と最小値の差をとった**範囲**と、第1四分位点と第3四分位点の差をとった**四分位範囲**を使うこともあります。

順位に基づく統計量は、数え上げるだけですので基本的には理解がしやすいと思います。ただし、サンプルサイズが偶数個である場合など、「ちょうど中央」が定義できないことなどもあります。この場合は例えば近接するデータの平均値をとる（サンプルサイズが100なら、50番目と51番目の平均値をとって中央値とする）などの処理を行います。そのため実際の計算はやや煩瑣ですが、ここでは立ち入りません。Pythonを使うと複雑な計算でも簡単に実行できます。

4-17 実装 最小値・最大値

アレイを対象にして最小値と最大値を求めます。最小値を求める場合はnp.amin関数を使います。

```
np.amin(fish_length)
```

```
2
```

最大値を求める場合はnp.amax関数を使います。

```
np.amax(fish_length)
```

```
6
```

4-18 (実装) 中央値

アレイを対象にして中央値を求めます。

18-A◆中央値の実装

中央値を求める場合はnp.median関数を使います。

```
np.median(fish_length)
```

```
4.0
```

18-B◆平均値と中央値の違い

データfish_lengthを対象とした場合は、平均値も中央値も同じ4.0でした。しかし、データによっては大きく異なる結果になることもあります。今回は、以下の新しいデータを対象とします。1尾だけ体長が100cmと極端に大きくなっています。

```
fish_length_2 = np.array([2,3,3,4,4,4,4,5,5,100])
```

以下のように、平均値は極端に大きなデータに引きずられますが、中央値は引きずられません。

```
print('平均値：', np.mean(fish_length_2))
print('中央値：', np.median(fish_length_2))
```

```
平均値： 13.4
中央値： 4.0
```

極端なデータは**外れ値**と呼ばれます。順位を用いた統計量は外れ値があっても結果がそれほど変わりません。これを外れ値に**頑健**であると呼びます。中央値や四分位点は外れ値に対してある程度頑健です。外れ値に頑健であるというのは、順位に基づく統計量を使う大きなメリットです。

4-19 実装 四分位点

アレイを対象にして四分位点を求めます。np.quantile関数を使います。引数としてq=0.25を指定すると、25%点すなわち第1四分位点が得られます。q=0.75にすると、第3四分位点が得られます。

```
print('第1四分位点', np.quantile(fish_length, q=0.25))
print('第3四分位点', np.quantile(fish_length, q=0.75))
```

```
第1四分位点 3.25
第3四分位点 4.75
```

サンプルサイズが偶数の場合、四分位点の計算はやや煩瑣です。結果の解釈がしやすくなるように、サンプルサイズが101であるデータを用意しました。fish_length_3は0から100までの等差数列です。

```
fish_length_3 = np.arange(0, 101, 1)
fish_length_3
```

```
array([  0,   1,   2,   3,   4,   5,   6,   7,   8,   9,
        10,  11,  12,  13,  14,  15,  16,  17,  18,  19,
        20,  21,  22,  23,  24,  25,  26,  27,  28,  29,
        30,  31,  32,  33,  34,  35,  36,  37,  38,  39,
        40,  41,  42,  43,  44,  45,  46,  47,  48,  49,
        50,  51,  52,  53,  54,  55,  56,  57,  58,  59,
        60,  61,  62,  63,  64,  65,  66,  67,  68,  69,
        70,  71,  72,  73,  74,  75,  76,  77,  78,  79,
        80,  81,  82,  83,  84,  85,  86,  87,  88,  89,
        90,  91,  92,  93,  94,  95,  96,  97,  98,  99,
       100])
```

fish_length_3を使って四分位点を求めます。25%や75%の位置というイメージをつかんでください。

```
print('第1四分位点', np.quantile(fish_length_3, q=0.25))
print('第3四分位点', np.quantile(fish_length_3, q=0.75))
```

```
第1四分位点 25.0
第3四分位点 75.0
```

なお、50%点は中央値に一致します。

```
print('中央値：', np.median(fish_length_3))
print('50%点：', np.quantile(fish_length_3, q=0.5))
```

```
中央値： 50.0
50%点： 50.0
```

4-20 (実装) 最頻値

データの度数に基づく統計量を紹介します。**最頻値**は度数が最も大きくなる値です。ヒストグラムのように階級を分けることもありますが、ここでは元のデータに対する最頻値を求めます。

まずは元のデータを再掲します。


```
fish_length
```

```
array([2, 3, 3, 4, 4, 4, 4, 5, 5, 6])
```

最頻値を求めます。stats.mode関数を使います。

```
stats.mode(fish_length)
```

```
ModeResult(mode=array([4]), count=array([4]))
```

結果は、1つ目のアレイが最頻値で、2つ目が最頻値に属するデータの個数です。なお、最頻値が複数ある場合は、その中から最も小さな値を出力します。例えば以下の例では「1」と「3」がともに度数が4となっています。この場合小さい方の値である「1」が出力されます。

```
stats.mode(np.array([1,1,1,1,2,3,3,3,3]))
```

```
ModeResult(mode=array([1]), count=array([4]))
```

4-21 実装 pandasのdescribe関数の利用

多くの統計量を紹介してきました。そのすべてではありませんが、「サンプルサイズ・平均値・標準偏差・最小値・第1四分位点・中央値・第3四分位点・最大値」をまとめて出力する関数があるので紹介します。なお、標準偏差は不偏分散の平方根をとったものです。

pandasのデータフレームを対象としてdescribe関数を実行します。

```
print(fish_length_df.describe())
```

```
          length
count  10.000000
mean    4.000000
std     1.154701
min     2.000000
25%     3.250000
50%     4.000000
75%     4.750000
max     6.000000
```

統計量をまとめて算出できるので便利です。

第5章 多変量データの統計量

本章では2変量データを対象としたさまざまな統計量を紹介し、Pythonでの実装方法を解説します。説明を簡単にするため、本章では2変量を解説しますが、3変量以上になっても同様の方法が利用できます。最初に数量データ同士の関係性を調べる指標である共分散と相関係数を導入します。そのあと、カテゴリーデータの関係性を調べるためのクロス集計表について解説します。

5-1 実装 分析の準備

必要なライブラリの読み込みなどを行います。

```
# 数値計算に使うライブラリ
import numpy as np
import pandas as pd
```

5-2 実装 分析対象となるデータの用意

分析対象となるデータを用意します。CSVファイルから読み込みます。数量データであるxとyを10件記録した結果です。

```
cov_data = pd.read_csv('3-5-1-cov.csv')
print(cov_data)
```

```
      x   y
0  18.5  34
1  18.7  39
2  19.1  41
3  19.7  38
4  21.5  45
5  21.7  41
6  21.8  52
7  22.0  44
8  23.4  44
9  23.8  49
```

5-3 用語 共分散

共分散は、2つの連続型の変数の関係性を見るときに使われる統計量です。

3-A◆共分散の解釈

共分散は以下のように解釈します。

■共分散が0よりも大：

片方の変数が大きい値をとれば、もう片方も大きくなる

■共分散が0よりも小：

片方の変数が大きい値をとれば、もう片方は小さくなる

■共分散が0ちょうど：

変数同士に関係性が見られない

3-B◆共分散の数式を用いた表現

変数x,yの共分散$\mathrm{Cov}(x,y)$は以下のように計算されます。ただし$\bar{x},\bar{y}$は各々変数x,yの標本平均であり、nはサンプルサイズです。なお、Covは共分散の英語(covariance)の略です。不偏分散のように、nの代わりに$n-1$で割ることもあります。

$$\mathrm{Cov}(x,y) = \frac{1}{n}\sum_{i=1}^{n}(x_i - \bar{x})(y_i - \bar{y}) \tag{3-13}$$

数式を読解します。まずはΣ記号の中身である$(x_i - \bar{x})(y_i - \bar{y})$に着目します。この計算結果が正の値をとるのは「$(x_i - \bar{x})$と$(y_i - \bar{y})$がともに正」か「$(x_i - \bar{x})$と$(y_i - \bar{y})$がともに負」のときです。合計値をとった$\sum_{i=1}^{n}(x_i - \bar{x})(y_i - \bar{y})$が正の大きな値をとるときには、「$x_i$が標本平均より大きな値をとったときには、$y_i$も標本平均より大きな値をとる」そして「$x_i$が標本平均より小さな値をとったときには、$y_i$も標本平均より小さな値をとる」ことになります。このため「共分散が0よりも大きい場合は、x_iが大きければy_iも大きくなる。そしてx_iが小さければy_iも小さくなる」ことがわかります。

一方で「$(x_i - \bar{x})$と$(y_i - \bar{y})$の符号が異なる」ときには、$(x_i - \bar{x})(y_i - \bar{y})$は負になります。すなわち「共分散が0よりも小さい場合は、x_iが大きければy_iは逆に小さくなる」ことがわかります（図3-5-1）。

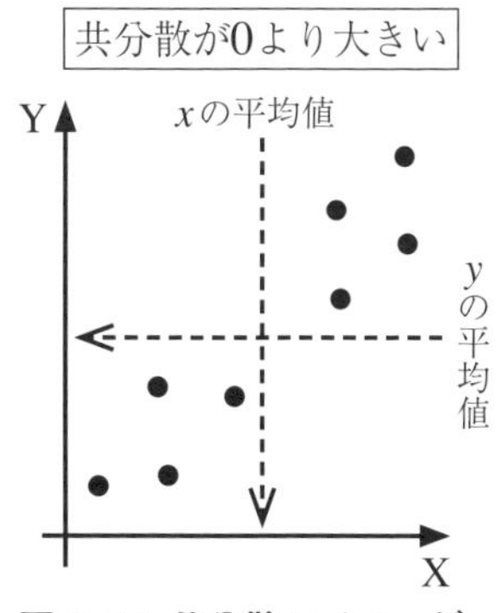

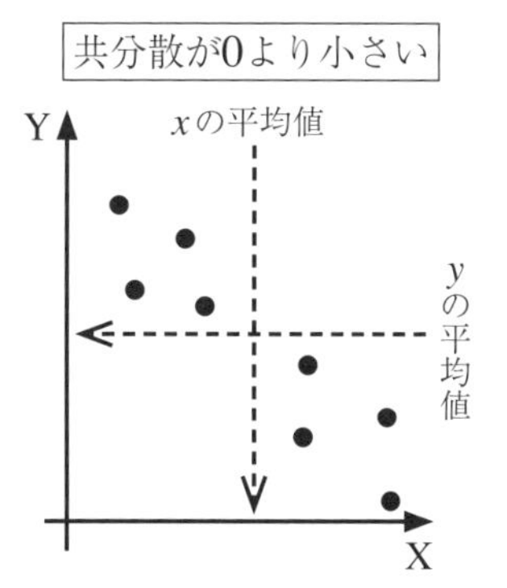

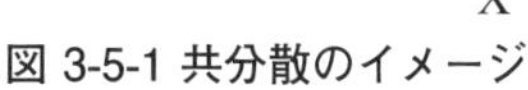
図 3-5-1 共分散のイメージ

5-4 用語 分散共分散行列

分散共分散行列とは、複数の変数において、分散と共分散の一覧を行列の形式でまとめたものです。

変数x,yの分散共分散行列$\boldsymbol{\Sigma}$は以下のようになります。ただしs_x^2とs_y^2は各々変数x,yの標本分散です。

$$\boldsymbol{\Sigma}=\begin{bmatrix} s_x^2 & \mathrm{Cov}(x,y) \\ \mathrm{Cov}(x,y) & s_y^2 \end{bmatrix} \tag{3-14}$$

5-5 実装 共分散

cov_dataを対象にして共分散を計算します。まずは定義通りに実装します。以下のように、データxとyを個別に取得してから、サンプルサイズ、標本平均を求めます。

```
# データの取り出し
x = cov_data['x']
y = cov_data['y']

# サンプルサイズ
n = len(cov_data)

# 標本平均
x_bar = np.mean(x)
y_bar = np.mean(y)
```

定義式通りに共分散を求めます。正の値になったので、xが増えるとyも増える（xが減るとyも減る）ことがわかります。

```
cov = sum((x - x_bar) * (y - y_bar)) / n
round(cov, 3)
```

```
6.906
```

5-6 実装 分散共分散行列

続いて分散共分散行列を求めます。まずは標本分散を求めます。

```
s2_x = np.var(x, ddof=0)
s2_y = np.var(y, ddof=0)

print('xの標本分散：', round(s2_x, 3))
print('yの標本分散：', round(s2_y, 3))
```

```
xの標本分散： 3.282
yの標本分散： 25.21
```

上記の結果を使って分散共分散行列を作成することもできます。

また以下のようにnp.cov関数を使うと、簡単に分散共分散行列が得られます。ddof=0にすると分母がnとなります。

```
np.cov(x, y, ddof=0)
```

```
array([[ 3.2816,  6.906 ],
       [ 6.906 , 25.21  ]])
```

第3部 第5章

5-7 用語 ピアソンの積率相関係数

共分散を、最大値1、最小値-1に標準化したものを**ピアソンの積率相関係数**と呼びます。単に相関係数と言えば、大概はこれを指します。

共分散は大変便利な指標ですが、最大値や最小値がいくらになるのか、わかりません。例えば単位がセンチからメートルに変われば、共分散の値も変わってしまいます。これでは使いにくいので、-1から+1の範囲に入るように補正します。

相関係数ρ_{xy}は以下のように計算されます。$s_x^2 \cdot s_y^2$の平方根で割ることで、-1から+1の範囲に入るように補正されます。

$$\rho_{xy} = \frac{\mathrm{Cov}(x,y)}{\sqrt{s_x^2 \cdot s_y^2}} \tag{3-15}$$

5-8 用語 相関行列

相関行列とは、複数の変数において、相関係数の一覧を行列の形式でまとめたものです。

変数x, yの相関行列は以下のようになります。

2変数の場合 $$R=\begin{bmatrix} 1 & \rho_{xy} \\ \rho_{xy} & 1 \end{bmatrix} \tag{3-16}$$

変数x, y, zの相関行列は以下のようになります。

3変数の場合 $$R=\begin{bmatrix} 1 & \rho_{xy} & \rho_{xz} \\ \rho_{xy} & 1 & \rho_{yz} \\ \rho_{xz} & \rho_{yz} & 1 \end{bmatrix} \tag{3-17}$$

1行目はxについて、2行目はyについて3行目はzについての相関を記載します。また1列目はxについて、2列目はyについて3列目はzについての相関を記載しています。

なお、計算の定義上、変数の順序がxyであってもyxであっても、相関係数は変わりません。そのため相関行列では、同じ値が重複して出現することに注意してください。また、同じ変数同士で相関係数を求めると、必ず1になるので、対角線上には1が並びます。

5-9 実装 ピアソンの積率相関係数

ピアソンの積率相関係数を実装します。

9-A◆計算方法の確認

まずは定義通りに実装します。およそ0.759です。

```
rho = cov / np.sqrt(s2_x * s2_y)
round(rho, 3)
```

```
0.759
```

9-B◆関数を使った効率的な実装

np.corrcoefを使うと簡単に実装できます。結果は相関行列の形で出力されます。

```
np.corrcoef(x, y)
```

```
array([[1.        , 0.7592719],
       [0.7592719, 1.        ]])
```

5-10 相関係数が役に立たないとき

相関係数は、複数の変数間の関係を見るときにしばしば使われる指標ですが、万能ではありません。例えば**図3-5-2**のようなデータは、相関係数が0に近い値になってしまいます。共分散の定義から、直線に近い関係性なら評価できますが、**図3-5-2**のように曲がった関係性は検出が困難です。

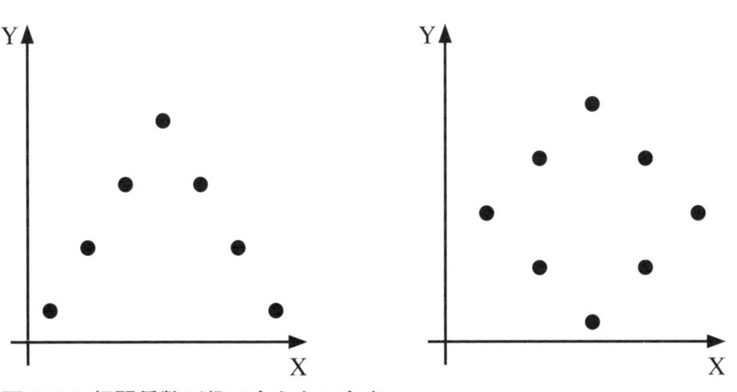

図 3-5-2 相関係数が役に立たないとき

このような場合は、実際にグラフを描いて、関係性を確認する必要があります。**図3-5-2**は散布図と呼ばれます。グラフの描き方は第3部第7章で解説します。

5-11 用語 クロス集計表

数量データの関係性を見る際には相関係数が利用できます。一方でカテゴリーデータの関係性を見る際には**クロス集計表**を用いるのが便利です。**分割表**と呼ぶこともあります。

クロス集計表は、単純にはカテゴリーごとの度数を記録した表です。ただし、2つ以上の変数を対象とし、その組み合わせで度数を求めます。

5-12 実装 クロス集計表

クロス集計表を実装します。

12-A◆度数をカウントする事例

まずは分析対象となるデータを読み込みます。ある植物を対象とし、日光（sunlight）の有無と、ある病気（disease）の有無を記録したデータです。

```
disease = pd.read_csv('3-5-2-cross.csv')
print(disease.head())
```

```
  sunlight disease
0      yes     yes
1      yes     yes
2      yes     yes
3      yes      no
4      yes      no
```

日光があるときはsunlightがyesであり、日光がなければnoです。病気も同様にdiseaseがyesならば病気ありで、noなら病気なしです。

サンプルサイズは20です。

クロス集計表を作成します。pd.crosstab関数を使います。データフレームの列を各々disease['sunlight']、そしてdisease['disease']として引数に指定することで、簡単にクロス集計表が作成できます。

```
cross_1 = pd.crosstab(
    disease['sunlight'],
    disease['disease']
)
print(cross_1)
```

```
disease   no  yes
sunlight
no         2    8
yes        7    3
```

クロス集計表は、「日光の有無」と「病気の有無」という2つの変数の組み合わせで度数を集計します。「日光の有無」が行に、「病気の有無」が列に対応します。

クロス集計表の1行目は日光がない（sunlightがno）ときの結果です。1行目を見ると「日光がない（sunlightがno）であり、かつ、病気がない（diseaseがno）である」のは2件だけというのがわかります。一方で「日光がない（sunlightがno）であり、かつ、病気がある（diseaseがyes）である」のは8件になります。

2行目は日光があるとき（sunlightがyes）の結果です。このときは病気がないのが7件で、病気があるのが3件でした。

クロス集計表を見ることで「日光がないときは、日光があるときより病気にかかりやすいのではないか」という示唆を得ることができます。

12-B◆数量が記録されている事例

別の形でクロス集計表を得る事例を紹介します。まずは分析対象となるデータを読み込みます。お店（store）ごと、色（color）ごとに、靴の売り上げ（sales）を記録したデータです。

```
shoes = pd.read_csv('3-5-3-cross2.csv')
print(shoes)
```

```
   store color  sales
0  tokyo  blue     10
1  tokyo   red     15
2  osaka  blue     13
3  osaka   red      9
```

今回は数量データとしてsales列が用意されています。このような場合でもクロス集計表として扱うと見通しが良くなることがあります。今回はpd.pivot_table関数を使います。引数dataでデータの指定、引数valuesで集計対象を、引数aggfuncで集計のための関数を指定します。引数indexとcolumnsはクロス集計表の行と列の指定です。

```
cross_2 = pd.pivot_table(
    data=shoes,
    values='sales',
    aggfunc='sum',
    index='store',
    columns='color'
)
print(cross_2)
```

```
color  blue  red
store
osaka    13    9
tokyo    10   15
```

大阪では青色の靴が、東京では赤色の靴の方が多く売れていることがわかります。

第6章

層別分析

多変量データを扱う際は、複雑なデータ操作が必要になることがあります。本章では多変量データを分析する際の実践的なノウハウを紹介します。
本章はややプログラミングの難易度が高いです。実装コードが理解できなければ、最初はそのまま飛ばしても大丈夫です。重要な用語だけは覚えておきましょう。
最初に層別分析にかかわるいくつかの用語を導入します。そのあと、実際にPythonを用いて層別分析を実行します。

6-1 用語 層別分析

似たものをいくつかのグループに分けることを**層別**すると呼びます。層別に分析を行うことを**層別分析**と呼びます。

本章では、カテゴリーデータと数量データが混在したデータを対象とします。そして、カテゴリーでグループ分けしたうえで、さまざまな分析を試みます。
なお、数量データをいくつかの階級で区切り、そのグループ別に層別分析を行うこともあります。

6-2 用語 整然データ

整然データとは、分析がしやすくなるように整理された表形式のデータのことです。Wickham (2014)で提唱されました※。整然データとしてデータを用意することで、層別分析などの複雑な統計処理を、Pythonで効率的に実行できます。

整然データは以下の4つの特徴を持ちます（西原(2017)を一部改変)。

1. 個々の値が1つのセルをなす
2. 個々の変数が1つの列をなす
3. 個々の観測が1つの行をなす
4. 個々の観測ユニットの類型が1つの表をなす

正式な定義は少々難解なのですが、整然データは「複雑な集計を統一的な処理で行えるデータ形式」だと言えます。人間が目で見てすぐに判断できるデータ形式とソフトウェアが扱いやすいデータの形式は異なることがあります。

整然データは平たく言うと「列の名称と、変数の名称が一致する」という特徴を持ちます。例えば、以下のデータは整然データです。1列目が魚の種類、2列目が魚の体長となっています。

魚の種類	体長
A	2
A	3
A	4
B	7
B	8
B	9

※ 整然データについての詳細はWickham (2014)またはその翻訳[URL: http://id.fnshr.info/2017/01/09/trans-tidy-data/]もあわせて参照してください。

6-3 用語 雑然データ

整然データではないデータの形式を**雑然データ**と呼びます。6-2節と同じデータを、あえて雑然データとして表示してみます。以下のデータは雑然データです。

A 種の魚	B 種の魚
2	7
3	8
4	9

数値の意味は「魚の体長」であったはずです。しかし、この表を見ると、列の名前が「魚の体長」となっていません。この表を見ても、数値が表しているものが体長なのか体重なのか判断がつきません。このような形式でデータを管理するべきではありません。

6-4 雑然データの例

以下のデータは整然データです。1列目がお店の立地、2列目が靴の色、3列目が売れた個数となっています。

お店	靴の色	売れた個数
大阪店	青	13
大阪店	赤	9
東京店	青	10
東京店	赤	15

第3部第5章で紹介したクロス集計表（分割表）は、雑然データです。

売れた個数の表

		靴の色	
		青	赤
お店	大阪店	13	9
	東京店	10	15

雑然データは「行に変数としての意味を持たせてしまう」傾向があります。今回のデータだと行に「お店の立地」という意味を持たせてしまいました。整然データは「1行は1個の観測結果」というまとまりになります。

人間が目で見ると一目で特徴がわかるため、クロス集計表の活用を推奨した教科書もありますし、それは間違いではありません。本書でもしばしばクロス集計表を利用します。しかし、データを維持・管理・公開・二次利用するという目的においては問題があります。

データはなるべく整然データとして管理しておき、(必要であれば) Pythonのコードを書くことで適宜クロス集計表などに変換するという使い方が望ましいでしょう。第3部第5章で解説したように、クロス集計表への変換は、数行のコードで実現できます。

例えば、ほかの人にデータの分析を依頼する際には、整然データの形式でデータを送るのが好ましいと言えます。オープンデータとして公開する場合も同様です。**データの整形には思っているよりもとても多くの時間や労力がかかってしまうことに留意してください。**

6-5 実装 分析の準備

ここからPythonを用いて層別分析を実行する方法を解説します。必要なライブラリの読み込みなどを行います。

```
# 数値計算に使うライブラリ
import numpy as np
import pandas as pd

# 複雑な統計処理を行うライブラリ
from scipy import stats

# グラフを描画するライブラリ
from matplotlib import pyplot as plt
import seaborn as sns
sns.set()
```

6-6 (実装) 分析対象となるデータの用意

CSVファイルからデータを読み込みます。魚の種類別に体長を記録したデータです。このデータは整然データの形式となっています。

```
fish_multi = pd.read_csv('3-6-1-fish_multi.csv')
print(fish_multi.head(3))
```

```
  species  length
0       A       2
1       A       3
2       A       3
```


サンプルサイズは20です。

```
len(fish_multi)
```

```
20
```

魚の種類はAとBの2種類あります。

```
fish_multi['species'].value_counts()
```

```
A    10
B    10
Name: species, dtype: int64
```

体長の標本平均は5.5です。ただしこの値は、魚の種類を無視していることに注意してください。

```
np.mean(fish_multi['length'])
```

```
5.5
```

6-7 実装 グループ別の統計量の計算

グループ別に統計量を計算します。

7-A◆グループ別の平均値

魚の種類ごとに体長の平均値を求める方法はいくつかあります。第2部4章で学んだデータの抽出方法を応用して、抽出→抽出されたデータで統計量を計算、という流れで分析をするのが1つの方法です。しかし、若干の手間がかかります。

整然データであることを利用すると、比較的容易に層別分析ができます。グループでまとめるgroupbyという関数を使います。まずは魚の種類ごとの体長の平均値を求めます。

```
group = fish_multi.groupby('species')
print(group.mean())
```

```
         length
species
A           4.0
B           7.0
```

1行目で「種類ごとのグループ」を作り、2行目でグループごとの平均値を求めて表示しています。

今回は2行に分けましたが、fish_multi.groupby('species').mean()のように1行でも記述できます。

7-B◆グループ別の要約統計量

平均値以外の指標も計算できます。describe関数を適用し、要約統計量を求めます。describe関数の挙動は第3部第4章4-21節と同じです。


```
print(group.describe())
```

```
        length
         count mean       std  min   25%  50%   75%  max
species
A         10.0  4.0  1.154701  2.0  3.25  4.0  4.75  6.0
B         10.0  7.0  1.154701  5.0  6.25  7.0  7.75  9.0
```

このほかにもpandasが提供する関数の多くを実行できます。

7-C◆pandas以外の関数を使う

pandasが提供しない関数の場合、上記のようにはできません。例えば最頻値を求めるmode関数はgroup.mode()のようには実行できません。しかしscipyのstatsはmode関数を持っています（第3部第4章4-20節参照）。この場合は以下のようにgroup.agg関数の引数としてstats.modeを指定します。こうすることでscipyのstatsのmode関数をグループ別に適用できます。


```
print(group.agg(stats.mode))
```

```
             length
species
A        ([4], [4])
B        ([7], [4])
```

種Aは4cmの個体が、種Bは7cmの個体が最頻値であり、各々の度数が4であることがわかります。

6-8 実装 ペンギンデータの読み込み

複雑なデータを対象にして層別分析にチャレンジします。

8-A◆データの読み込み

seabornが提供しているサンプルデータである、ペンギンの調査データを読み込みます。列数が多いので折り返されていることに注意してください。

```
penguins = sns.load_dataset('penguins')
print(penguins.head(n=2))
```

```
  species     island  bill_length_mm  bill_depth_mm  \
0  Adelie  Torgersen            39.1           18.7
1  Adelie  Torgersen            39.5           17.4

   flipper_length_mm  body_mass_g     sex
0              181.0       3750.0    Male
1              186.0       3800.0  Female
```

カテゴリーデータとして、ペンギンの種類（species）、島の種類（island）、性別（sex）があります。数量データとしてクチバシの大きさ（bill_length_mmとbill_depth_mm）、翼の大きさ（flipper_length_mm）、体重（body_mass_g）があります。

やや複雑ではあるものの、整然データとして提供されており、扱いやすい形式となっているデータです。詳細はデータの提供元も参照してください[URL: https://github.com/allisonhorst/palmerpenguins]。

8-B◆データのチェック

ペンギンは3種類います。度数を確認します。

```
penguins['species'].value_counts()
```

```
Adelie       152
Gentoo       124
Chinstrap     68
Name: species, dtype: int64
```

すべての島にまんべんなくペンギンが生息しているわけではありません。例えばTorgersen島にはAdelie種しか生息していないようです。

```
penguins.query('island == "Torgersen"')['species'].value_counts()
```

```
Adelie    52
Name: species, dtype: int64
```

なお、Biscoe島にはAdelie種とGentoo種の2種が、Dream島にはAdelie種とChinstrap種の2種が、それぞれ観測されています。複数の島をまたいでいるのはAdelie種だけです。分析する前に、こういった情報を整理しておくと安心です。

6-9 (実装) ペンギンデータの層別分析

ペンギンデータにはカテゴリーデータが3種類あります。これらの組み合わせで統計量を求めます。まずは種別・性別の2つのカテゴリーの組み合わせでbody_mass_gの平均値を求めます。groupby関数に、列名のリストを指定します。


```
group_penguins = penguins.groupby(['species', 'sex'])
print(group_penguins.mean()['body_mass_g'])
```

```
species    sex
Adelie     Female    3368.835616
           Male      4043.493151
Chinstrap  Female    3527.205882
           Male      3938.970588
Gentoo     Female    4679.741379
           Male      5484.836066
Name: body_mass_g, dtype: float64
```

同様にして種別・島別・性別の、body_mass_gの平均値を得ます。

```
group_penguins = penguins.groupby(['species', 'island', 'sex'])
print(group_penguins.mean()['body_mass_g'])
```

```
species    island     sex
Adelie     Biscoe     Female    3369.318182
                      Male      4050.000000
```

```
            Dream       Female     3344.444444
                        Male       4045.535714
            Torgersen   Female     3395.833333
                        Male       4034.782609
Chinstrap   Dream       Female     3527.205882
                        Male       3938.970588
Gentoo      Biscoe      Female     4679.741379
                        Male       5484.836066
Name: body_mass_g, dtype: float64
```

6-10 実装 欠測値の扱いに注意

層別分析と直接のかかわりはありませんが、実践的な分析でしばしば登場する問題として、本節では欠測値の扱いについて簡単に補足します。

10-A◆欠測値

データが取得できなかったとき、それを**欠測値**や**欠損値**と呼びます。ペンギンデータではいくつかの欠測値があります。例えばbody_mass_gは4番目のデータが欠測しています。NaNが欠測を表します。

```
print(penguins[['species','body_mass_g']].head(n = 4))
```

```
  species  body_mass_g
0  Adelie       3750.0
1  Adelie       3800.0
2  Adelie       3250.0
3  Adelie          NaN
```

10-B◆欠測値に対する挙動

欠測値がある場合にどのような計算結果が得られているのか確認します。今回は種別でグループ分けして、body_mass_gのデータの数を取得します。

```
group_sp = penguins.groupby(['species'])
print(group_sp.count()['body_mass_g'])
```

```
species
Adelie       151
Chinstrap     68
Gentoo       123
Name: body_mass_g, dtype: int64
```


6-8節で確認したように、本来Adelie種のペンギンは152個体、Gentoo種は124個体観測されていました。しかしbody_mass_gに欠測があったため、一部が排除されています。

すなわちAdelie種におけるbody_mass_gの平均値は以下のようにAdelie種の体重合計値を151で除すことで計算されます。

```
round(group_sp.sum()['body_mass_g'].Adelie / 151, 3)
```

```
3700.662
```

body_mass_gの種別平均値におけるAdelie種の結果が上記と一致しますね。


```
round(group_sp.mean()['body_mass_g'].Adelie, 3)
```

```
3700.662
```

用いる関数によって変わることもありますが、欠測値が排除されたあとに平均値が計算されていたことに注意しましょう。

10-C◆欠測値の扱い

標準の動作では、欠測値は排除されることがわかりました。しかし、欠測値を排除することが良い方法だとは限りません。例えば「大きくて凶暴な個体だけは、データが取りにくくて欠測になりやすい」という場合、欠測値を排除すると、平均値を過小評価してしまうかもしれません。この場合は、欠測値の補完を行うことを検討します。本書の内容を超えますが例えば高橋・渡辺(2017)などに欠測値の扱いについての解説があります。

6-11 実装 単純なヒストグラム

続いてヒストグラムを描きます。まずは第3部第3章の復習として、単純なヒストグラムを描きます。ヒストグラムの階級を設定します。

```
bins = np.arange(2,11,1)
bins
```

```
array([ 2,  3,  4,  5,  6,  7,  8,  9, 10])
```

魚の体長データを対象にして、ヒストグラムを描きます。データフレームを対象にしてヒストグラムを描く場合は引数dataにデータフレームの名前を、引数xにヒストグラムを描きたい列名を指定します。色は引数colorで指定します。結果を見ると、ヒストグラムが多峰型になっているのがわかります（図3-6-1）。

```
sns.histplot(x='length',       # x軸
             data=fish_multi,  # データ
             bins=bins,        # bins
             color='gray')     # 色の指定(グレースケール)
```

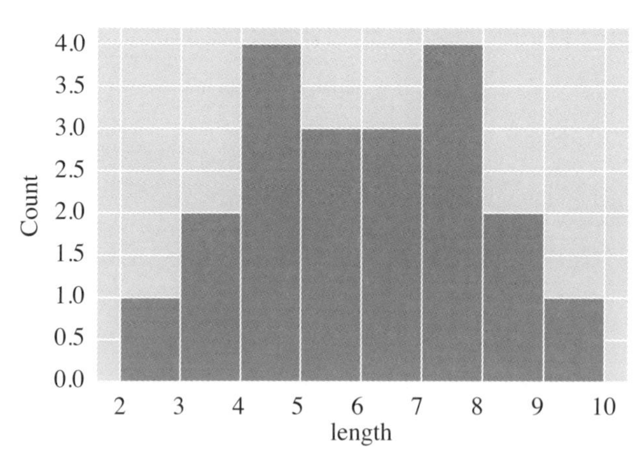

図 3-6-1 単純なヒストグラム

6-12 実装 グループ別のヒストグラム

ヒストグラムが多峰型になるときは、背後に複数の階層が存在する可能性があります。ここでは魚の種別にヒストグラムを描きます。重要なポイントがhue='species'です。これで魚種別にヒストグラムを分けます。また、色は魚種ごとに分かれるのでpaletteという引数で指定します（**図3-6-2**）。

```
sns.histplot(x='length',        # X軸
             hue='species',     # 色分けの対象
             data=fish_multi,   # データ
             bins=bins,         # bins
             palette='gray')    # 色の指定(グレースケール)
```

引数hueの指定はカーネル密度推定を行うsns.kdeplot関数などでも適用できます。次章で紹介するさまざまなグラフでも適用できます。

ヒストグラムを魚種別で描くことで、ヒストグラムが多峰型である理由が、魚種の違いであることがわかりました。これは単純なヒストグラムを見ていてもわからないことです。データを層別に分析することで、多くの示唆を得ることができます。

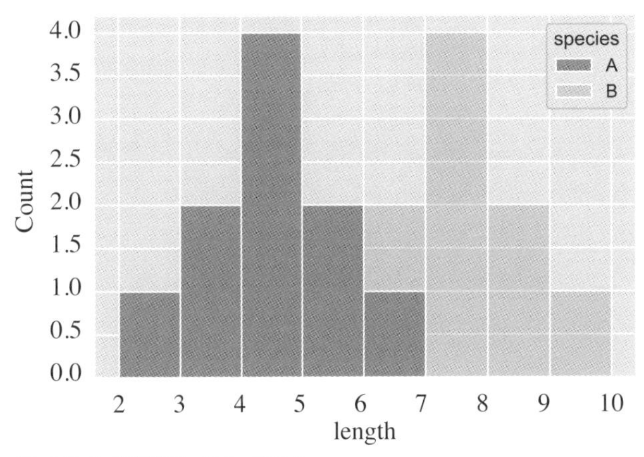

図 3-6-2 魚種別ヒストグラム

第7章 グラフの活用

本章では、データを記述する最も優れた方法の1つであるグラフの活用方法を解説します。ヒストグラムなど分布を可視化するグラフは第3部第3章で解説しましたので、本章ではそれ以外のグラフを中心に解説します。
グラフ描画の基本事項を説明したあと、さまざまなグラフを紹介します。本章の後半ではseabornのやや詳細な仕様に踏み込んだうえで、複雑なグラフを短いコードで実装する方法を解説します。本章の後半はややプログラミングの難易度が高いです。実装コードが理解できなければ、最初はそのまま飛ばしても大丈夫です。

7-1 (実装) 分析の準備

必要なライブラリの読み込みなどを行います。

```
# 数値計算に使うライブラリ
import numpy as np
import pandas as pd

# グラフを描画するライブラリ
from matplotlib import pyplot as plt
import seaborn as sns
sns.set()
```

7-2 用語 matplotlib・seaborn

第3部第3章でも解説しましたが、グラフ描画のためのライブラリについて復習します。

2-A◆ライブラリの基本事項

matplotlibが基本のグラフ描画ライブラリです。from matplotlib import pyplotは、matplotlibライブラリからpyplotモジュールだけを読み込むという指定です。pltという略称を設定しました。

seabornは美麗なグラフが描ける便利なライブラリです。snsという略称を設定しました。本書ではseabornを積極的に使います。sns.set()と実行することで、pyplotの結果も含めてグラフのデザインをきれいにしてくれます。

本書では基本的にseabornの関数を使ってグラフを描きます。seabornを使うことで、美麗なグラフを、複雑なデータに対して容易に作成できます。グラフの装飾に特別なこだわりを持たない限り、matplotlibよりも短いコードで実装できるので、初心者の方でも扱いやすいと思います。例えば7-11節のようなグラフはseabornを使う方が圧倒的に簡単に描けます。逆にグラフデザインに強いこだわりを持ち、細かい設定をしたい場合は、matplotlibの方が使いやすいこともあります。

seabornを利用していても、グラフを装飾する際には、しばしばmatplotlibの機能を使います。ただしmatplotlibの機能を使ってもうまく装飾ができないことがあります。この事例は本章の後半で補足します。

2-B◆seabornによるグラフの描き方

seabornを使う場合は、おおよそ以下の形式でグラフを描きます（以下のコードは動きません）。

```
sns.関数名(
  x = "x軸の列名",
  y = "y軸の列名",
  data = データフレーム,
  その他引数
)
```

整然データとしてデータを読み込んでいた場合は、列名が変数の名称と一致しているはずです。そのため、この形式で統一的にグラフを描けます。

7-3 実装 分析対象となるデータの読み込み

分析対象となる複数のデータを読み込みます。

3-A◆2つの数量データ

2つの数量データを持つデータフレームを2種類用意します。1つ目は第3部第5章で共分散や相関係数を求めるのに利用したデータです。

```
cov_data = pd.read_csv('3-5-1-cov.csv')
print(cov_data.head(3))
```

```
      x   y
0  18.5  34
1  18.7  39
2  19.1  41
```

続いて折れ線グラフを描くためのデータも読み込みます。データの形式はほぼ同じですが、変数xが0から9までの等差数列となっています。

```
lineplot_df = pd.read_csv('3-7-1-lineplot-data.csv')
print(lineplot_df.head(3))
```

```
   x  y
0  0  2
1  1  3
2  2  4
```

3-B◆数量データとカテゴリーデータが混ざったデータ

数量データとカテゴリーデータが混ざったデータを用意します。まずは第3部第6章で用いた魚の種類と体長を記録したデータです。

```
fish_multi = pd.read_csv('3-6-1-fish_multi.csv')
print(fish_multi.head(3))
```

```
  species  length
0       A       2
1       A       3
2       A       3
```

続いて、第3部第6章で用いたペンギンの調査データを読み込みます。

```
penguins = sns.load_dataset('penguins')
print(penguins.head(3))
```

```
  species     island  bill_length_mm  bill_depth_mm  \
0  Adelie  Torgersen            39.1           18.7
1  Adelie  Torgersen            39.5           17.4
2  Adelie  Torgersen            40.3           18.0

   flipper_length_mm  body_mass_g     sex
0              181.0       3750.0    Male
1              186.0       3800.0  Female
2              195.0       3250.0  Female
```


7-4 (実装) 散布図

数量データ同士の関係性を見る際に便利なグラフである**散布図**を描きます（**図3-7-1**）。sns.scatterplot関数を使います。X軸とY軸に据える列名と、データフレームの名称を指定します。色は黒色としました。

```
sns.scatterplot(x='x', y='y', data=cov_data, color='black')
```

cov_dataのx,yは、第3部第5章で確認したように、相関係数がおよそ0.759となっています。しかし「相関係数がおよそ0.759です」と言われてもイメージしにくいですね。また、第3部第5章5-10節で確認したように、曲がった関係性は、相関係数で評価できません。相関係数だけを記すのではなく散布図とセットで示すことをおすすめします。

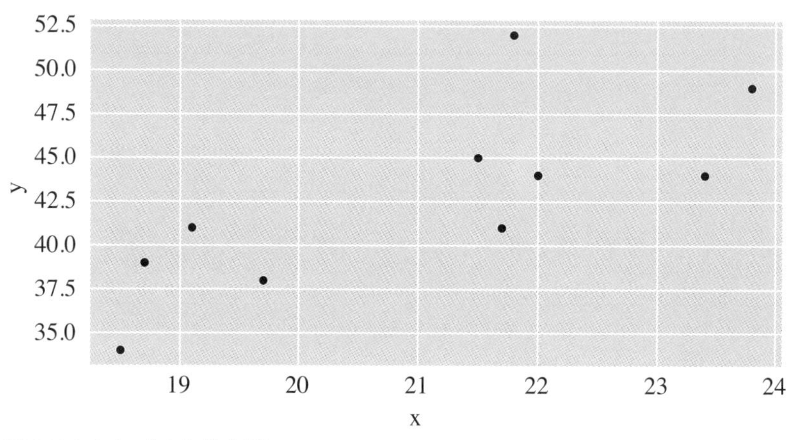

図 3-7-1 シンプルな散布図

7-5 実装 グラフの装飾と保存

先ほど作成した散布図に簡単な装飾を施したうえで、画像を保存する方法を解説します。

5-A◆日本語を利用する準備

グラフのタイトルや軸ラベルに日本語を使うために、日本語のフォントを指定します。下記で指定したフォントはWindows環境を前提とした例です。Macなどをお使いの方は異なるフォントを利用してください。なお、本書では書籍デザインの都合で、グラフのフォントが実行時とやや異なります。

```
# グラフの日本語表記
from matplotlib import rcParams
rcParams['font.family'] = 'sans-serif'
rcParams['font.sans-serif'] = 'Meiryo'
```

5-B◆グラフの装飾と保存

散布図に、日本語のグラフタイトルと軸ラベルを設定し、「散布図の例.jpeg」という名称で保存するコードは以下のようになります（図3-7-2）。


```
# 散布図
sns.scatterplot(x='x', y='y', data=cov_data, color='black')
# 装飾
plt.title('seabornによる散布図')     # グラフタイトル
plt.xlabel('xラベル')                # X軸ラベル
plt.ylabel('yラベル')                # Y軸ラベル
# グラフの保存
plt.savefig('散布図の例.jpeg')
```

グラフを描く際にはseabornの関数を使いますが、グラフのタイトルや軸ラベルを入れる際はmatplotlibのpyplot（pltと略している）の機能を使うのが簡単です。

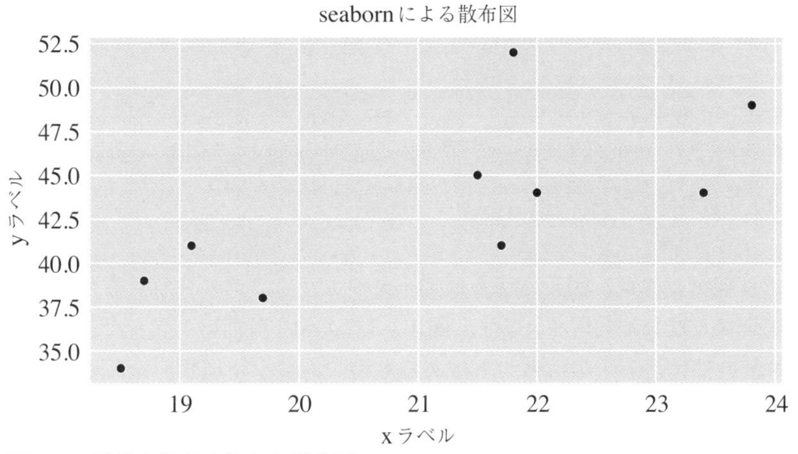

図 3-7-2 簡単な装飾を施した散布図

なお、今回はJPEGファイルとして画像を保存しましたが、他の拡張子も利用できます。plt.savefig関数の引数で指定するファイル名の拡張子を.svgにして、SVGファイル形式で保存すると、拡大や縮小に強いきれいな図を作成できます。本書ではplt.savefig関数を使ってSVGファイルとして保存した画像データを原稿用に使っています。

7-6 実装 折れ線グラフ

折れ線グラフを描きます（**図3-7-3**）。`sns.lineplot`関数を使います。関数名が変わった以外は散布図と同じように実装できます。

```
sns.lineplot(x='x', y='y', data=lineplot_df, color='black')
```

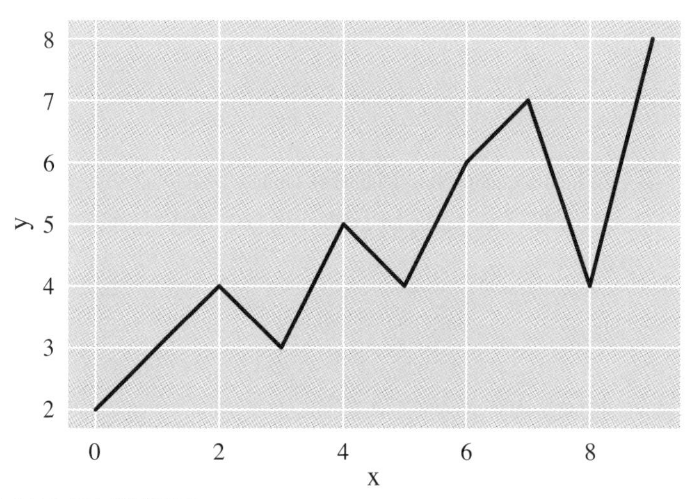

図 3-7-3 折れ線グラフ

折れ線グラフは、例えば時系列データのように、データの変遷を調べたい場合にしばしば利用されます。**図3-7-3**でX軸を時間のラベルだと考えると、Yの値は、若干のばらつきはあるものの、やや増加傾向にあることがわかります。

7-7 実装 棒グラフ

ここからは、数量データとカテゴリーデータの組み合わせである`fish_multi`を対象とします。

棒グラフを描きます（**図3-7-4**）。`sns.barplot`関数を使います。関数の使い方は散布図や折れ線グラフとほぼ同じです。

```
sns.barplot(x='species', y='length',
            data=fish_multi, color='gray')
```


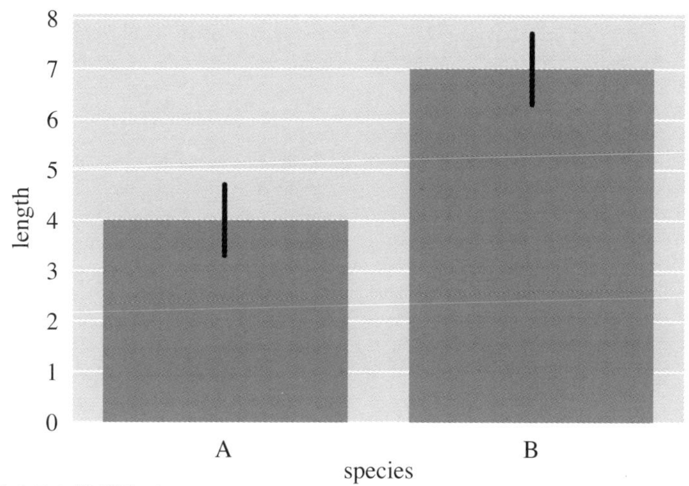

図 3-7-4 棒グラフ

棒グラフの線の高さは、データの平均値を表しています。棒グラフの高さを比較することで、平均値の比較が視覚的に行えます。

ところで、**図3-7-4**では、平均値の大きさを表した灰色の棒の上に、さらに黒い縦線が載っています。これは**エラーバー**と呼び、平均値のばらつきの大きさを表しています。具体的には標準誤差と呼ばれる指標を示しています。標準誤差の詳細は第5部第3章で解説します。

7-8 (実装) 箱ひげ図

棒グラフはエラーバーがついているとはいえ、平均値の大小関係くらいしかグラフから読み取ることができません。生データの持つ多様な視点をそぎ落としているとも言えます。

続いて紹介する**箱ひげ図**は、データのばらつきを四分位点を使ってグラフ上で表現します（**図3-7-5**）。箱ひげ図は、棒グラフと比べて、データのばらつきをより詳細に調べることができます。`sns.boxplot`関数を使って描きます。

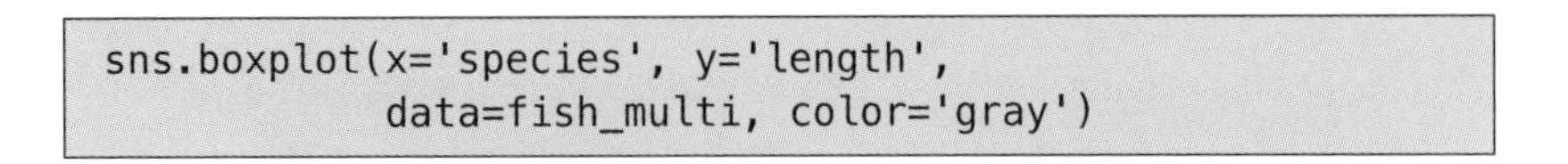

```
sns.boxplot(x='species', y='length',
            data=fish_multi, color='gray')
```

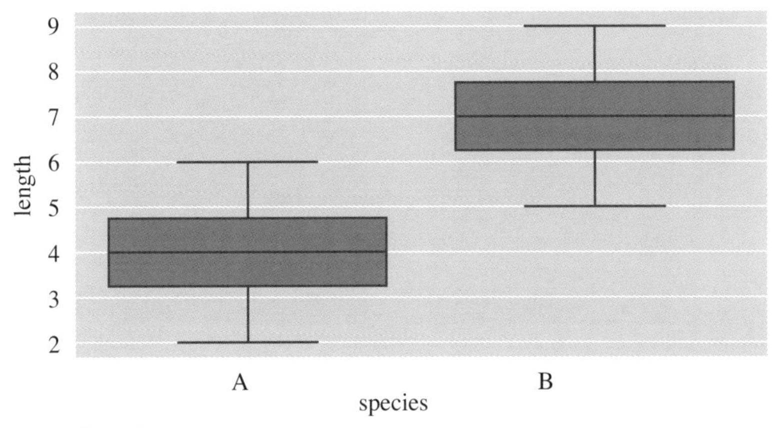

図 3-7-5 箱ひげ図

箱の中心線は中央値を表しています。箱の下端と上端は四分位点（25%点と75%点）を表しています。ひげはデータの範囲（最小値と最大値）を表しています。四分位点などの計算結果と比較すると対応がわかります。

```
print(fish_multi.groupby("species").describe())
```

```
        length
         count mean       std  min   25%  50%   75%  max
species
A         10.0  4.0  1.154701  2.0  3.25  4.0  4.75  6.0
B         10.0  7.0  1.154701  5.0  6.25  7.0  7.75  9.0
```

なお、外れ値があるデータの場合は、ひげの先端が最小値や最大値にならないこともあります。

7-9 (実装) バイオリンプロット

続いて**バイオリンプロット**を紹介します（**図3-7-6**）。これは、箱ひげ図の“箱”の代わりに、第3部第3章3-12節で解説したカーネル密度推定の結果を用いたものです。sns.violinplot関数を使って描きます。

```
sns.violinplot(x='species', y='length',
               data=fish_multi, color='gray')
```

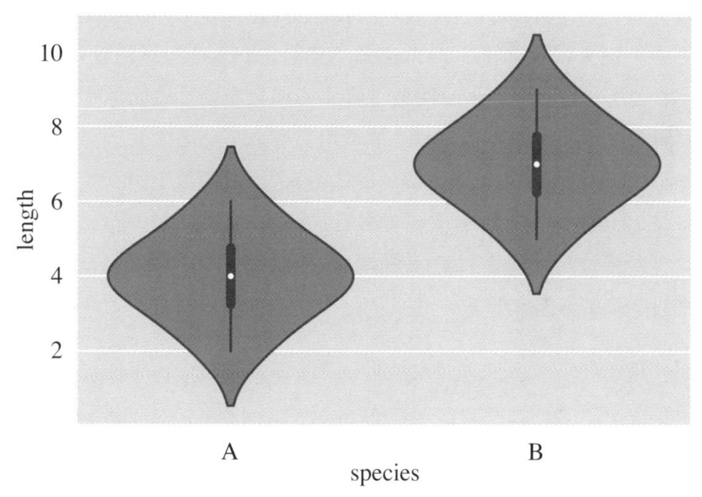

図 3-7-6 バイオリンプロット

バイオリンプロットは比較的新しくできたグラフですので古い教科書には載っていないこともあります。しかし、データの分布が一目でわかる、情報のそぎ落としが少ない、優れたグラフですので、本書ではしばしば登場します。

滑らかな線が引かれていますが、これはカーネル密度推定の結果です。バイオリンプロットは、箱の代わりにヒストグラムを横向きにしたものを配置した箱ひげ図のようなものだと言えます。

7-10 用語 axis-level関数とfigure-level関数

より複雑なグラフを描く技術の解説に移ります。ここからはやや高度な内容ですので、難しければ最初は飛ばしても大丈夫です。

まずはseabornを使いこなすうえで重要なaxis-level関数とfigure-level関数という2つの用語を導入します。

10-A◆2つの関数のグループ

axis-level関数もfigure-level関数も、seabornが用意する関数のグループの名前です。例えばヒストグラムを描く場合、axis-level関数に属する関数を使うことも、figure-level関数に属する関数を使うこともできます。要するに、同じグラフを描く方法が2種類用意されているということです。今までは読者の混乱を防ぐために、統一的にaxis-level関数を使ってきました。

基本的にはaxis-level関数を使ってもfigure-level関数を使っても似たようなグラフが描けます。とはいえ微妙な違いがあり、実践的には使い分けた方が便利なこともあります。

10-B◆2つのグループの違い

axis-level関数は凡例がグラフの中に位置して、figure-level関数は外に位置するなどの、デザイン上の微妙な違いはいくつかありますが、本書では取り上げません。大きな違いのみを紹介します。

大雑把に言うと、matplotlibと相性が良く、matplotlibと組み合わせて使いやすいのがaxis-level関数です。

一方でfigure-level関数はseaborn単体で用いる方が簡単です。例えばグラフのタイトルを追加するためのplt.title関数が、figure-level関数に対しては思うように機能しないことがあります。

初学者の方には、matplotlibと相性が良いaxis-level関数を使うことをおすすめします。そのため、今までの実装はすべてaxis-level関数で統一しています。

ただし、複雑なデータに対してはfigure-level関数の持つ特別な機能が便利なこともあります。これは7-12節で事例を挙げて解説します。

10-C◆figure-level関数の使い方

figure-level関数の代表的な3つの関数を紹介します。データの分布を可視化するdisplot関数、数量データ同士の関係性を可視化するrelplot、そして数量データとカテゴリーデータの組み合わせを可視化するcatplotです。この3つの関数において、引数kindを指定することで、本書で今まで解説してきたさまざまなグラフを描画できます。グラフの対応関係は以下の通りです。

figure-level 関数	引数 kind	対応する axis-level 関数
displot	hist	histplot
	kde	kdeplot
relplot	scatter	scatterplot
	line	lineplot
catplot	bar	barplot
	box	boxplot
	violin	violinplot

結果は省略しますが、例えば以下のようにrelplot関数にkind='scatter'を指定することで散布図が描けます。

```
sns.relplot(kind='scatter',
            x='x', y='y', data=cov_data,
            color='black')
```

7-11 (実装) 種別・性別のバイオリンプロット

axis-level関数を使って、やや複雑なグラフを描画します。ここではペンギンデータを対象にして、種別・性別にした体重のバイオリンプロットを描きます（図3-7-7）。

```
# 描画オブジェクトを生成
fig, ax = plt.subplots(figsize=(8, 4))
# バイオリンプロットの描画
sns.violinplot(x='species', y='body_mass_g', hue='sex',
               data=penguins, palette='gray',
               ax=ax)
```

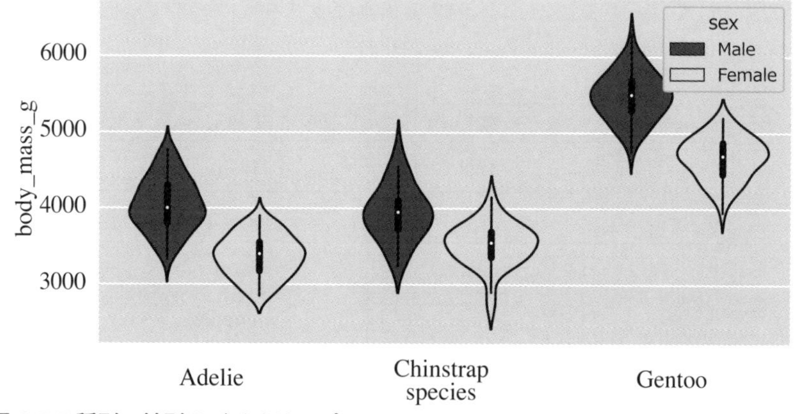

図 3-7-7 種別・性別のバイオリンプロット

violinplot関数の引数として、x,yに加えてhue='sex'を追加しました。これでグラフを性別で色分けできます。色の指定は引数paletteで行います。

今回はaxis-level関数を使っています。そのためmatplotlibの機能が利用できます。plt.subplots関数を使うことで、グラフの大きさやスタイルなどを設定できます。今回はグラフの大きさをfigsize=(8, 4)として横長に指定しました。plt.subplots関数の結果であるaxを、violinplot関数は引数として受け取ることができます。

グラフの大きさを調節しつつ、2カテゴリーを加味してペンギンの体重の分布を可視化できました。

7-12 （実装） 種別・島別・性別のバイオリンプロット

さらに複雑なグラフに挑戦します。今回はfigure-level関数を利用します。種別・島別・性別と3つのカテゴリー別に、ペンギンの体重の分布を可視化します（**図3-7-8**）。なお、グラフの凡例は本来グラフの右側に配置されますが、書籍デザインの都合で下側に移動させています。

```
sns.catplot(kind='violin',
            x='species', y='body_mass_g',
            hue='sex', col='island',
            data=penguins, palette='gray',
            height=4, aspect=0.7)
```

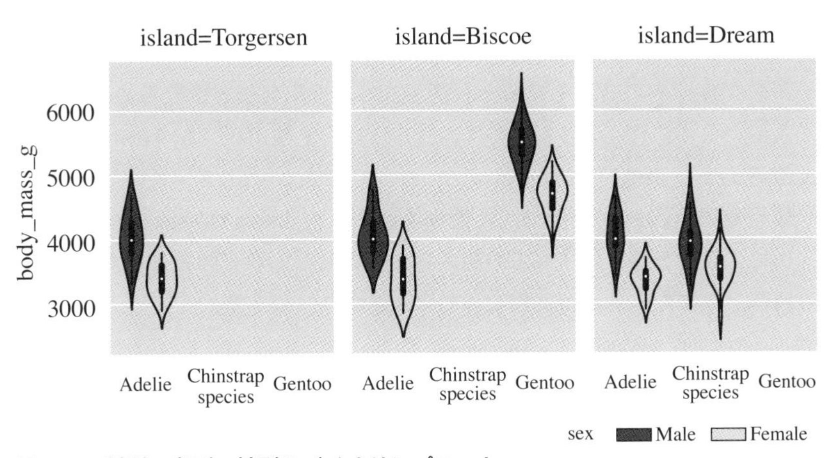

図 3-7-8 種別・島別・性別のバイオリンプロット

`catplot`関数の引数に`kind='violin'`と指定することでバイオリンプロットが描けます。`x`,`y`,`hue`に加えて引数`col='island'`を追加することで、3つの列に分けて島ごとにグラフを描くことができます。

figure-level関数を使う場合、グラフの大きさは引数で設定します。引数`height`でグラフの高さを、引数`aspect`でグラフの縦横比を指定します。

ここまで複雑な層別の分析を行う場合、通常は大変な実装を要求されますが、catplot関数を利用することで簡単に実装できます。なお引数colはaxis-level関数であるviolinplot関数では指定できないので注意してください。

7-13 実装 ペアプロット

ペアプロットと呼ばれる複数の散布図を並べたグラフを描きます。pairplot関数を使います。これはfigure-level関数です。

```
sns.pairplot(hue='species', data=penguins, palette='gray')
```

pairplot関数を使うと、数量データのすべての組み合わせに対して散布図を描きます。hue='species'とすることで、ペンギンの種別にグラフの色を分けています。

ペアプロットの結果を見ると（**図3-7-9**）、行や列ごとに変数の名前が書かれています。例えば1行2列目の散布図は、Y軸がbill_length_mm、X軸がbill_depth_mmの散布図となっています。1行3列目の散布図は、Y軸がbill_length_mm、X軸がflipper_length_mmです。以下同様に、数量データのすべての組み合わせに対して散布図を描いています。対角線上ではカーネル密度推定の結果が描かれています。

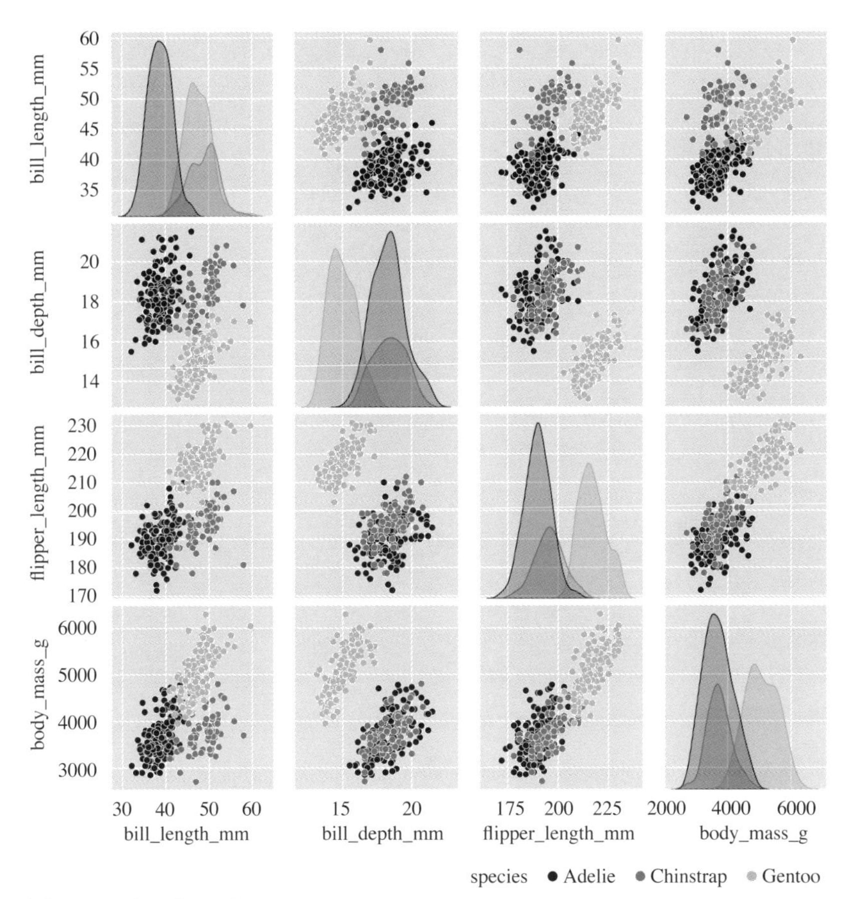
bill_length_mm
bill_depth_mm
flipper_length_mm
body_mass_g
60
55
50
45
40
35
20
18
16
14
230
220
210
200
190
180
170
6000
5000
4000
3000
30 40 50 60
15 20
175 200 225
2000 4000 6000
bill_length_mm
bill_depth_mm
flipper_length_mm
body_mass_g
species ● Adelie ● Chinstrap ● Gentoo

図 3-7-9 ペアプロット

第 4 部

確率と確率分布の基本

第1章

確率論の基本

推測統計学を学ぶにあたって、確率論は避けて通れません。推測統計の本論に進む前に、第4部では確率論の基本事項を解説します。第4部で確率論の用語を解説し、第5部と第6部で推測統計の本論に進むという流れです。
本章では確率論の基礎を説明します。そもそも確率とはいったい何なのか、統計学ではデータをどのように取り扱うのか、その基本をここで解説します。厳密な表現は難しいのでなるべく避けますが、ある程度は形式的な表記法にも慣れておいた方が有益だと考えます。難しいと感じれば、最初のうちは流し読みでも大丈夫です。
まずは集合の基礎から学んでいきます。記号の意味を知るだけでも、統計学の教科書がぐっと読みやすくなるはずです。

1-1 なぜ確率論を学ぶのか

確率論を学ぶ必要性を述べます。

1-A◆推測統計の前に確率論を学ぶ理由

記述統計が終わったら、すぐに推測統計に進みたいところですが、その前に第4部では確率論の解説をします。推測統計を理解するために、どうしても確率論の用語を使わざるを得ないからです。推測統計の理論の説明の合間を縫って確率論の用語を導入すると、とても読みづらい構成になってしまいます。そのため「用語の導入」として確率論を先に説明する必要があります。

第4部はやや無味乾燥とした用語の紹介が中心です。つまらないと感じる人も多いと思うので、最初は流し読みでも大丈夫です。ただし、ざっと目を通して大雑把な流れは理解しておきましょう。

1-B◆推測統計に確率論が必要となる理由

第1部第3章で、推測統計学の導入として「スープの味見」のたとえ話を紹介しました。作っているスープが塩辛くないか、あるいは味が薄すぎないかを調べるために、お鍋いっぱいのスープを全部飲み干す必要はありませんね。小皿によそった分量を飲むだけで、ある程度の味はわかるはずです。これが標本調査（小皿にスープを入れて飲む）と推測統計（スープの味を推定する）のイメージです。

ただし、このやり方には留意点があります。すなわち「たまたま」味が濃いスープを飲んでしまったり、その逆に「たまたま」味が薄いスープを飲んでしまったりする可能性があるのを認めなければなりません。

例えば選挙の出口調査は典型的な標本調査であり、出口調査の結果から選挙の結果を推測するのは推測統計学の典型的な利用例です。出口調査では、投票した人全員にアンケートをとるわけではありません。「たまたま」アンケートをとった人のほとんどが落選した人に投票している「可能性」があります。この場合、出口調査による当落予想は外れてしまいます。

スープを全部飲み干せば、あるいは投票した人全員にアンケートをとれば、このような可能性は排除できるかもしれません。しかし一部（標本）から全体（母集団）を推測する推測統計学では「たまたま」起こり得る結果に関する考察が必要不可欠なのです。そして「たまたま」起こり得る結果について考察する際には、確率論の理解が必要です。

第4部は、少し抽象的な内容だと感じるかもしれませんが、きっと役に立つ内容です。ある程度この分野の用語がわかることを目指して読み進めてください。

1-2 第4部の解説の流れ

第4部は、推測統計で頻繁に登場する**確率分布**にまつわる用語を理解し、確率分布の基本的な取り扱いに慣れていただくのが目標です。第2章で確率分布一般の解説を、第3章と第4章で具体的な確率分布として二項分布と正規分布を導入します。

本章では第2章以降の土台となる用語の解説をします。まずは集合論の用語から解説します。この用語を使って確率を定義します。確率の定義を見ても面食らわないようになるのをまずは目指しましょう。最後に、確率の加法定理や乗法定理といった重要な定理を紹介します。

1-3 用語 集合

集合とは、客観的に範囲が規定されたモノの集まりです。

客観的に、という部分が重要です。例えば「0以上5以下の整数」は集合と言えますが「小さな整数」は集合ではありません。

0以上5以下の整数の集合をAとすると、集合Aは以下のように表記されます。

$$A=\{0,1,2,3,4,5\} \tag{4-1}$$

1-4 用語 要素

先ほどはモノの集まりとして集合を定義しました。次は個別のモノについての説明です。

ある集合をAとします。あるモノaがAの**要素**であるとき$a \in A$と書き、aがAに**属する**と呼びます。

例えば、集合を$A=\{0,1,2,3,4,5\}$として、$a=3$だとすると、$a \in A$です。

bが集合Aに属さないとき、$b \notin A$と書きます。例えば$b=9$だとすると、$b \notin A$です。

1-5 用語 集合の外延的記法・集合の内包的記法

先ほどは$A=\{0,1,2,3,4,5\}$のように、集合の要素を書き並べる方法で集合を表記しました。このような書き方を**外延的記法**と言います。しかし、この方法だと、要素の数が多くなると、書くのが大変になりますね。

そこで、集合の要素であるための条件を書く方法があります。これを**内包的記法**と言います。例えば、0以上5以下の整数は以下のように表記されます。なお、$\mathbb{Z}$は整数の集合です。

$$A=\{a\,;\,a \in \mathbb{Z} \text{ かつ } 0 \leq a \leq 5\} \tag{4-2}$$

セミコロン「;」よりも右側が条件です。セミコロンや縦棒「|」の右側は条件を表すと覚えておいてください。

1-6 用語 部分集合

続いて、集合同士の比較に関する用語を説明します。

2つの集合AとBにおいて、「$a \in A$ならば$a \in B$」であるとき、AをBの**部分集合**と呼び$A \subset B$と表記します。

部分集合の例を挙げます。
$A=\{0,1,2,3,4,5\}$とします。
$B=\{0,1,2,3,4,5,6,7\}$とします。このとき$A \subset B$です。

$A \subset B$は、集合Bが集合Aを含んでいるというイメージですね。でも「含んでいる」というのをもう少し厳密に表現したい、ということで上記のような定義となります。$a \in A$を満たすものとして$a=3$を考えても、$a=0$を考えても、これは$a \in B$を満たすことを確認してください。

1-7 用語 ベン図

集合同士を比較する際には**ベン図**がしばしば使われます。例えば$A=\{0,1,2,3,4,5\}$, $B=\{0,1,2,3,4,5,6,7\}$という2つの集合は**図4-1-1**のように図示されます。

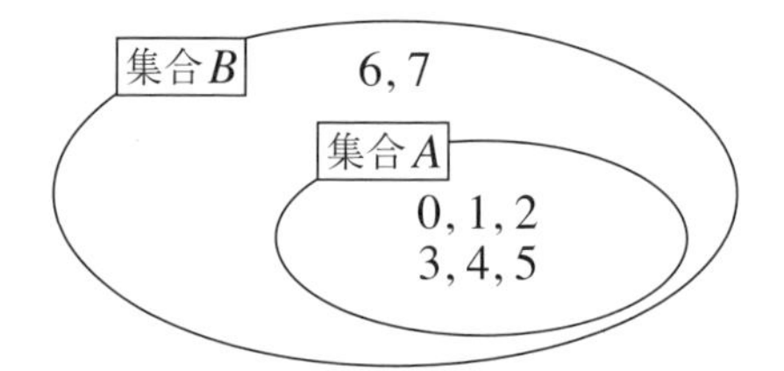

図 4-1-1 ベン図（部分集合の例）

ベン図はそれなりに便利な表現ではありますが、集合が4つ以上になると表現がかなり難しくなるという欠点があります。

1-8 用語 積集合・和集合

2つの集合AとBに対して、**積集合**$A \cap B$は以下のように定義されます（**図4-1-2(a)**）。

$$A \cap B = \{a \,;\, a \in A \text{ かつ } a \in B\} \tag{4-3}$$

2つの集合AとBに対して、**和集合**$A \cup B$は以下のように定義されます（**図4-1-2(b)**）。

$$A \cup B = \{a\,;\,a \in A \text{ または } a \in B\} \tag{4-4}$$

積集合の記号と和集合の記号は勘違いしやすいですね。著者は「クッキーの型抜きを上から押しつけて一部を切り出す積集合$A \cap B$」と、「いろいろな集合を蓄えるコップとしての和集合$A \cup B$」と覚えています。

積集合$A \cap B$は“AかつB”の条件で、和集合$A \cup B$は“AまたはB”の条件と考えても良いでしょう（**図4-1-2**）。

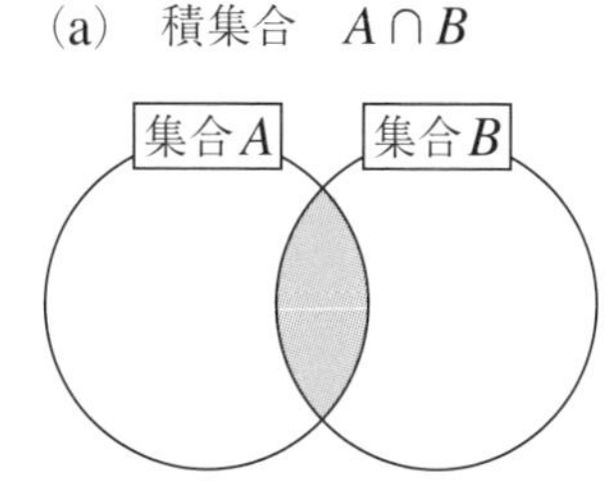

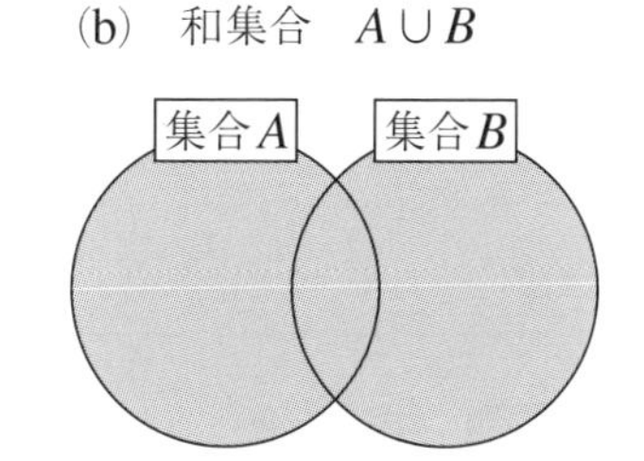

図 4-1-2 積集合(a)と和集合(b)

1-9 用語 差集合

2つの集合AとBに対して、**差集合**$A-B$は以下のように定義されます（**図4-1-3**）。Aに属する要素のうち、Bに属する要素を除いたものが$A-B$です。

$$A - B = \{a\,;\,a \in A \text{ かつ } a \notin B\} \tag{4-5}$$

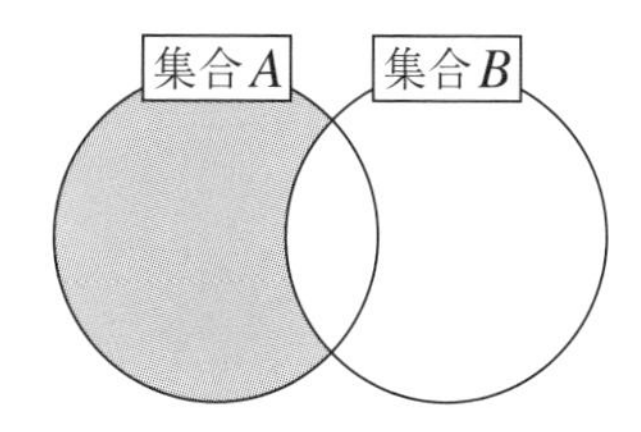

図 4-1-3 差集合

1-10 用語 空集合

要素を1つも含まない集まりを**空集合**と呼びます。本書では空集合を$\emptyset$と表記します。

1-11 用語 全体集合

ある集合Sがあり、「Sの部分集合しか取り扱わない」と限定したとき、Sを**全体集合**と呼びます。

1-12 用語 補集合

全体集合Sが定まっているとき、Sの部分集合Aに対して以下の関係が成り立つA^cをAの**補集合**と呼びます（**図4-1-4**）。

$$A^c = S - A \tag{4-6}$$

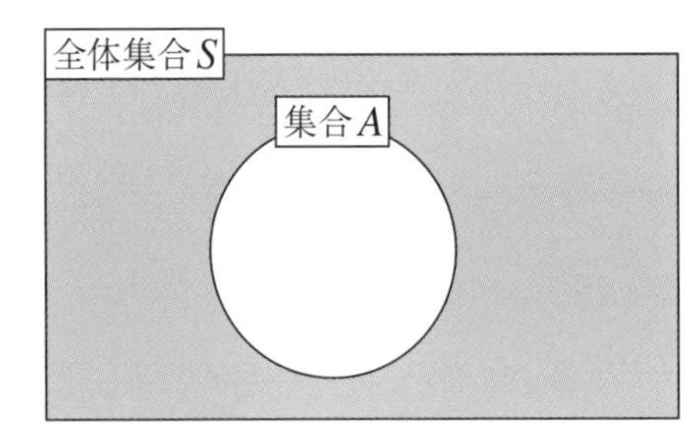

図 4-1-4 補集合

1-13 用語 標本点・標本空間・事象

ここからは、集合の用語を用いて、確率論の用語を整理します。

13-A◆定義

起こり得る可能な結果を**標本点**と呼びます。標本点の全体の集合を**標本空間**と呼びます。標本点はω、標本空間はΩと表記します（ともにオメガと読みます）。ここで、標本空間は全体集合とみなされます。そして標本点はその要素です。

標本空間の部分集合として**事象**が定義されます。事象も集合と同様に**和事象**や**積事象**が定義されます。

ただ1つの標本点からなり、これ以上分解できない事象を**根元事象**と呼びます。複数の標本点を含み、2つ以上の根元事象に分解できるものを**複合事象**と呼びます。空集合と同様に**空事象**もあります。これは標本点を1つも含まない事象です。

事象というのは日常会話レベルだと「起こり得ることがら」くらいの意味ですね。これを「標本空間の部分集合」と定めることによって、数学的に取り扱おうという方針です。

13-B◆サイコロ投げの例

先ほど紹介した用語を、サイコロ投げの例を使って確認します。

サイコロは1, 2, 3, 4, 5, 6の目が出る可能性がありますね。7の目は絶対に出ません。事象としては、例えば偶数が出る事象とか、奇数が出る事象とか、3の倍数になる事象とか、さまざま考えられます。根元事象は「1の目が出る事象」などと考えます。

サイコロを1回だけ投げた場合は、以下のように整理できます。

標本点　：$\omega_1=1, \omega_2=2, \omega_3=3, \omega_4=4, \omega_5=5, \omega_6=6$

標本空間：$\Omega=\{1,2,3,4,5,6\}$

複合事象：偶数となる事象 $A=\{2,4,6\}$

　　　　　奇数となる事象 $B=\{1,3,5\}$　など

根元事象：1の目が出る事象 $C=\{1\}$

　　　　　2の目が出る事象 $D=\{2\}$　　など

1-14 用語 排反事象

$A \cap B=\varnothing$であるとき、平たく言うと事象同士の重なりがないとき、事象AとBは**排反事象**であると言います（**図4-1-5**）。

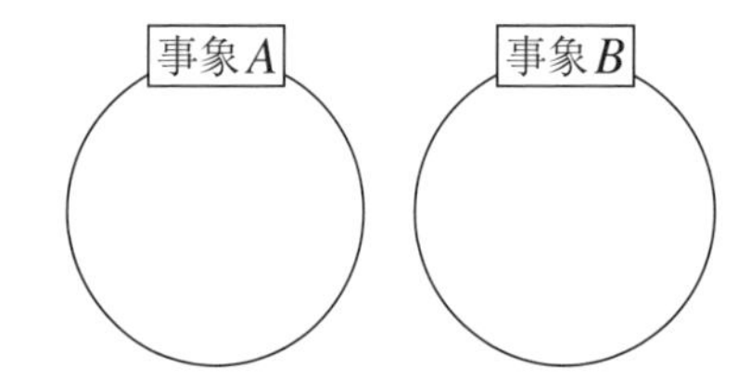

図 4-1-5 排反事象

サイコロの例で言うと、偶数となる事象と奇数となる事象は排反事象であると言えます。また、2の目が出る事象と、3の目が出る事象も、排反事象です。

1-15 サイコロ投げで想定できるさまざまな確率

サイコロにおいて、事象ごとにさまざまな確率を想定できます。

例えば「1の目が出る」という事象が起こる確率を1/6と想定するかもしれません。一方でイカサマ師が使うサイコロならば、「1の目が出る」とい

う事象が起こる確率が1/4になるかもしれません。

やろうと思えば、さまざまな確率を想定できます。しかし、事象に割り振られる確率はどんな数値でも良いわけではないはずです。例えば「3の目が出る確率が720」と言われたら、混乱してしまいますね。

確率とは何か、どのように決められる数値なのか、これを考えていきます。

1-16 用語 確率の公理主義的定義

ある事象Aが生じる確率を、確率の英語（Probability）の頭文字をとって$P(A)$と表記します。

確率の公理主義的定義に基づくと、以下の3つの公理を満たすものを確率と呼びます。

(a) すべての事象Aに対して$0 \leq P(A) \leq 1$

(b) $P(\Omega)=1$

(c) 排反な事象$A_1, A_2, \ldots\ldots$に対して$P(A_1 \cup A_2 \cup \ldots)=P(A_1)+P(A_2)+\cdots$

公理というのは、平たく言うと「約束事」です。3つの約束事を守っているものを確率と呼ぶことにします。

公理(a)は、確率が0以上1以下でなければならないということです。

公理(b)は、標本空間を対象にしたら、それが起こる確率は1になるということです。両者ともに当たり前と言えば当たり前の条件です。

公理(c)は、重なりがない事象のどれかが起こる確率は、事象が起こる確率の和であるということです。当たり前のように見えますが、このように定めることで数学的な取り扱いが容易になります。

この公理を満たしていれば、それは確率と呼べます。この公理系によって、体系的な確率論が得られます。

1-17 頻度による確率の解釈

確率という、その言葉の解釈としては、ここで説明する頻度主義に立つ解釈と、次節で解説する主観確率による解釈が知られています。

頻度主義に立つ場合は、確率を相対度数の極限値と考えます。

復習になりますが、度数というのは「事象の発生回数」ですね。相対度数は「事象の発生回数÷試行回数」で計算されるものです。無限に試行を続けることを考えて、「サイコロの1の目が出る割合が1/6に収束する」というときに「サイコロで1の目が出る確率は1/6とみなす」ことになります。

本書では基本的に、確率をこの意味で用います。古典的な統計的推定や検定の理論は主にこの立場にありますし、分析のための方法論やツールが整備されているのがその理由です。特にツールがそろっているのが大きいです。Pythonを使えば、短いコードで簡単に分析を実行できます。

しかし、解釈のしやすさという点ではそれなりの問題も含んでいます。無限に試行を続けて初めて確率を確認できるので、高々1万回や5000兆回の試行回数では足りません。また、第5部と第6部では信頼区間やp値という用語が出てきますが、これらに対して誤った解釈をしないように注意する必要があります。

1-18 主観確率による確率の解釈

確率を相対度数の極限値で定義した場合は、誰が計算しても同一の値が得られます。一方の**主観確率**は、個人が主観的に確率を割り当てます。

主観確率は**判断確率**とも呼ばれ、賭け事の選好（どちらをより好むかといった、好き嫌いの表現）から確率を評価します。例えば「次の選挙で与党が単独で過半数以上の議席をとれば1万円もらえる賭け」と「50%の確率で1万円もらえる賭け」のどちらの方が好ましいでしょうか（賭けに負けたら、お金をもらえないとします）。ここで「与党が過半数以上の議席をとることに賭ける方が好ましい」と主張する人は、与党が過半数以上の議席をとる確率を50%よりも大きいと見積もっていることになりそうです。そして2つの賭けが同等に好ましいのであれば、与党が過半数以上の議席をとる確率を（主観的に）50%と見積もっていることになりそうです。この結論を導くためには、賭け事の選好にいくつかの仮定を置く必要がありますが、ここでは深く立ち入りません。

主観確率はこのように、人々の意思決定と密接なかかわりがあり、意思決定理論といった分野で積極的に利用されています。主観確率の利用については、昔も今もさまざまな議論があります。本書では基本的に主観確率を利用しません。主観確率の意思決定への応用としては馬場(2021)や西崎(2017)、データ分析への応用としては繁桝(1985)などに記載があります。

1-19 用語 確率の加法定理

今までは確率の定義に関する話題でした。次からは確率の取り扱いを解説します。まずは確率の加法定理を紹介します。

19-A◆定義

排反な事象AとBに対して以下の関係が成り立つことを**確率の加法定理**と呼びます。これは確率の公理(c)より明らかです。

$$P(A \cup B) = P(A) + P(B) \tag{4-7}$$

事象同士が排反であるという前提をなくした、確率の加法定理の一般的な形としては、以下のようになります。

$$P(A \cup B) = P(A) + P(B) - P(A \cap B) \tag{4-8}$$

事象AまたはBが発生する確率は、$P(A)$と$P(B)$を足した確率から、ダブルカウントされた確率$P(A \cap B)$を引いたものとなります。

19-B◆サイコロ投げの例

サイコロ投げの例を使って解説します。1から6の目はすべて1/6の確率で発生するとします。

事象Aを偶数の目が出る事象とします。$A=\{2,4,6\}$

事象Bを3の倍数の目が出る事象とします。$B=\{3,6\}$

$A \cup B=\{2,3,4,6\}$です。これが「偶数“または”3の倍数の目が出る事象」です。

$A \cap B=\{6\}$です。これが「偶数“かつ”3の倍数の目が出る事象」です。

$P(A \cup B)$は確率の加法定理を使うことで以下のように計算されます。

$$
\begin{aligned}
P(A \cup B) &= P(A)+P(B)-P(A \cap B) \\
&= \frac{3}{6}+\frac{2}{6}-\frac{1}{6} \\
&= \frac{2}{3}
\end{aligned}
\tag{4-9}
$$

1-20 用語 条件付き確率

続いて条件付き確率を導入します。

20-A◆定義

ほかの事象Bが起こったことがわかったという条件における、事象Aが発生する確率を**条件付き確率**と呼び、$P(A|B)$と表記します。

$$
P(A|B)=\frac{P(A \cap B)}{P(B)} \tag{4-10}
$$

20-B◆サイコロ投げの例

サイコロ投げを例に説明します。

事象Aを3の倍数の目が出る事象とします。$A=\{3,6\}$

事象Bを5以上の目が出る事象とします。$B=\{5,6\}$

$P(A|B)$は「5以上の目であることがわかっているという条件での、3の

倍数が出る確率」と解釈されます。

$$P(A|B)=\frac{P(A\cap B)}{P(B)}=\frac{P(\{6\})}{P(\{5,6\})}=\frac{\frac{1}{6}}{\frac{2}{6}}=\frac{1}{2} \tag{4-11}$$

「5以上の目であることがわかっている」なら、その目が3の倍数である確率は1/2となります。

1-21 用語 確率の乗法定理

条件付き確率の定義を式変形した以下の関係を**確率の乗法定理**と呼びます。

$$P(A\cap B)=P(B)\cdot P(A|B) \tag{4-12}$$

1-20節におけるサイコロの事例を対象とします。3の倍数でかつ5以上の目が出る確率$P(A\cap B)=P(\{6\})$は「5以上の目が出る確率×5以上の目が出るときに3の倍数となる確率」すなわち2/6×1/2=1/6と計算されます。

1-22 用語 独立

$P(A\cap B)=P(A)\cdot P(B)$が成り立つとき、事象$A,B$は**独立**であると言います。

これは$P(A|B)=P(A)$と同じ意味です。$P(A|B)=P(A)$というのは、Bが起こったという条件があっても、なくても、Aが発生する確率が変わらないことを意味しています。このとき事象A,Bは独立です。

例えば、偶数の目が出るという事象と3の倍数の目が出るという事象は独立です。

第2章

確率分布の基本

本章では、第4部第1章に続いて、確率に関する基本的な用語を整理します。本章では確率分布を導入し、その取り扱いの初歩を解説します。確率分布の具体的な事例は次章以降で解説します。

2-1 用語 確率変数・実現値

確率変数と実現値という用語を導入します。

1-A◆定義

厳密な表現ではありませんが、確率的な法則に従って変化する値を**確率変数**と呼びます。確率変数における具体的な値のことを**実現値**と呼びます。本書の第4部では、読みやすさの向上のために確率変数はアルファベットの大文字で、実現値は小文字で表記します。ただし第7部以降では使い分けをしません。

例えば確率変数Xが、ある実現値x_iになる確率を以下のように表記します。

$$P(X=x_i) \tag{4-13}$$

1-B◆コイン投げの例

コインを1回だけ投げることを考えたとき、標本空間は$\Omega=\{表,裏\}$です。ここで、標本空間の要素に実数値を対応させます。今回は、表を1、裏を0

と表記することにします。コインを投げる前は、1が出るのか0が出るのかわかりません。しかし、イカサマでないコインならば、1が出る確率も0が出る確率も、ともに0.5であると考えられます。

ここでコイン投げの結果という確率変数をXと表記することにします。実現値を$x_1=1, x_2=0$とします。このとき$P(X=1)=0.5$であり、$P(X=0)=0.5$です。

1-C◆サイコロ投げの例

サイコロを1回だけ投げることを考えたとき、標本空間は$\Omega=\{1,2,3,4,5,6\}$です。イカサマでないサイコロならば、どの目が出る確率も1/6です。

サイコロ投げの結果という確率変数をXとします。実現値$x_1=1, x_2=2, x_3=3, x_4=4, x_5=5, x_6=6$とします。

このとき$P(X=1)=1/6$であり、$P(X=2)=1/6$、$P(X=3)=1/6$、$P(X=4)=1/6$、$P(X=5)=1/6$、$P(X=6)=1/6$となります。

2-2 用語 離散型の確率変数・連続型の確率変数

コインの表裏は1または0の結果だけをとりました。サイコロ投げの場合は1から6までの整数だけをとります。このようにとびとびの値をとる確率変数を**離散型の確率変数**と呼びます。例えば、ある商品の販売個数（単位は個）を確率変数とみなすなら、これは離散型の確率変数となるでしょう。

一方で連続的に変化する数値を確率変数とみなす場合、これを**連続型の確率変数**と呼びます。例えば、ある魚の体長（単位はcm）を確率変数とみなすなら、これは連続型の確率変数となるでしょう。

2-3 用語 確率分布

確率変数とそれに付与された確率との対応を**確率分布**と呼びます。単に分布と呼ぶこともあります。ある確率変数がある確率分布と対応していることを**確率分布に従う**と呼びます。

例えば2-1節で紹介したイカサマでないコインを投げることを考えると、$P(X=1)=0.5$であり、$P(X=0)=0.5$というのが確率分布となります。

2-4 用語 確率質量関数

確率分布の表記法として、確率質量関数を導入します。

4-A◆なぜ確率質量関数が必要か

コイン投げの例だと問題ありませんが、サイコロのように標本空間の要素の数が増えると、確率分布を表記するのが大変になります。例えば20面ダイスの出目の確率分布を記載するなら、20通りの「確率変数と確率の対応表」を用意する必要があります。これは面倒です。

ある大きな倉庫から1日に出荷される製品の個数など、膨大なバリエーションを想定できることがあります。製品が1個だけ出荷される確率、2個出荷される確率、……、100個出荷される確率、101個出荷される確率、……のように「確率変数と確率の対応表」をすべて用意するのは大変です。

そこで、確率分布を数式で表記することを考えます。まずは離散型の確率変数を対象とします。

4-B◆確率質量関数の定義

離散型の確率変数をXとし、その実現値をx_iとします。確率変数Xのそれぞれに割り当てられる確率$P(X=x_i)$が、関数$f(x_i)$によって下記のように表されるとき、Xは離散型の確率分布を持つと言い、このときの関数$f(x_i)$を**確率質量関数**や**確率関数**と呼びます。

$$P(X=x_i)=f(x_i) \qquad i=1,2,\cdots \tag{4-14}$$

平たく言うと「値を指定すると、その値が得られる確率がすぐに計算できる関数$f(x_i)$」が確率質量関数です。確率質量関数を使うと、確率変数がとりうる値が100通りあっても200通りあっても、たった1行の数式で確率分布を表現できるのでとても便利です。これからは確率質量関数を使って確率分布を表現します。

4-C◆確率質量関数の性質

確率質量関数$f(x_i)$によって求められる確率は、確率の公理を満たす必要があります。そのため確率質量関数$f(x_i)$は以下を満たします。確率は0以上であり(式(4-15))、すべてを足し合わせると1になるということです(式(4-16))。

なお、式(4-16)では、とりうる実現値が無限の種類あることを想定しています。このような状況設定でも、数式を使えば簡潔に確率分布を表記できます。

$$0 \le f(x_i) \qquad i = 1, 2, \cdots \tag{4-15}$$

$$\sum_{i=1}^{\infty} f(x_i) = 1 \tag{4-16}$$

2-5 用語 一様分布（離散型）

簡単な確率分布の例として**一様分布**を紹介します。一様分布は連続型の確率変数でも定義できます。こちらは2-9節で解説します。

5-A◆一様分布の直観的な説明

離散型の一様分布は、確率がすべて一様に分配された確率分布です。

例えばイカサマでないサイコロの場合、どの出目も1/6の確率で生じます。これは典型的な一様分布です。イカサマでない20面ダイスなら、すべての出目が1/20の確率で生じます。

5-B◆一様分布の確率質量関数

一般的な一様分布の確率質量関数を紹介します。実現値が$x_1, x_2, \ldots, x_n$であり、起こり得る結果の種類数がnである一様分布の確率質量関数を、他

の確率質量関数と区別するために$\mathrm{U}(X|n)$と表記することにします。

なおUは一様という意味であるUniformの頭文字です。カッコの縦棒の左側にあるXは確率変数です。縦棒の右側にあるnは、確率分布の形状を決めるパラメータです。離散型の一様分布の場合は、起こり得る結果の種類数によって確率が変わります。確率質量関数$\mathrm{U}(X|n)$は以下のようになります。

$$\mathrm{U}(X|n)=\frac{1}{n} \tag{4-17}$$

一様分布は、どのような実現値であっても、すべて等しい確率$1/n$をとります。

ところで$0 \leq 1/n$であり、$\sum_{i=1}^{n}(1/n)=1$であることに注意してください。上記の関数は確率質量関数の性質を満たしています。

確率変数Xが一様分布$\mathrm{U}(X|n)$に従うことを明示的に示す場合は、チルダ記号（~）を使って$X \sim \mathrm{U}(X|n)$と表記します。$X \sim \mathrm{U}(n)$と略すこともあります。

2-6 用語 確率密度

ここからは、連続型の確率変数が従う確率分布を数式で表現することを試みます。まずはその準備として確率密度という用語を導入します。

6-A◆なぜ確率密度が必要か

連続型の変数では、確率の扱いに工夫が必要です。例えば、魚の大きさを測ったとき、4cmという結果になったとしましょう。しかし、精度の良い顕微鏡を使えば、4.01cmということがわかるかもしれません。電子顕微鏡のような、もっと精度の良いものを使えば、もっと細かい値が出てきます。ぴったり4cmの体長というものは、厳密には想定できません。ということは、4cmちょうどの体長である確率は0です。もちろん4.01cmちょうどである確率も0です。

これでは扱いにくいので、確率の代わりに確率密度を使います。確率密度は、連続型の変数の値に対応した確率のようなものだと思ってください。

6-B◆確率密度の定義

連続型の確率変数Xが$x \leq X \leq x + \Delta x$をとる確率を考えます※。$\Delta x \to 0$のとき「$P(x) \cdot \Delta x$」で確率が計算されるならば、$P(x)$を$x$の**確率密度**と呼びます。

連続型の確率変数では、例えば4cmぴったりである確率は0になってしまうのでした。そこで「限りなく0に近いが0ではない値Δx」を使って「ものすごく狭い範囲内に変数が収まる確率」を考えます。

なお、確率と異なり、確率密度は1よりも大きな値になることがあります。本書では、確率も確率密度も区別せずPと表記します。

2-7 用語 確率密度関数

連続型の確率変数における確率密度関数を紹介します。

7-A◆確率密度関数の定義

連続型の確率変数をXとし、その実現値をxと表記することにします。

確率変数Xが実数a以上b以下になる確率が、関数$f(x)$によって以下のように計算されるとき、Xは連続型の確率分布を持つと言い、このときの関数$f(x)$を**確率密度関数**と呼びます。

$$P(a \leq X \leq b) = \int_a^b f(x)dx \tag{4-18}$$

連続型の確率変数の場合は「ある特定の値になる確率」が常に0となります。そのため「ある特定の範囲に収まる確率」を、確率密度関数を積分することにより求めています。

※Δと書いて「デルタ」と読みます。小さな値という意味でしばしば使われます。

7-B◆確率密度関数の性質

確率密度関数$f(x)$は以下を満たします。

$$0 \leq f(x) \tag{4-19}$$

$$\int_{-\infty}^{\infty} f(x)\,dx = 1 \tag{4-20}$$

確率密度は0以上であり(式(4-19))、$-\infty \leq x \leq \infty$の範囲で積分すると1になるということです(式(4-20))。

2-8 確率の合計と確率密度の積分の関係

離散型の確率変数であれば、さまざまな事象が起こる確率を、確率の合計値として計算できます。一方、連続型の確率変数の場合は、確率密度の積分により計算します。この違いについて簡単に補足します。

8-A◆離散型の確率分布における確率の計算

例えば、1尾2尾3尾……といった魚の釣獲尾数Xを対象とします。釣獲尾数Xの従う確率分布の確率質量関数を$f(x_i)$としたとき$1 \leq X \leq 3$となる確率は以下のように計算されます。ただし$x_1 = 1, x_2 = 2, x_3 = 3$です。

$$P(1 \leq X \leq 3) = \sum_{i=1}^{3} f(x_i) \tag{4-21}$$

これは$f(1)+f(2)+f(3)$として計算しても構いません。要するに合計値として確率が得られるということです。

8-B◆連続型の確率分布における確率の計算

1.5cmや2.3cmといった魚の体長Xを対象とします。連続型の確率変数である魚の体長Xの従う確率分布の確率密度関数を$f(x)$としたとき$1 \leq X \leq 3$となる確率は以下のように計算されます。

$$P(1 \leq X \leq 3) = \int_1^3 f(x)\,dx \tag{4-22}$$

確率密度を1から3の間で積分するとは、無限にある1以上3以下のすべての変数における確率密度を足し合わせるということと大体同じ意味です。

8-C◆積分と面積の関係

積分計算の考え方を補足的に紹介します。積分は「曲線の下の面積の大きさ」だと高校生のときに習ったのではないかと思います。同じ考え方を使って、確率は面積だと書いてある教科書も多くあります。ここで、面積と「無限回行われる足し算」の関係について解説します。

長方形の面積を求めることは簡単です。「底辺×高さ＝面積」です。ここで、底辺の長さを1にした長方形を用いて、曲線の下の面積を近似すると、**図4-2-1**のようになります。計算は簡単ですが、曲線の下の面積とは大きなずれができてしまいます。

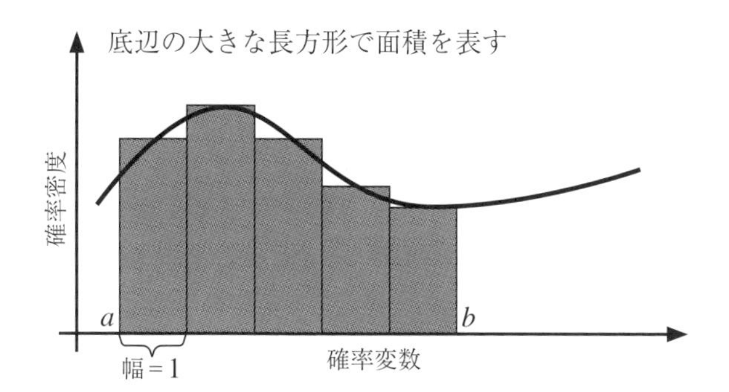

図 4-2-1 曲線の下の面積（長方形の底辺は1）

そこで、**図4-2-2**のように、長方形の底辺を短くします。

面積を求める区間をn個に分けた「小さな底辺」のことをΔxと書きます。i番目の確率変数をx_i、確率密度関数を$f(x_i)$と表記すると、長方形の面積の合計は、以下のように計算できます。

$$\text{長方形の面積の合計} = \sum_{i=1}^{n} f(x_i) \times \Delta x \tag{4-23}$$

ここで$n \to \infty$すなわち、区間を無限個に区切ったときの上記の足し算のことを積分と呼び、以下のように定義します。

$$\lim_{n \to \infty} \sum_{i=1}^{n} f(x_i) \times \Delta x = \int_a^b f(x)\,dx \tag{4-24}$$

離散型の変数であれば足し算を、連続型の変数であれば積分を使う、という使い分けは頻繁に行います。このとき「両者はやっていることが大体同じだ」ということがわかっていると、理解度が増すはずです。

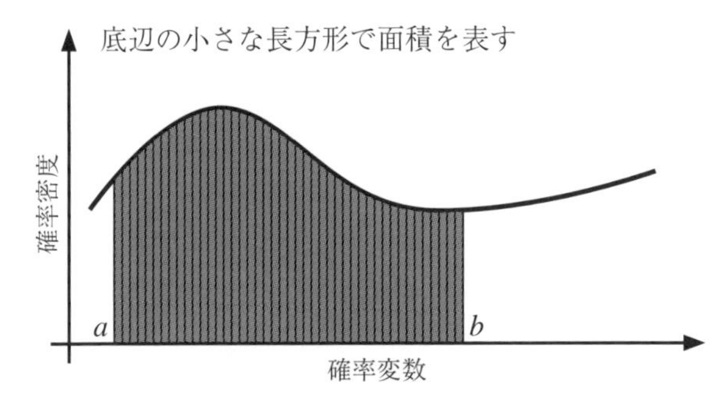

図 4-2-2 曲線の下の面積（底辺の小さな長方形）

2-9 用語 一様分布（連続型）

一様分布は連続型の確率変数でも定義できます。連続型の確率分布としての一様分布の確率密度関数を紹介します。

確率変数Xがとりうる範囲がα以上β以下である一様分布の確率密度関数$\mathrm{U}(X|\alpha,\beta)$は、以下のようになります。なお$\alpha<\beta$です。

$$\mathrm{U}(X|\alpha,\beta) = \frac{1}{\beta - \alpha} \tag{4-25}$$

一様分布は、どのような実現値であっても、すべて等しい確率$1/(\beta-\alpha)$をとります。なお、α未満やβを超える結果が得られる確率は0です。

ところで$0\leq 1/(\beta-\alpha)$であり、$\int_{\alpha}^{\beta}1/(\beta-\alpha)\,dx=1$であることに注意してください。上記の関数は確率密度関数の性質を満たしています。

2-10 用語 累積分布関数

確率変数Xにおいて、ある実現値x以下の値をとる確率、すなわち$P(X\leq x)$を求める関数を**累積分布関数**と呼びます。第3部で登場した累積相対度数分布とよく似たものをイメージしてください。累積分布関数は$F(x)$と表記されることが多いです。なお$P(X\leq x)$は**下側確率**とも呼びます。$F(x)$は下側確率を求める関数だと言えます。

離散型の確率分布ならば、x以下の値をとる確率を合計することで得られます。連続型の確率分布ならば、x以下の範囲で積分をとることで得られます。

2-11 一様分布の累積分布関数

連続型の一様分布を例にとって、累積分布関数を導出します。なお、この計算は今後登場しませんので、式変形が難しいと感じたら飛ばしても大丈夫です。

αからβの範囲を持つ連続型の一様分布に従う確率変数をXとします。Xが従う確率分布の確率密度関数を$f(u)$とします。なお連続型の一様分布は、2-9節で確認したように、すべて等しい確率密度$1/(\beta-\alpha)$をとります。累積分布関数$F(x)$は以下のように計算されます。

$$F(x)=\int_{\alpha}^{x} f(u)\,du$$
$$=\int_{\alpha}^{x} \frac{1}{\beta-\alpha}\,du$$
$$=\left[\frac{u}{\beta-\alpha}\right]_{\alpha}^{x} \qquad (4\text{-}26)$$
$$=\frac{x-\alpha}{\beta-\alpha}$$

一様分布の場合は、xと比例して$F(x)$が増加します。xが分布の下限値のαと等しいとき、それより小さな値が出る確率は0です。その逆に、xが上限値のβと等しくなったとき、x以下の値をとる確率は1となります。

2-12 用語 パーセント点

データがある値以下となる確率のことを下側確率と呼ぶのでした。この逆に「ある確率になる基準値」のことを**パーセント点**や**%点**、**分位点**と呼びます。

ここで「確率変数Xが●を下回る確率は▲%だ」という文言を考えます。

●(変数)を固定して▲(確率)を求める場合、このときの▲が下側確率です。

▲(確率)を固定して●(変数)を求める場合、このときの●がパーセント点です。

パーセント点は、累積分布関数の逆というイメージです。

2-13 用語 期待値

期待値について解説します。

13-A◆期待値の直観的な説明

期待値は平均値と同様に解釈できる指標です。ある確率分布に従う確率変数Xの期待値は$E(X)$と表記したりμと表記したりします。

期待値は「まだ手に入れていない未知のデータであっても適用できる平均値」だと言えます。期待値の解釈の詳細はすぐあとで補足します。

13-B◆離散型の確率変数における期待値

離散型の確率変数をXとし、実現値を$x_1, x_2, \ldots, x_n$とします。Xが従う確率分布の確率質量関数を$f(x_i)$とします。確率変数Xの期待値$E(X)$は以下のように計算されます。

$$E(X) = \sum_{i=1}^{n} f(x_i) \cdot x_i \tag{4-27}$$

日本語で書くと、期待値は「[確率×そのときの値]の合計値」として計算されます。大きな値が発生することがあり得ても、それが発生する確率が小さければ、期待値はそれほど大きな値にはなりません。逆に、発生確率が高ければ、それが期待値に及ぼす影響は大きくなります。

確率変数の大きさだけでなく、それが発生する確率も加味したのが期待値だと言えます。

13-C◆連続型の確率変数における期待値

連続型の確率分布を対象にする場合は、合計値の計算の代わりに積分値を計算します。

$-\infty$から∞の範囲を持つ連続型の確率変数をXとし、実現値をxとします。Xが従う確率分布の確率密度関数を$f(x)$とします。確率変数Xの期待値$E(X)$は以下のように計算されます。

$$E(X) = \int_{-\infty}^{\infty} f(x) \cdot x \, dx \tag{4-28}$$

13-D◆期待値と平均値の関係

期待値は平均値と同様に解釈できます。確率変数を何度も何度も取得することを考えた平均値が期待値だと言えます。

例えば、あるスロットマシーンでは3/10の確率で当たりが出て1万円がもらえ、7/10の確率で外れが出て何ももらえないとします。このスロットマシーンを1回実行するのに5000円の支払いが必要だとします。このスロットマシーンから得られる金額の期待値μは以下のように3000円と計算されます。そのため、期待値で見ると、このスロットマシーンを回すことは2000円の損失になります。

$$\begin{aligned}\mu &= \left(\frac{3}{10}\times 10000\right)+\left(\frac{7}{10}\times 0\right) \\ &= 3000\end{aligned} \tag{4-29}$$

ここで同じスロットマシーンを回して、当たり外れを記録するという作業を、10回繰り返したとします。確率分布の通り、その中の3回が当たりに、7回が外れになったとします。このときの平均値は以下のように計算され、期待値と等しい値になります。

$$\frac{10000+10000+10000+0+0+0+0+0+0+0}{10}=3000 \tag{4-30}$$

期待値は長い目で見た平均値と解釈することがあります。スロットマシーンを10億回実行することを考えます。この10億回のスロットマシーンでは、およそ3/10の確率で当たりが出るので、3億回ほど当たりが、7億回ほど外れが出るはずです。10億回の結果を平均すると、およそ3000円になると期待されます。

このように確率変数を何度も何度も取得することを考えた平均値が期待値だと言えます。

13-E◆予測値としての期待値

たとえ実際に10億回スロットマシーンを実行した記録というデータがなかったとしても、確率分布さえわかっていれば、期待値を計算できます。予測値としては、期待値を用いることがしばしばあります。これが「未知のデータにも適用できる平均値」であるところの期待値の便利なところです。

ある特定のお客さんを対象にして、スロットマシーンで当たりが出るかどうかはわかりません。けれども、スロットマシーンを無数の人たちが何度も何度も実行したならば、お客さんが受け取る金額の平均値が3000円になるだろうと予測できます。なので、このスロットマシーンを1回3000円以上の金額で提供すれば、お店の側は利益が出せる（お客さんは損する）ことが予測できます。

2-14 用語 確率変数の分散

確率変数の分散について解説します。

14-A◆分散の直観的な説明

第3部第4章で解説した通り、平たく言うと、分散は「データが平均値とどれだけ離れているか」を表した指標です。

確率分布から分散を計算する場合は「確率変数が平均値（期待値）とどれだけ離れていると期待できるか」を表したものだと解釈できます。

確率変数Xの分散は$V(X)$と表記したりσ^2と表記したりします。

14-B◆確率変数の分散

分散を数式で表記します。ある確率分布に従う確率変数Xの期待値は$E(X)$と表記します。見やすさのために$E(X)=\mu$と表記します。

分散は「確率変数Xが期待値μとどれだけ離れていると期待できるか」を表した指標なので、以下のように表記できます。

$$V(X)=E[(X-\mu)^2] \tag{4-31}$$

$(X-\mu)^2$は確率変数Xとその期待値μの距離のようなものです。その期待値が分散です。

14-C◆離散型の確率変数における分散

離散型の確率変数をXとし、実現値を$x_1, x_2, \ldots, x_n$とします。Xが従う確率分布の確率質量関数を$f(x_i)$とします。Xの期待値をμとします。Xの分散$V(X)$は以下のように計算されます。

$$V(X)=\sum_{i=1}^{n} f(x_i)\cdot(x_i-\mu)^2 \tag{4-32}$$

期待値の計算式(4-27)において、x_iの代わりに$(x_i-\mu)^2$を置いたものが分散です。期待値μと個別の実現値x_iが離れていれば離れているほど、$(x_i-\mu)^2$は大きな値をとります。

このため$(x_i-\mu)^2$に確率を掛けてから合計した$V(X)$は、「確率変数Xが期待値μとどれだけ離れていると期待できるか」を表した指標だと解釈できます。

14-D◆連続型の確率変数における分散

連続型の確率分布を対象にする場合は、合計値の計算の代わりに積分値を計算します。これは期待値も分散も同じです。

$-\infty$から∞の範囲を持つ連続型の確率変数をXとし、実現値をxとします。Xが従う確率分布の確率密度関数を$f(x)$とします。Xの期待値をμとします。Xの分散$V(X)$は以下のように計算されます。

$$V(X)=\int_{-\infty}^{\infty} f(x)\cdot(x-\mu)^2\,dx \tag{4-33}$$

2-15 一様分布の期待値と分散

今までの議論の復習として、一様分布の期待値と分散を計算します。式変形が難しいと感じたら飛ばしても大丈夫です。今後の議論には登場しません。

15-A◆離散型の一様分布の期待値と分散

まずは離散型の一様分布を対象とします。

実現値が$x_1, x_2, \ldots, x_n$であり、起こり得る結果の種類数がnである一様分

布の確率質量関数を$\mathrm{U}(X|n)$とします。確率変数Xがこの一様分布に従うことを明示的に$X\sim\mathrm{U}(X|n)$と表記します。なお離散型の一様分布は、2-5節で確認したように、すべて等しい確率$1/n$をとるので$f(x_i)=1/n$です。

$X\sim\mathrm{U}(X|n)$である確率変数Xの期待値$E(X)$は以下のように計算されます。

$$E(X)=\sum_{i=1}^{n}f(x_i)\cdot x_i=\sum_{i=1}^{n}\frac{1}{n}\cdot x_i=\frac{1}{n}\sum_{i=1}^{n}x_i \tag{4-34}$$

$X\sim\mathrm{U}(X|n)$である確率変数Xの分散$V(X)$は以下のように計算されます

$$\begin{aligned}V(X)&=\sum_{i=1}^{n}f(x_i)\cdot(x_i-\mu)^2\\&=\sum_{i=1}^{n}\frac{1}{n}\cdot(x_i-\mu)^2\\&=\frac{1}{n}\sum_{i=1}^{n}(x_i-\mu)^2\end{aligned} \tag{4-35}$$

定義通りに計算すると、標本平均や標本分散と同様の結果になります。

15-B◆連続型の一様分布の期待値

連続型の一様分布を対象とします。

確率変数Xがとりうる範囲がα以上β以下である一様分布の確率密度関数を$\mathrm{U}(X|\alpha,\beta)$とします。なお連続型の一様分布は、2-9節で確認したように、すべて等しい確率密度$1/(\beta-\alpha)$をとるので$f(x)=1/(\beta-\alpha)$です。

$X\sim\mathrm{U}(X|\alpha,\beta)$である確率変数$X$の期待値$E(X)$は以下のように計算されます。

$$
\begin{aligned}
E(X) &= \int_{\alpha}^{\beta} f(x) \cdot x \, dx \\
&= \int_{\alpha}^{\beta} \frac{1}{\beta - \alpha} \cdot x \, dx \\
&= \left[\frac{1}{\beta - \alpha} \cdot \frac{x^2}{2} \right]_{\alpha}^{\beta} \\
&= \frac{\beta^2 - \alpha^2}{2(\beta - \alpha)} \\
&= \frac{(\beta - \alpha)(\beta + \alpha)}{2(\beta - \alpha)} \\
&= \frac{\beta + \alpha}{2}
\end{aligned}
\tag{4-36}
$$

平均値や期待値は、分布の重心と呼ばれることがあります。上記の結果はまさに重心という言葉が似つかわしいですね。一様分布の上限値と下限値の中心が期待値となりました。

2-16 用語 多次元確率分布

今までは1つの確率変数だけを対象としてきました。ここからは2つ以上の確率変数の対応関係に着目します。最初に用語の定義を述べたあとで、具体例を2-21節で紹介します。

2つ以上の確率変数を対象とした確率分布を**多次元確率分布**と呼びます。なお、本章では説明の簡単のため、2つの確率変数の組み合わせを中心に検討します。これを**2次元確率分布**と呼びます。

これらの確率分布は離散型でも連続型でも定義できますが、本章では説明の簡単のため離散型の確率分布を中心に扱います。

2-17 用語 同時確率分布

同時確率分布を解説します。

17-A◆同時確率分布の定義

2つの確率変数X,Yを考えます。実現値を各々x_i,y_jとします。このとき「$X=x_i$であり、かつ、$Y=y_j$である確率」を**同時確率**と呼びます。確率変数の組み合わせ(X,Y)と確率の対応を**同時確率分布**や**同時分布**、あるいは**結合分布**と呼びます。

離散型の確率変数X,Yにおける同時確率分布は以下のように表記します。

$$P(X=x_i,Y=y_j) \qquad i=1,2,\cdots,m \qquad j=1,2,\cdots,n \tag{4-37}$$

なお、すべてのX,Yの組み合わせに対して確率を記載するのは大変です。そこで、$P(X=x_i,Y=y_j)=f(x_i,y_j)$となる同時確率質量関数を用いて同時確率分布を表現することもしばしばあります。なお、同時確率分布は$P(X,Y)$と表記することもあります。

17-B◆同時確率分布の性質

同時確率分布もやはり確率分布なので、確率質量関数は以下の性質を満たします。解釈は1次元の場合とほぼ同じです。確率は0以上であり(式(4-38))、すべてを足し合わせると1になるということです(式(4-39))。

$$0 \leq f(x_i,y_j) \qquad i=1,2,\cdots,m \qquad j=1,2,\cdots,n \tag{4-38}$$

$$\sum_{i=1}^{m}\sum_{j=1}^{n} f(x_i,y_j)=1 \tag{4-39}$$

2-18 用語 周辺化・周辺分布

同時確率分布から、ある確率変数を消去する計算を**周辺化**と呼びます。離散型の同時確率分布$P(X=x_i, Y=y_j)$から確率変数Yを消去した$P(X=x_i)$を求める場合は、以下のようにします。

$$P(X=x_i)=\sum_{j=1}^{n} P(X=x_i, Y=y_j) \tag{4-40}$$

このようにして求められるXの確率分布$P(X=x_i)$を**周辺分布**と呼びます。

$P(X=x_i, Y=y_j)$から確率変数Xを消去した$P(Y=y_j)$を求める場合は、以下のようにします。

$$P(Y=y_j)=\sum_{i=1}^{m} P(X=x_i, Y=y_j) \tag{4-41}$$

2-19 用語 条件付き確率分布

第4部第1章で紹介した条件付き確率と同様に、**条件付き確率分布**が定義されます。離散型の確率変数X,Yにおいて、$Y=y_j$であるという条件を置いたときの条件付き確率分布は以下のようになります。

$$P(X=x_i \mid Y=y_j)=\frac{P(X=x_i, Y=y_j)}{P(Y=y_j)} \tag{4-42}$$

なお、条件付き確率分布は$P(X \mid Y)$と表記することもあります。

以下の式変形もしばしば登場します。

$$P(X=x_i, Y=y_j)=P(X=x_i \mid Y=y_j)\cdot P(Y=y_j) \tag{4-43}$$

2-20 用語 確率変数の独立

離散型の確率変数X, Yが互いに**独立**であるとき、下記が成立します。

$$P(X=x_i, Y=y_j)=P(X=x_i)\cdot P(Y=y_j) \tag{4-44}$$

条件付き確率の定義から、確率変数の独立性は以下と同じ意味となります。

$$P(X=x_i \mid Y=y_j)=P(X=x_i) \tag{4-45}$$

$Y=y_j$という条件があってもなくても、確率変数Xの分布が一切変わらないとき、2つの確率変数は互いに独立であると言います。

2-21 2次元確率分布の例

具体例を通して今までの議論を復習します。大学の講義について、単位が取れたかどうかと、テスト勉強をしたかどうか、という2つの確率変数の関係性を考えます。

確率変数Xについて、単位が取れたときを1、取れなかったときを0とします。確率変数Yを、テスト勉強したときを1、勉強しなかったときを0とします。このときの2次元の確率分布が、以下の表のようになったとします。

		テスト勉強 Y		合計
		勉強した 1	勉強しない 0	
単位 X	取得 1	$P(X=1, Y=1)=0.4$	$P(X=1, Y=0)=0.2$	$P(X=1)=0.6$
	落第 0	$P(X=0, Y=1)=0.1$	$P(X=0, Y=0)=0.3$	$P(X=0)=0.4$
合計		$P(Y=1)=0.5$	$P(Y=0)=0.5$	1

周辺分布は、名前の通り表の周辺にくっついています。$P(X=x_i)$を見ると、6割の人は単位が取れ、4割の人が落ちてしまったことがわかります。

次に同時確率分布$P(X=x_i, Y=y_j)$に着目します。「単位が取れていて、かつ、勉強もしていた」確率である$P(X=1, Y=1)=0.4$となっています。表の中心の4つのマス目の数値が同時確率となります。

また$P(X=1, Y=1)+P(X=1, Y=0)=P(X=1)$であり、$P(X=0, Y=1)+P(X=0, Y=0)=P(X=0)$となっていることにも注目してください。同時分布から周辺分布を求めることができ、この計算を周辺化と呼びます。

条件付き確率分布を計算します。ここでは勉強していたという条件付きでの、単位の有無の確率分布$P(X=x_i \mid Y=1)$を検討します。これは以下のように計算できます。

$$\text{単位取れた：} P(X=1 \mid Y=1)=\frac{P(X=1, Y=1)}{P(Y=1)}=\frac{0.4}{0.5}=0.8 \tag{4-46}$$

$$\text{単位落ちた：} P(X=0 \mid Y=1)=\frac{P(X=0, Y=1)}{P(Y=1)}=\frac{0.1}{0.5}=0.2 \tag{4-47}$$

勉強していたならば、8割の人が単位を取得できたことがわかります。

ここで単位が取れた確率$P(X=1)=0.6$とテスト勉強をした確率$P(Y=1)=0.5$を掛けても、$P(X=1, Y=1)=0.4$にはなりません。このため、単位の有無とテスト勉強の有無は独立ではないことがわかります。勉強した人の方が、単位が取りやすいようです。

2-22 用語 確率変数の共分散・相関係数

2変数の関係性を調べるためにしばしば利用される指標が、第3部第5章で紹介した共分散と相関係数です。これらの指標を確率分布から計算します。

22-A◆確率変数の共分散

確率変数の共分散の定義は以下の通りです。ただしμ_Xは確率変数Xの期待値であり、μ_Yは確率変数Yの期待値です。

$$C(X,Y)=E[(X-\mu_X)\cdot(Y-\mu_Y)] \tag{4-48}$$

22-B◆確率変数の相関係数

確率変数の相関係数の定義は以下の通りです。

$$\rho(X,Y)=\frac{C(X,Y)}{\sqrt{V(X)\cdot V(Y)}} \tag{4-49}$$

相関係数の解釈は第3部第5章と同様です。なお、確率変数X,Yが互いに独立ならば、$C(X,Y)=\rho(X,Y)=0$であることが知られています。ただし、$C(X,Y)=0$だからといって独立とは限らないので注意しましょう。

2-23 用語 独立同一分布

統計解析の際にしばしば想定される独立同一分布の仮定について解説します。

23-A◆独立同一分布に従う確率変数の定義

n個の確率変数の列$X_1, X_2, \ldots, X_n$を考えます。これらの確率変数が従う確率分布がすべて同一であり、確率変数が互いに独立であるとき、$X_1, X_2, \ldots, X_n$が**独立同一分布に従う**と呼びます。独立同一分布はindependently and identically distributedの頭文字をとって**i.i.d**と略されます。

n個のデータを取得した際、これらをi.i.dに従う確率変数列だと想定して分析を行うことが多いです。計算の簡単のためには仕方がないこともありますが、このような仮定が暗に置かれているということは自覚しておきましょう。

23-B◆独立同一分布に従う確率変数列の同時確率分布

例えば連続型の確率変数列$X_1, X_2, ..., X_n$が互いに独立であり、すべて同じ一様分布$\mathrm{U}(X|\alpha, \beta)$に従っているとします。このときの$X_1, X_2, ..., X_n$の同時確率分布は、独立であることを利用すると以下のように計算されます。

$$
\begin{aligned}
P(X_1, X_2, \cdots, X_n) &= P(X_1) \cdot P(X_2) \cdot \cdots \cdot P(X_n) \\
&= \prod_{k=1}^{n} P(X_k) \\
&= \prod_{k=1}^{n} \frac{1}{\beta - \alpha}
\end{aligned}
\tag{4-50}
$$

なおΠは掛け合わせるという記号です。3行目では一様分布の確率密度を代入しました。独立同一分布に従うと仮定すると、n個の確率変数に対する同時確率分布を評価するのがとても簡単になります。

23-C◆独立同一分布とみなせない事例

計算の簡単のためにi.i.dに従うことを仮定することはしばしばあります。しかし、この仮定を置くことに問題があることも考えられます。しばしば指摘されるのが時系列データです。

例えば毎時間、家のベランダの気温を計測したとします。このとき、朝の時間帯はずっと涼しく、昼になると気温が高くなっていることが予想されます。この場合「よく似た時間帯に取得される気温は、よく似た値になりやすい」ことが想定されます。あるいは毎日の売り上げの変遷を記録した時系列データでも「昨日の売り上げと今日の売り上げがよく似ている」ということは容易に想像できます。確率変数が互いに独立ではないため、確率変数列がi.i.dに従っているとはみなせません。

時系列データを分析する際は、時系列分析と呼ばれる特別な手法を利用することを検討しましょう。本書の範囲を超えますが、例えば馬場(2018)などに解説があります。

第3章

二項分布

本章では、代表的な離散型の確率分布として二項分布を導入します。まずはベルヌーイ分布と呼ばれる基本的な確率分布を、Pythonによる乱数生成シミュレーションを通して解説します。そして、ベルヌーイ分布の発展として二項分布を導入します。二項分布においても、シミュレーションを用いて、なるべく直観的に理解できるように努めました。本章の最後では二項分布の特徴を整理します。

3-1 用語 試行

二項分布の前に、より単純なベルヌーイ分布と呼ばれる確率分布を導入します。まず、ベルヌーイ分布について理解するために必要な用語を整理します。

1回の調査や実験のことを**試行**と呼びます。まったく同じ条件で、例えばまったく同じ湖で同じ装備で釣りを2回実施できるならば、試行を2回繰り返すことができます。コインを投げて表裏を記録することや、くじを引いて当たり外れを記録することも1つの試行です。

何度も試行を繰り返すことができる場合、繰り返し数のことを**試行回数**と呼びます。

3-2 用語 二値確率変数

二値確率変数とは、2つの値しかとらない確率変数のことです。例えば「ある・ない」や「表・裏」「当たり・外れ」といったものがあります。

3-3 用語 ベルヌーイ試行

2種類の結果のどちらかを発生させる試行を**ベルヌーイ試行**と呼びます。

例えば、「コインを1回投げて、表が出るか裏が出るかを記録する」試行や「くじを1枚引いて、当たり外れを記録する」試行はベルヌーイ試行です。

3-4 用語 成功確率

2種類の結果のうち、片方の結果が得られる確率を便宜上、**成功確率**と呼ぶことにします。成功確率は0以上1以下であることに注意してください。

例えば、コインを投げて表が出る確率や、くじを引いて当たりが出る確率が成功確率です。成功という言葉がついていますが、ポジティブな意味はありません。病気にかかるか否かという2種類の結果に対しては、病気にかかる確率を成功確率と呼ぶこともあります。

3-5 用語 ベルヌーイ分布

1度のベルヌーイ試行が行われる際に得られる、二値確率変数が従う確率分布を**ベルヌーイ分布**と呼びます。

コインを1回だけ投げることを考えたとき、標本空間は$\Omega=\{表,裏\}$です。ここで、標本空間の要素に実数値を対応させます。今回は、表を1、裏を0と表記することにします。コインを投げる前は、1が出るのか0が出るのかわかりません。しかし、イカサマでないコインならば、1が出る確率も0が出る確率も、ともに0.5であると考えられます。

ここで、コインがイカサマである可能性を考慮しましょう。すなわち、コインを1回だけ投げて表が出る確率を、0以上1以下である成功確率pで表現します。このときの確率分布をベルヌーイ分布と呼び、以下のように表記します。ただし、Xは二値確率変数です。

$$
\begin{aligned}
P(X=1)&=p \\
P(X=0)&=1-p
\end{aligned}
\tag{4-51}
$$

ベルヌーイ分布は、イカサマコインだけでなく、例えばくじ引きなどにも適用できます。くじで当たりが出る確率を成功確率pと置くと、イカサマコインの議論がそのまま成り立ちます。

3-6　くじ引きシミュレーションの考え方

シミュレーションの考え方を学んでいただくために、ベルヌーイ分布に従う確率変数をシミュレーションによって生成する方法を解説します。

なお、コンピュータ上で生成される確率変数のことを**乱数**と呼ぶことがあります。本書では確率変数と乱数という言葉をほぼ同じ意味で使います。

これから紹介する方法は、ベルヌーイ分布に従う乱数を生成するシミュレーションだと言えます。

コンピュータ上で仮想的にくじ引きを行います。当たりくじが2枚、外れくじが8枚入った黒い箱の中から、ランダムに1枚くじを引きます。そのくじが当たりだったかどうかを記録します。

くじはランダムに引くため、確率0.2で当たりが出ると想定されます。そのため、このくじ引きシミュレーションは、成功確率$p=0.2$としたベルヌーイ試行とみなせるはずです。

3-7 実装 分析の準備

必要なライブラリの読み込みなどを行います。

```
# 数値計算に使うライブラリ
import numpy as np
import pandas as pd
from scipy import stats

# グラフを描画するライブラリ
from matplotlib import pyplot as plt
import seaborn as sns
sns.set()

# グラフの日本語表記
from matplotlib import rcParams
rcParams['font.family'] = 'sans-serif'
rcParams['font.sans-serif'] = 'Meiryo'
```

3-8 実装 くじを1枚引くシミュレーション

くじを1枚引くシミュレーションを実行します。単純ですが、Pythonでシミュレーションを行う方法は、他でも応用がきくので、ぜひマスターしてください。

8-A◆くじを用意する

numpyのアレイとして10枚入りのくじlotteryを用意します。数字の1が当たりで、0が外れです。

```
lottery = np.array([1,1,0,0,0,0,0,0,0,0])
lottery
```

```
array([1, 1, 0, 0, 0, 0, 0, 0, 0, 0])
```

当たり数をくじの枚数で割ることで、成功確率が求まります。今回は10枚中2枚が当たりなので、成功確率は0.2です。

```
sum(lottery) / len(lottery)
```

```
0.2
```

8-B◆くじを1枚引く

くじを1枚引きます。numpyのアレイから、すべての要素を等しい確率で抽出する場合は、以下のようにnp.random.choice関数を使います。関数の引数として、抽出する対象となるくじlotteryと、くじを引く枚数sizeを指定します。replace=Trueは、1回引いたくじをまた箱に戻すという指定です。これを**復元抽出**と呼びます。引いたくじを戻さない場合は**非復元抽出**と呼びます。今回は1枚しかくじを引かないので設定する必要はないのですが、参考のために設定しておきました。

```
np.random.choice(lottery, size=1, replace=True)
```

```
array([0])
```

結果はnumpyのアレイです。今回は外れくじが出たようです。

くじを1回引く試行を、3回繰り返し実行します。

```
print(np.random.choice(lottery, size=1, replace=True))
print(np.random.choice(lottery, size=1, replace=True))
print(np.random.choice(lottery, size=1, replace=True))
```

```
[0]
[1]
[0]
```

1回目と3回目は外れでしたが、2回目は当たりになりました。このように、同じコードを実行しているのですが、実行するたび、確率的に結果が変わります。読者の方が上記のコードを実行すると、1回目の試行で当たりが出たり、あるいは3回とも外れになったりと、実行するたびに異なる結果が出るでしょう。

確率的な変動を理解するのに、Pythonを用いたシミュレーションはとても便利です。

3-9 実装 くじを10枚引くシミュレーション

次はベルヌーイ試行を離れて、くじを10枚引いた結果を確認するシミュレーションを実行します。成功確率が0.2であるくじを10枚引いたとき、すべて外れになる確率や、1枚だけ当たりくじが出る確率はいかほどになるでしょうか。これは、後ほど紹介する二項分布という確率分布に対応します。

9-A◆くじを10枚引く

まずはくじを10枚引く方法を解説します。np.random.choiceの引数にsize=10と設定するだけで、くじが10枚引けます。

```
print(np.random.choice(lottery, size=10, replace=True))
print(np.random.choice(lottery, size=10, replace=True))
print(np.random.choice(lottery, size=10, replace=True))
```

```
[0 0 0 0 0 0 0 0 0 0]
[0 0 0 0 1 0 0 0 0 0]
[0 0 0 0 0 1 0 0 1 0]
```

3回実行しましたが、結果はランダムに変わります。1回目は10枚すべてが外れでした。2回目は当たりが1枚で、3回目は当たりが2枚となっています。

9-B◆乱数の種を設定する

乱数生成シミュレーションは、確率的に結果が変わります。しかし、**乱数の種**を指定することで、結果を固定できます。本書に記載した内容と同じ結果を、読者の方が再現できるようにするために、ここでは乱数の種を紹介します。

乱数の種を設定する場合はnp.random.seed関数を使います。引数には好きな数字を入れます。同じ数字を指定すれば、同じ結果が出ます。今回は引数に1を設定しました。

```
np.random.seed(1)
print(np.random.choice(lottery, size=10, replace=True))
np.random.seed(1)
print(np.random.choice(lottery, size=10, replace=True))
np.random.seed(1)
print(np.random.choice(lottery, size=10, replace=True))
```

```
[0 0 0 0 1 1 1 0 0 0]
[0 0 0 0 1 1 1 0 0 0]
[0 0 0 0 1 1 1 0 0 0]
```

np.random.seed関数とnp.random.choice関数を交互に実行すると、確実に3枚の当たりくじが出ます。これは上記のコードを何度実行しても同じです。

9-C◆繰り返し実行の結果の確認

np.random.seed関数を実行したあとにnp.random.choiceを連続で実行すると、こちらの結果はランダムに変わります。

```
np.random.seed(1)
print(np.random.choice(lottery, size=10, replace=True))
print(np.random.choice(lottery, size=10, replace=True))
print(np.random.choice(lottery, size=10, replace=True))
```

```
[0 0 0 0 1 1 1 0 0 0]
[0 0 0 0 0 0 0 0 0 0]
[1 0 1 0 0 0 0 0 0 1]
```

1回目は当たり3枚で、2回目は当たり0枚、3回目は当たり3枚です。

この変化のパターンは、乱数の種を指定することで固定されます。すなわち上記のコードをもう一度実行しても「1回目は当たり3枚で、2回目は当たり0枚、3回目は当たり3枚」になることは変わりません。

```
np.random.seed(1)
print(np.random.choice(lottery, size=10, replace=True))
print(np.random.choice(lottery, size=10, replace=True))
print(np.random.choice(lottery, size=10, replace=True))
```

```
[0 0 0 0 1 1 1 0 0 0]
[0 0 0 0 0 0 0 0 0 0]
[1 0 1 0 0 0 0 0 0 1]
```

9-D◆当たり枚数の集計

np.sum関数を使いくじの結果を合計することで、当たり枚数がわかります。

```
np.random.seed(1)
sample_1 = np.random.choice(lottery, size=10, replace=True)
print('くじ引きの結果：', sample_1)
print('当たり枚数　　：', np.sum(sample_1))
```

```
くじ引きの結果： [0 0 0 0 1 1 1 0 0 0]
当たり枚数　　： 3
```

3-10 実装 くじを10枚引く試行を10000回繰り返すシミュレーション

くじを10枚引いて、当たり枚数を記録するという試行を10000回繰り返し実行します。

10-A◆シミュレーションの実行

まずはシミュレーションの準備です。試行回数としてn_trialを10000と設定しました。また10000回の結果を格納するために、binomial_result_arrayを用意しました。

```
# 試行回数
n_trial = 10000
# 結果を格納する入れ物
binomial_result_array = np.zeros(n_trial)
```

シミュレーションを実行します。1行目で乱数の種を設定します。2行目からがforループによる繰り返し構文です。インデックスiを0からn_trialまで増やしながら、下2行のコードを繰り返し実行します。

forループの中でnp.random.choice関数を使ってくじを引き、結果をsampleに格納します。size=10を指定しているので、くじは10枚引いています。そして当たり数をbinomial_result_arrayに格納します。

```
np.random.seed(1)
for i in range(0, n_trial):
    sample = np.random.choice(lottery, size=10, replace=True)
    binomial_result_array[i] = np.sum(sample)
```

binomial_result_arrayの最初の10個を取得します。3枚当たりが出たり、1枚当たりが出たり、当たりがまったく出なかったりと、ランダムに結果が変わっているのがわかります。

```
binomial_result_array[0:10]
```

```
array([3., 0., 3., 2., 3., 1., 0., 2., 3., 0.])
```

10-B◆シミュレーション結果のヒストグラム

シミュレーション結果の相対度数分布を得ます。階級は0から10まで、1ずつ変化させました。

```
np.histogram(binomial_result_array,
             bins=np.arange(0, 11, 1), density=True)
```

```
(array([1.118e-01, 2.711e-01, 2.992e-01, 1.977e-01,
        8.890e-02, 2.430e-02, 5.800e-03, 1.100e-03,
        1.000e-04, 0.000e+00]),
 array([ 0,  1,  2,  3,  4,  5,  6,  7,  8,  9, 10]))
```

ヒストグラムを描きます。予想できたことですが、当たり枚数が0枚から2枚となった人が多いことがわかります（図4-3-1）。

第4部

第3章

```
sns.histplot(binomial_result_array,
             bins=np.arange(0, 11, 1),
             stat='density', color='gray')
```

ここまで、くじ引きシミュレーションを実行してきました。次からは、くじ引きの当たり枚数のように、確率的に変化する結果をうまく表現できるような確率分布を検討します。

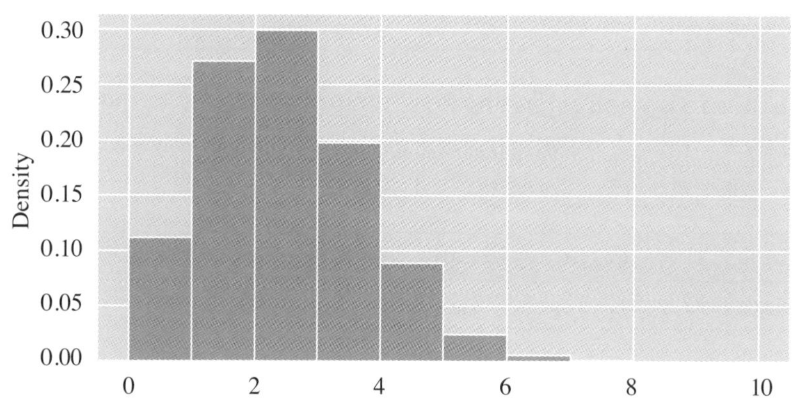

図 4-3-1 くじを10枚引いたときの、当たり回数のヒストグラム

3-11 用語 二項分布

二項分布を解説します。

11-A◆二項分布の概要

成功確率pの独立したベルヌーイ試行をn回繰り返したとき、成功回数が従う確率分布を**二項分布**と呼びます。二項分布のパラメータであるpとnを変化させることで、さまざまな形状の確率分布を作り出すことができます。

当たり率が0.2であるくじを10枚引いたときの当たり枚数が従う確率分布は、$p=0.2$で$n=10$の二項分布だとみなせます。今までのくじ引きシミュレーションは、二項分布に従う確率変数を生成するシミュレーションだったと言えます。

11-B◆二項分布の確率質量関数

成功確率pの独立したベルヌーイ試行をn回繰り返したときの成功回数を確率変数Xとします。二項分布の確率質量関数は以下のようになります。

$$\mathrm{Bin}(X \mid n,p) = {}_n\mathrm{C}_x \cdot p^x \cdot (1-p)^{n-x} \tag{4-52}$$

二項分布の確率質量関数を用いると「表が出る確率がpであるコインをn回投げたときに、表がx回出る確率」が計算できます。xが成功回数、nが試行回数であり、pが成功確率です。

11-C◆二項分布の確率質量関数の解釈

二項分布の確率質量関数の解釈を試みます。くじ引きを例として説明します。

くじを2枚引いて、2枚とも当たりが出る確率は$p \times p$です。3枚引いて3枚とも当たりが出る確率は$p \times p \times p$です。x回当たりが出る確率は、指数を用いると、p^xとなります。

外れが出る確率は$(1-p)$であり、外れが出る回数は$n-x$回なので、$n-x$回外れが出る確率は$(1-p)^{n-x}$となります。

最後に考慮すべきは、当たり・外れが混ざっていたときの「当たり・外れが出る順番」です。

4枚くじを引いて（$n=4$）、2枚当たりが出たとします（$x=2$）。このとき、4枚のくじの結果は、当たりを1、外れを0とすると、以下の6パターンがあり得ます。

パターン1：1・1・0・0
パターン2：1・0・0・1
パターン3：1・0・1・0
パターン4：0・1・0・1
パターン5：0・1・1・0
パターン6：0・0・1・1

これは、順列組み合わせの公式を使うと以下のように計算されます。

$$ {}_n C_x = \frac{n!}{x! \cdot (n-x)!} \tag{4-53} $$

p^xと$(1-p)^{n-x}$と${}_n C_x$の3要素を使って二項分布の確率質量関数が得られます。

3-12 実装 二項分布

Pythonを使って二項分布の確率質量関数を実装します。stats.binom.pmf関数を使います。なおpmfは確率質量関数（Probability Mass Function）の略です。

12-A◆二項分布の確率質量関数

まずは、イカサマでないコインを2枚投げて、表が1枚だけ出る確率を計算します。これはBin(1|2,0.5)に該当し、結果は（数値計算上の誤差が入ることもありますが）0.5となります。

```
round(stats.binom.pmf(k=1, n=2, p=0.5), 3)
```

```
0.5
```

続いて、当たり確率が0.2のくじを10枚引いて、すべて外れとなる確率を計算します。これはBin(0|10,0.2)に該当し、結果はおよそ0.107となります。

```
round(stats.binom.pmf(k=0, n=10, p=0.2), 3)
```

```
0.107
```

くじを10枚引いても、およそ10人に1人はすべて外れになるようです。

12-B◆二項分布の確率質量関数のグラフ

当たり確率が0.2のくじを10枚引いたときの確率分布を得ます。当たり枚数を0枚から10枚まで変化させて、すべて確率を求めます。

```
# 成功回数
n_success = np.arange(0, 11, 1)
# 確率
probs = stats.binom.pmf(k=n_success, n=10, p=0.2)

# データフレームにまとめる
probs_df = pd.DataFrame({
    'n_success': n_success,
    'probs': probs
})
print(probs_df)
```

```
    n_success         probs
0           0  1.073742e-01
1           1  2.684355e-01
2           2  3.019899e-01
3           3  2.013266e-01
4           4  8.808038e-02
5           5  2.642412e-02
6           6  5.505024e-03
7           7  7.864320e-04
8           8  7.372800e-05
9           9  4.096000e-06
10         10  1.024000e-07
```

「成功回数が0回になる確率が約0.107であり、成功回数が1回になる確率が約0.268であり、成功回数が2回である確率が約0.302」であることがわかります。

e-01は10のマイナス1乗を意味します。e-07は10のマイナス7乗ですのでほぼ0です。結果を折れ線グラフで確認します。また、くじ引きシミュレーションのヒストグラムもあわせて描画して、両者がほぼ一致していることを確認します（**図4-3-2**）。

```
# ヒストグラム(シミュレーション結果)
sns.histplot(binomial_result_array,
             bins=np.arange(0, 11, 1),
             stat='density', color='gray')

# 折れ線グラフ(二項分布の確率質量関数)
sns.lineplot(x=n_success, y=probs,
             data=probs_df, color='black')
```

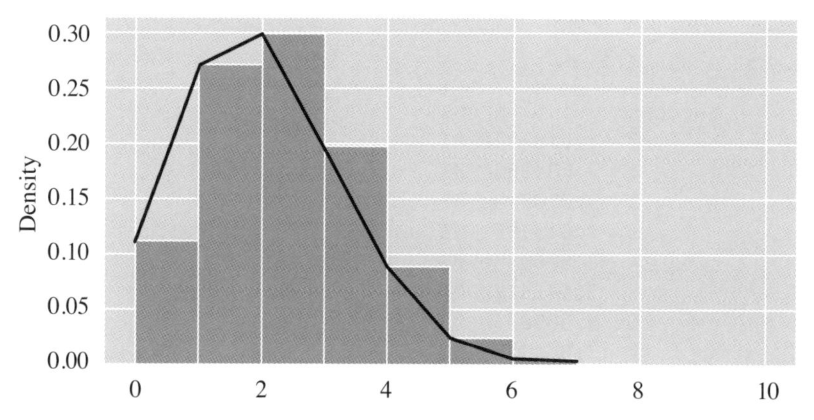

図 4-3-2 シミュレーション結果と二項分布の比較

ヒストグラムと折れ線グラフがきれいに対応しています。「当たり率が0.2であるくじを10枚引いて当たり枚数を記録する」というくじ引きシミュレーションの結果は、$p=0.2$で$n=10$の二項分布に従うとみなすことができそうです。二項分布を使うことで、くじ引きシミュレーションを実行することなく、さまざまな確率を計算できます。例えば「成功確率が0.2のくじを10枚引いたのに、当たりが1枚も出ない確率」などを計算する場合は、シミュレーションを実行するよりも二項分布の確率質量関数を使う方が簡単です。

統計学を学んでいると、二項分布などさまざまな確率分布が登場します。これらの確率分布は天から降ってきたものではありません。その成り立ちについて理解することで、統計学の理解度も深まるはずです。

12-C◆さまざまな二項分布

二項分布は2つのパラメータ、すなわち成功確率pと試行回数nを変えることで形状が変化します。参考までに、成功確率をいくつか変化させて二項分布の確率質量関数のグラフを確認します。

図4-3-3では、X軸に成功回数`n_success`を置き、成功確率を0.1、0.2、0.5の3通りに変化させて、確率質量関数の折れ線グラフを描きました。これを見ると成功確率が低い方が、少ない成功回数になる確率が高いのがわかります。直観ともよく合う結果だと思います。

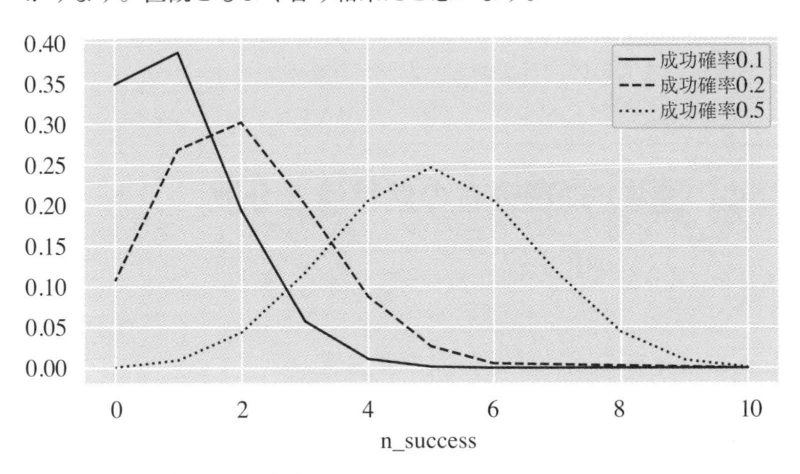

図 4-3-3 さまざまな二項分布

3-13 実装 二項分布に従う乱数の生成

今までは`np.random.choice`関数を使って二項分布に従う乱数を生成していました。しかし、もっと簡単に乱数を生成する方法があるので紹介します。`stats.binom.rvs`関数を使います。なお`rvs`はRandom Variatesの略です。

当たり確率が0.2のくじを10枚引いて、当たり枚数を記録するという試行を5回行った結果を得ます。

```
np.random.seed(1)
stats.binom.rvs(n=10, p=0.2, size=5)
```

```
array([2, 3, 0, 1, 1])
```

stats.binom.rvs関数を利用してn=10, p=0.2と設定することで、**図4-3-2**のグラフや、3-12節の12-B項におけるprobs_dfと同じように「0が出る確率が約0.107」で、「1が出る確率が約0.268」で、「2が出る確率が約0.302」という確率分布に従った乱数が生成されます。引数sizeを変えることで、乱数を好きな個数だけ簡単に得ることができます。シミュレーションをする際は、こちらの関数を使った方が、作業が楽です。

3-14 実装 二項分布の期待値と分散

二項分布に従う確率変数の期待値と分散を紹介します。

14-A◆二項分布の期待値と分散の理論値

$X \sim \mathrm{Bin}(X|n,p)$である確率変数$X$の期待値$E(X)$と分散$V(X)$は以下のようにして求められます。

$$E(X) = np \tag{4-54}$$

$$V(X) = np(1-p) \tag{4-55}$$

14-B◆二項分布の期待値の実装

先の結果をPythonで確認します。$n=10, p=0.2$の二項分布に従っていると考えられるくじ引きシミュレーションを対象にして、当たり枚数の平均値を計算します。理論上の期待値と比較すると、ほぼ一致しているのがわかります。

```
n = 10
p = 0.2
x_bar = np.mean(binomial_result_array)
print('乱数の平均    :', round(x_bar, 1))
print('理論的な期待値:', n * p)
```

```
乱数の平均    : 2.0
理論的な期待値: 2.0
```

なお、二項分布の理論上の期待値はstats.binom.mean関数を使って求めることもできます。

```
stats.binom.mean(n=10, p=0.2)
```

```
2.0
```

14-C◆二項分布の分散の実装

同様に分散も、シミュレーションの結果と理論上の結果をあわせて計算します。こちらもほぼ同じ結果になっていることがわかります。

```
u2 = np.var(binomial_result_array, ddof=1)
print('乱数の分散  :', round(u2, 1))
print('理論的な分散:', n * p * (1 - p))
```

```
乱数の分散  : 1.6
理論的な分散: 1.6
```

なお、二項分布の理論上の分散はstats.binom.var関数を使って求めることもできます。

```
stats.binom.var(n=10, p=0.2)
```

```
1.6
```

3-15 実装 二項分布の累積分布関数

二項分布の累積分布関数を実装します。

15-A◆二項分布の累積分布関数の実装

第4部第2章の復習ですが、確率変数Xを対象として、$P(X \leq x)$を求める関数$F(x)$のことを累積分布関数と呼びます。ここでは$X \sim \mathrm{Bin}(X|10,0.2)$である$X$において、$P(X \leq 2)$を求めます。`stats.binom.cdf`関数を使います。なお`cdf`はCumulative Density Functionの略です。

```
round(stats.binom.cdf(k=2, n=10, p=0.2), 3)
```

```
0.678
```

15-B◆確率質量関数と累積分布関数の比較

確率質量関数と累積分布関数の対応関係を確認します。まず、成功回数が最小の0であるとき、（微小な数値誤差が入ることもありますが）両者は一致します。

```
print('確率質量関数', round(stats.binom.pmf(k=0, n=10, p=0.2), 3))
print('累積分布関数', round(stats.binom.cdf(k=0, n=10, p=0.2), 3))
```

```
確率質量関数 0.107
累積分布関数 0.107
```

成功回数を1としたときは、両者は食い違います。

```
print('確率質量関数', round(stats.binom.pmf(k=1, n=10, p=0.2), 3))
print('累積分布関数', round(stats.binom.cdf(k=1, n=10, p=0.2), 3))
```

```
確率質量関数 0.268
累積分布関数 0.376
```

$P(X \leq 1)$を求める場合は、$P(X=0)+P(X=1)$を計算します。確率質量関数の累積値をとることで、累積分布関数が得られます。

```
pmf_0 = stats.binom.pmf(k=0, n=10, p=0.2)
pmf_1 = stats.binom.pmf(k=1, n=10, p=0.2)
round(pmf_0 + pmf_1, 3)
```

```
0.376
```


3-16 (実装) 二項分布のパーセント点

$n=10, p=0.2$の二項分布のパーセント点を求めます。stats.binom.ppf関数を使います。ppfはPercent Point Functionの略です。

```
# 成功確率p=0.2、ベルヌーイ試行の回数n=10
print('10%点：', stats.binom.ppf(q=0.1, n=10, p=0.2))
print('20%点：', stats.binom.ppf(q=0.2, n=10, p=0.2))
print('50%点：', stats.binom.ppf(q=0.5, n=10, p=0.2))
print('80%点：', stats.binom.ppf(q=0.8, n=10, p=0.2))
print('95%点：', stats.binom.ppf(q=0.95, n=10, p=0.2))
```



```
10%点： 0.0
20%点： 1.0
50%点： 2.0
80%点： 3.0
95%点： 4.0
```

全体の95%ほどが、当たり枚数4枚以下で占められていることがわかります。当たり枚数が5枚を超えることは極めてまれであるようです。

3-17 (実装) 二項分布の上側確率

確率変数Xを対象として、$P(X \leq x)$を下側確率と呼びます。その逆に$P(X > x)$を**上側確率**と呼ぶことにします。

上側確率は累積分布関数$F(x)$を使って$1-F(x)$と求めることができます。ここでは$X \sim \mathrm{Bin}(X|10,0.2)$である$X$において$P(X > 4)$を求めます。

```
round(1 - stats.binom.cdf(k=4, n=10, p=0.2), 3)
```

```
0.033
```

stats.binom.sf関数を使うこともできます。こちらを使ってもほとんど結果は変わりませんが、計算精度が良くなることがあるようです。なおsfはSurvival Functionの略です。

```
round(stats.binom.sf(k=4, n=10, p=0.2), 3)
```

```
0.033
```

第4部

第4章 正規分布

本章では、頻繁に利用される確率分布の1つである正規分布について解説します。正規分布の概要を説明したあと、誤差が累積した結果として正規分布が登場する様子を、シミュレーションを用いて直観的に解説します。最後に正規分布の特徴を整理します。

4-1 実装 分析の準備

第4章

必要なライブラリの読み込みなどを行います。

```
# 数値計算に使うライブラリ
import numpy as np
import pandas as pd
from scipy import stats

# グラフを描画するライブラリ
from matplotlib import pyplot as plt
import seaborn as sns
sns.set()

# グラフの日本語表記
from matplotlib import rcParams
rcParams['font.family'] = 'sans-serif'
rcParams['font.sans-serif'] = 'Meiryo'
```

4-2 用語 正規分布

正規分布の基本事項を整理します。

2-A◆正規分布の概要

正規分布は、連続型の確率分布の1つです。**ガウス分布**とも呼ばれます(ガウスは人名です)。なお「正規」という言葉は、「一般的」くらいの意味合いです。正しい確率分布だというわけではありません。

正規分布は、後述する中心極限定理が理由で、頻繁に登場します。例えば人間の身長や魚の体長、テストの点数のばらつきなどは、正規分布に従うことがしばしばあります。

なお、期待値が0で、分散が1である正規分布を特別に**標準正規分布**と呼びます。

正規分布には以下の特徴があります。

1. 確率変数は$-\infty$から∞の実数値をとる
2. 平均値付近の確率密度が大きい(平均値の近くにデータが集まりやすい)
3. 平均値から離れるほど、確率密度が小さくなる
4. 確率密度の大きさは、平均値を中心として左右対称

2-B◆正規分布の確率密度関数

平均値(期待値)μで分散σ^2の正規分布の確率密度関数を示します。

$$\mathcal{N}(X \mid \mu, \sigma^2) = \frac{1}{\sqrt{2\pi\sigma^2}} e^{\left\{-\frac{(x-\mu)^2}{2\sigma^2}\right\}} \tag{4-56}$$

正規分布は2つのパラメータμ, σ^2で形状が変化します。パラメータμは確率分布の平均値(期待値)と、パラメータσ^2は分散と一致します。なお$\mathcal{N}(x \mid \mu, \sigma^2)$は、確率変数$X$を省略して$\mathcal{N}(\mu, \sigma^2)$と表記することもあります。

少し複雑な数式ですが、計算はPythonが行うので心配なさらないでください。数行のコードでこれを計算できます。

4-3 (実装) 正規分布の確率密度関数

Pythonで正規分布の確率密度関数を実装します。

3-A◆正規分布の確率密度関数

平均4で標準偏差1(分散も1)である正規分布において、確率変数が3であるときの確率密度を計算します。stats.norm.pdf関数を使います。pdfはProbability Density Functionの略です。locで平均値を、scaleで標準偏差を指定します。

```
round(stats.norm.pdf(loc=4, scale=1, x=3), 3)
```

```
0.242
```

3-B◆インスタンスを生成してから実行する

以下のように「平均4で標準偏差1の正規分布」のインスタンスを生成してから各種の計算を行うこともできます。

```
norm_dist = stats.norm(loc=4, scale=1)
round(norm_dist.pdf(x = 3), 3)
```

```
0.242
```

3-C◆正規分布の確率密度のグラフ

確率変数を0から8まで変化させたときの確率密度の変化を、折れ線グラフで確認します。まずは平均4分散1の正規分布の確率密度を計算してデータフレームにまとめます。

```
# 確率変数
x = np.arange(start=0, stop=8, step=0.1)
# 確率密度
density = stats.norm.pdf(x=x, loc=4, scale=1)

# データフレームにまとめる
density_df = pd.DataFrame({
    'x': x,
    'density': density
})

print(density_df.head(3))
```

```
     x   density
0  0.0  0.000134
1  0.1  0.000199
2  0.2  0.000292
```

折れ線グラフを描画します。このグラフの形をガウス曲線、あるいは釣り鐘型やベル型と呼びます（**図4-4-1**）。

```
sns.lineplot(x=x, y=density,
             data=density_df, color='black')
```

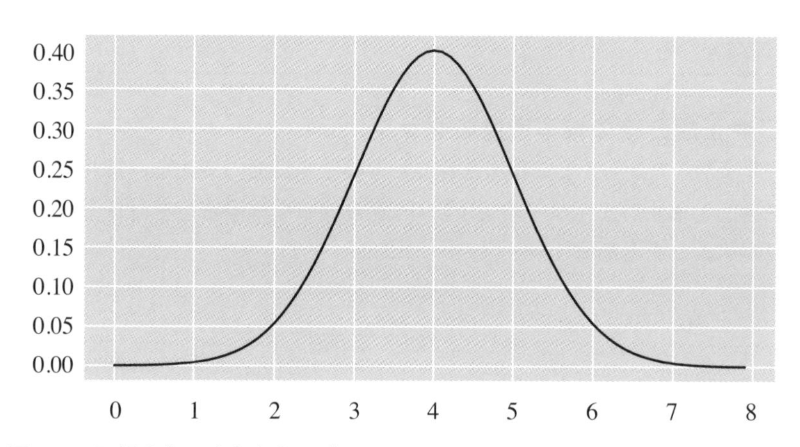

図 4-4-1 正規分布の確率密度のグラフ

3-D◆さまざまな正規分布

正規分布は2つのパラメータ、すなわち平均値μと分散σ^2を変えることで形状が変化します。参考までに、いくつかのパラメータで正規分布の確率密度のグラフを確認します。

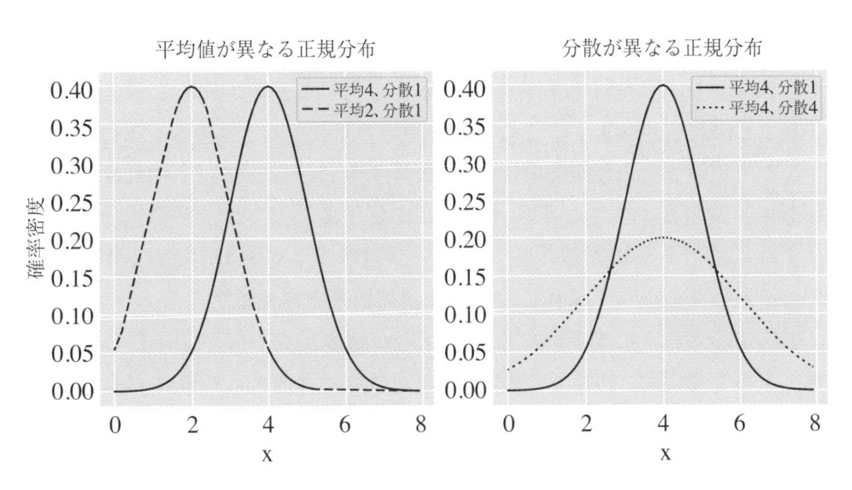

図 4-4-2 さまざまな正規分布

図4-4-2では、平均値と分散を各々変更した3種類の正規分布の確率密度を描いています。左側の実線と破線のグラフは、ともに分散は1ですが、平均値が4と2で異なっています。平均値が異なると、確率密度は横にスライドします。

右側の実線と点線のグラフは、ともに平均が4ですが、分散が1と4で異なっています。分散が異なると、確率密度の山が最も高くなる位置は変化しませんが、山の高さと裾の広さが変化します。分散が小さいなら、山は高く裾が狭いです。すなわち分散が小さいなら、平均値に近い値が出る確率が高く、平均値から離れた値が出る確率が小さくなります。分散が大きいとその逆です。

4-4 正規分布の成り立ち

正規分布を導入する際にしばしば例として挙げられるのが測定誤差です。例えば室温が一定の部屋で、金属の球の直径を計測しているとしましょう。金属の球の大きさは変化しないと仮定します。けれども、球の直径を計測するのは少し大変ですね。定規の目盛りを当てる角度で微妙に測定値がずれることが想定されます。このような測定のずれを**測定誤差**などと呼びます。

ここで想定される測定誤差は、上振れすることもあれば下振れすることもあり、誤差の大きさを平均すると0になります。なお、平均値そのものがずれる誤差を**系統誤差**と呼びます。今回は、平均値が0であるが、ランダムに上振れしたり下振れしたりする**偶然誤差**を考えます。

平均すると0になるような小さな誤差が積み重なって、確率的に結果が変化すると想定します。このように想定されるとき、この結果はしばしば正規分布に従うとみなせます。

4-5 実装 誤差の累積シミュレーション

平均すると0になる小さな誤差が累積することで結果が変化する様子をシミュレーションで確認します。

5-A◆誤差の累積シミュレーションの考え方

仮に正しい値が4であるとしましょう。この「4」という数値に、小さな誤差をランダムに1万個加えます。誤差としては-0.01と0.01が2分の1ずつの確率で選ばれるとします。-0.01が多く加わると4よりも小さな結果になるし、0.01が多く加わると4を超える結果になります。また、-0.01と0.01が5000回ずつ加わったならば、ちょうど4という結果が出てきます。

シミュレーションのための準備をします。ノイズが加算される回数と、誤差がなかった場合の中心位置、そして小さな誤差を用意します。

```
# ノイズが加算される回数
n_noise = 10000
# 中心位置
location = 4
# 小さな誤差
noise = np.array([-0.01, 0.01])
```


ここでlocationに対してnoiseからランダムにn_noise個を選んで加えます。今回は偶然3.52という結果になりました。

```
np.random.seed(5)
location + np.sum(np.random.choice(noise, size = n_noise,
                                   replace = True))
```

```
3.52
```

確率的なシミュレーションですので、実行するたびに結果は変わります。2回目を実行すると、結果はさらに4から離れて2.62となりました。


```
location + np.sum(np.random.choice(noise, size = n_noise,
                                   replace = True))
```

```
2.62
```

5-B◆シミュレーションを5万回繰り返す

上記のシミュレーションを5万回繰り返し実行します。結果はobservation_resultというアレイに格納します。\は改行のマークです。お使いのパソコンの設定によっては、改行のマークが「¥」に見えることがあります。

```
# 試行回数
n_trial = 50000
# ノイズの累積として得られた観測値
observation_result = np.zeros(n_trial)

# locationに誤差をn_noise個ランダムに加える試行をn_trial回行う
np.random.seed(1)
for i in range(0, n_trial):
    observation_result[i] = location + \
    np.sum(np.random.choice(noise, size = n_noise,
                            replace = True))
```

5-C◆シミュレーション結果の確認

シミュレーション結果を確認します。得られたシミュレーション結果の平均値と分散を計算します。

```
x_bar = np.mean(observation_result)
u2 = np.var(observation_result, ddof=1)
print('平均：', round(x_bar, 1))
print('分散：', round(u2, 1))
```

```
平均： 4.0
分散： 1.0
```

シミュレーション結果のヒストグラムを描きます（図4-4-3）。これは4を中心とした左右対称の釣り鐘型になっています。平均4分散1の正規分布の確率密度関数の折れ線グラフを上書きすると、きれいに一致しているのがわかります。

```
# 誤差の累積シミュレーション結果のヒストグラム
sns.histplot(observation_result, bins=20,
             stat='density', color='gray')

# 平均4、分散1の正規分布の確率密度関数の折れ線グラフ
sns.lineplot(x=x, y=density,
             data=density_df, color='black')
```

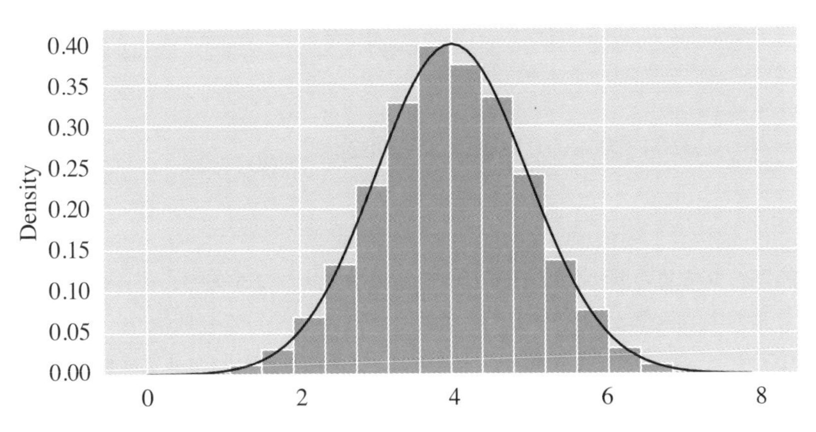

図 4-4-3 誤差の累積シミュレーションの結果

4-6 用語 中心極限定理

誤差の累積シミュレーションのヒストグラムは、正規分布ととてもよく似た形になっています。これを中心極限定理から説明します。

6-A◆中心極限定理

ここでn個の確率変数$X_1, X_2, ..., X_n$を、独立同一分布に従う確率変数の列だとします。元の確率変数が従う確率分布が平均値μと分散σ^2を持つとします。このとき、確率変数の合計値$\sum_{i=1}^{n} X_i$が従う確率分布は、nが大きくなると、正規分布$\mathcal{N}(n\mu, n\sigma^2)$に近づきます。これを**中心極限定理**と呼びます。

6-B◆誤差の累積シミュレーションとの対応

先ほどの誤差の累積シミュレーションでは、独立に取得された誤差を1万個合計しましたので$n=10000$です。また、誤差として-0.01と0.01を2分の1ずつの確率で取得することを考えましたので、期待値と分散は以下のように計算されます。

$$\mu = \frac{-0.01 + 0.01}{2} = 0 \tag{4-57}$$

$$\sigma^2 = \frac{(-0.01-0)^2 + (0.01-0)^2}{2} = \frac{0.0002}{2} = 0.0001 \tag{4-58}$$

誤差の累積値の期待値は$n\mu = 10000 \times 0 = 0$です。ですので、誤差が加わっても元の中心位置からずれることはありません。一方で分散は$n\sigma^2 = 10000 \times 0.0001 = 1$ですので、分散1のばらつきを持つことがわかります。これはシミュレーションの結果と一致します。

6-C◆正規分布の使いどき

誤差として想定した確率変数は、-0.01と0.01を2分の1ずつの確率で取得したものなので、正規分布とは異なります。けれども、この確率変数の合計値をとると、nが大きくなるにつれてそれは正規分布に近づきます。これは、正規分布がさまざまな場面で登場する理由付けの1つとなります。

正規分布は、例えば人間の身長や魚の体長が従う確率分布として利用されます。これは、環境が良かったことや、食べたものの影響など、無数の小さな影響が累積して体長が変化したのだと考えると、妥当な仮定と言えるかもしれません。

一方で、正規分布という確率分布の誤用にも注意が必要です。独立な確率変数の合計とみなせない場合には、正規分布以外の確率分布を用いた方が、データの変動をより良く説明できることがあるはずです。第4部第3章で紹介した二項分布や、第9部で登場するポアソン分布などの利用も検討してください。

6-D◆中心極限定理の注意事項

中心極限定理はnが大きくなると、確率変数の合計値が正規分布に近づくことを主張しています。「合計値が」正規分布に近づくというところには注意してください。

「サンプルサイズを増やすと、どのような標本でも正規分布とみなせる」という誤った解釈が散見されます。この解釈は明らかに間違いです。確率変数の従う分布そのものが正規分布に近づくわけではありません。確率変数の合計値の従う分布が正規分布に近づくのです。ここは間違えないように注意してください。

正規分布は万能の確率分布というわけでは決してありません。正規分布以外の確率分布を対象にする場合は、本書第7部以降で紹介する一般化線形モデルを利用することも検討してください。

4-7 正規分布の特徴

正規分布の便利な特徴をいくつか紹介します。

7-A◆確率変数の変換

$X \sim \mathcal{N}(\mu,\sigma^2)$である確率変数$X$を考えます。$X$を$aX+b$と変換した結果を$X'$とします。このとき$X'$もやはり正規分布となり、$X' \sim \mathcal{N}(a\mu+b,a^2\sigma^2)$となります。

正規分布に従う確率変数に、数値を掛けたり足したりしても、やはり正規分布になるということです。

7-B◆標準正規分布への変換

ここで$X \sim \mathcal{N}(\mu,\sigma^2)$である確率変数$X$を以下のように標準化した確率変数$Z$を考えます。

$$Z = \frac{X-\mu}{\sigma} \tag{4-59}$$

先ほどの変換の公式を利用すると、$Z \sim \mathcal{N}(0,1)$となります。確率変数Xが正規分布に従う場合は、上記の変換によって標準正規分布に従う確率変数を作ることができます。

7-C◆確率変数の和

2つの確率変数X_1,X_2を考えます。$X_1 \sim \mathcal{N}(\mu_1,\sigma_1^2)$であり、$X_2 \sim \mathcal{N}(\mu_2,\sigma_2^2)$とします。このとき、確率変数の和$X_1+X_2$は、$\mathcal{N}(\mu_1+\mu_2,\sigma_1^2+\sigma_2^2)$に従います。

期待値や分散が異なる正規分布に従う確率変数同士を合計しても、結果はやはり正規分布に従います。平均値も分散も、もともとの確率分布の合計になっているので覚えやすいですね。正規分布に従ういろいろな誤差を合計した結果は、やはり正規分布に従うということです。これを正規分布の再生性と呼びます。

4-8 実装 正規分布に従う乱数の生成

以下ではPythonにおける正規分布の取り扱い方法を解説します。

誤差の累積シミュレーションを実行しなくても`stats.norm.rvs`関数を使うことで、正規分布に従う乱数を生成できます。以下では平均4で標準偏差1（分散も1）の正規分布に従う乱数を8個生成しました。

```
np.random.seed(1)
simulated_sample = stats.norm.rvs(
    loc=4, scale=1, size=8)
simulated_sample
```

```
array([5.62434536, 3.38824359, 3.47182825, 2.92703138,
       4.86540763, 1.6984613 , 5.74481176, 3.2387931 ])
```

4-9 実装 正規分布の累積分布関数

正規分布の累積分布関数は`stats.norm.cdf`で得られます。以下では、$\mathcal{N}(4,1)$における$P(X \leq 3)$を計算しました。

```
round(stats.norm.cdf(loc=4, scale=1, x=3), 3)
```

```
0.159
```

なお、正規分布は平均値に対して左右対称であるため、平均値を下回る確率はちょうど0.5となります。

```
round(stats.norm.cdf(loc=4, scale=1, x=4), 3)
```

```
0.5
```


4-10 （実装）正規分布のパーセント点

正規分布のパーセント点はstats.norm.ppf関数で得られます。以下では、$\mathcal{N}(4,1)$おける$P(X \leq x)=0.025$となる点xを計算しました。

```
round(stats.norm.ppf(loc=4, scale=1, q=0.025), 3)
```

```
2.04
```

なお、50%点は期待値と等しくなります。


```
round(stats.norm.ppf(loc=4, scale=1, q=0.5), 3)
```

```
4.0
```

4-11 （実装）正規分布の上側確率

正規分布の上側確率はstats.norm.sf関数で得られます。以下では、$\mathcal{N}(X|4,1)$における$P(X>3)$を計算しました。

```
round(stats.norm.sf(loc=4, scale=1, x=3), 3)
```

```
0.841
```

第 5 部

統計的推定

第1章

統計的推測の考え方

標本から母集団を推測することを**統計的推測**と呼びます。本章では、標本がどのようなプロセスを経て私たちの手元にやってくるのか、そして標本を用いてどのように母集団を推測するのか、その流れを整理します。**確率変数と確率分布という、一見すると抽象的に思える2つの用語の必要性を理解することが大事です。**
まずは母集団からの標本抽出の考え方を整理します。そのあと、確率モデルを利用して、母集団からの標本抽出という作業を抽象化します。最後に、モデルを利用して母集団を推測する方法について解説します。

1-1 用語 サンプリング

母集団から標本を得ることを**サンプリング**または**標本抽出**と呼びます。
湖で釣りをして魚の体長のデータを得る、というのはサンプリングです。
アンケート調査をして、調査結果が得られるのもサンプリングです。
サイコロを投げて、出た目を記録する、というのもサンプリングです。

1-2 用語 単純ランダムサンプリング

母集団の1つ1つの要素が無作為に、言い換えるとすべて等しい確率で選ばれる選び方を**単純ランダムサンプリング**や**無作為抽出**と呼びます。本書では、常に、単純ランダムサンプリングによって標本が得られたと考えます。

単純ランダムサンプリングによって得られた標本は**無作為標本**とも呼びます。

1-3　湖と釣りの例

話を簡単にするため、ある小さな湖で釣りをして、魚の体長を記録した結果を例として説明します。この小さな湖には魚が1種類しかおらず、他の川や湖から魚が入ってくることはありません。魚の釣れやすさに違いはありません。

母集団は「観測される可能性がある、すべての魚の体長」です。

湖の中にいるすべての魚の中から1尾釣って体長を記録することがサンプリングです。ここでは単純ランダムサンプリングによって標本が得られると考えます。すなわち「観測される可能性がある、湖の中にいるすべての魚の体長」が5つならば、それらはすべて5分の1の確率で、標本として抽出される可能性があります。仮に対象となる魚の体長が1万あれば、すべて1万分の1の確率で、標本として抽出される可能性があります。

1-4　標本と確率変数

先ほどの湖で1尾だけ釣るとします。このときの魚の大きさは何cmになるでしょうか。

ここで、湖のことなら何でも知っているすごいハカセが登場します。この人は、湖の中にいるすべての魚の大きさを把握しています。これは母集団が完全に明らかであることを意味しています。

湖の中には、5尾の魚がおり、以下のような体長となっていることがわかったとします（大きさは小数点以下を四捨五入しています）。

2cm：1尾
3cm：1尾
4cm：1尾
5cm：1尾
6cm：1尾

大事なことなので念のため繰り返しますが、湖の中には（ちょっと少ないですが）5尾しか魚がいません。釣りをして1尾捕まえるという行為は、この5尾の中からランダムに1尾を選ぶという行為と同じです。

母集団が完璧にわかっていても、上記の5尾のうち、どれが釣れるかわかりません。

2cmの魚が釣れる確率は20%です。

5cmの魚が釣れる確率もやはり20%です。

釣れる魚の大きさを予測しろと言われたら「2cmになる確率は20%です」などと答えることになります。間違いなく2cmです、といった主張はできません。

上記の体長組成を持った5尾の魚が湖の中を泳いでいることはわかっています。けれども、手に入るデータの値は、確率的に変化します。

20%の確率で2cmの魚が釣れ、20%の確率で3cmの魚が釣れる。このように、確率的に変化する値なので、釣れる魚の大きさは、確率変数とみなされます。標本を確率変数であるとみなすということです。

1-5 標本が得られるプロセスとしての母集団分布

単純ランダムサンプリングによる標本抽出と確率変数の関係を述べます。

5-A◆母集団分布

母集団が従う確率分布を**母集団分布**と呼びます。

湖と釣りの例では、湖ハカセのおかげで母集団は完全に明らかとなっています。母集団のうち20%は体長が2cmの魚で占められ、20%は3cm、

20%は4cm、20%は5cm、20%は6cmの魚で占められています。これが母集団分布です。

5-B◆湖と釣りの例

次の①と②の対応が重要です（大きさは小数点以下を四捨五入しています）。

①以下の母集団から、単純ランダムサンプリングにより標本を1つ得る

2cm：1尾
3cm：1尾
4cm：1尾
5cm：1尾
6cm：1尾

②以下の確率分布に従う確率変数Xを1つ取得して実現値を得る

$P(X=2)=0.2$
$P(X=3)=0.2$
$P(X=4)=0.2$
$P(X=5)=0.2$
$P(X=6)=0.2$

ある母集団からの単純ランダムサンプリングを、母集団分布に従う確率変数を取得することだとみなします。サンプルサイズが2以上である場合、単純ランダムサンプリングによって得られた標本は、母集団分布に従う独立な確率変数列だとみなします。

1-6　母集団からの標本抽出の言い換え

A：湖で釣りをして、3cmの魚が釣れた。

この状況を、統計学の用語を用いて言い換えます。なお、すべての魚は、どれも等しい確率で釣られると仮定します。

まずは母集団と標本の関係を学びました。湖の中にいて、観測される可能性があるすべての魚の体長を母集団とします。釣られた魚の体長が標本です。また、母集団の1つ1つの要素がすべて等しい確率で選ばれる選び方を単純ランダムサンプリングと呼びます。これらの用語を使うと、以下のように言い換えられます。

B：母集団からの単純ランダムサンプリングによって標本を得る。その結果は3cmだった

次は、標本を確率変数だとみなすことを学びました。よって、Bは以下のように言い換えられます。

C：母集団分布に従う確率変数として標本を得る。その結果、3cmという実現値が得られた

3cmという実現値が得られても、もう一度釣りをして標本を取得したら、2cmや5cmなど異なる実現値が得られるかもしれません。これが標本を確率変数とみなすということです。「母集団から単純ランダムサンプリングによって標本を得る」という行為を「母集団分布に従う独立な確率変数列を得る」行為だとみなすという点は、必ず理解してください。これが統計的推測の根幹となる考え方です。

1-7 モデルの利用

ここからは、標本が得られるプロセスを、**モデル**という観点から見直します。1-6節までとほぼ同じ内容を、言い方を変えてもう一度解説します。

第1部第3章でも紹介しましたが、モデルとは模型という意味です。現実世界の模型を作り、標本が得られるプロセスを、より単純で扱いやすい形式にします。

統計学においてモデルとは「観測したデータを生み出す確率的な過程を簡潔に記述したもの」と定義されます（Upton and Cook, 2010）。

1-8 用語 壺のモデル

モデルとしてしばしば利用されるのが**壺のモデル**です。壺のモデルでは、壺から球を取り出すという行為で、さまざまな現象を表現します。例えば、5尾の魚しかいない湖の釣りの例は、5つの球が入った壺からランダムに1つを取り出すという壺のモデルで表現できます。

湖の中で泳いでいる魚と、壺の中に入っている球は、まったくの別物です。片方は生物ですが、もう片方は人工物ですね。けれども、標本が得られるプロセスの模型としては十分です。

1-9 標本が得られるプロセスの抽象化としてのモデル

ある母集団からの単純ランダムサンプリングは、母集団分布に従う独立な確率変数列を取得することと同じ意味を持つ。これは、以下のような例を見ると、その効力がよくわかります。

①以下の母集団から、単純ランダムサンプリングにより標本を1つ得る。

2cm：1尾
3cm：1尾
4cm：1尾
5cm：1尾
6cm：1尾

②{2, 3, 4, 5, 6} という数字が書かれた球が入った壺から、ランダムに球を1つ取り出す。

さらに壺のモデルは、以下のような確率分布として表現できます。

③以下の確率分布に従う確率変数Xを1つ取得して実現値を得る

$P(X=2)=0.2$
$P(X=3)=0.2$

$P(X=4)=0.2$
$P(X=5)=0.2$
$P(X=6)=0.2$

上記③の確率分布は1-5節と同じものです。魚の体長を計測する試行を対象としても、壺から球を取り出す試行を対象としても、同じ確率分布で表現できます。このように標本を得るプロセスを抽象化・単純化したものをモデルと呼びます。今回の事例では、「湖から釣りによって標本を得るというプロセス」も「壺のモデルを想定して、数字が書かれた球を取り出すというプロセス」も、ともに上記③の確率分布でモデル化しました。

これが統計学特有の抽象化です。母集団の中に何が入っているのか（魚を釣ったのか、壺から球を取り出したのか）は無視して、母集団の確率分布に注目するのです。

なお、壺のモデルは直観的に理解しやすいのが利点ですが、連続型の確率変数を対象にする場合などはやや使いにくいです。これからは壺のモデルを省略して、最初から③のように確率分布を用いたモデルを使います。

先ほどの事例では、確率変数と確率の対応の一覧を用意することで確率分布を表現しました。しかし、第4部第2章で紹介したように、確率質量関数や確率密度関数を利用して確率分布を表現することも頻繁に行われます。後ほど事例を挙げて解説します。

1-10 母集団分布と母集団の相対度数分布

ここからは、母集団分布を推測する方法の検討に移ります。まずは素朴なやり方で、母集団分布を求めます。すなわち母集団の中身を全部数え上げて、相対度数分布を求めます。

湖の魚の体長の例をもう一度使います。湖ハカセのおかげで、母集団は完全にわかっているのでしたね。湖の中には、5尾の魚がおり、以下のような体長となっています。これが度数分布です。

2cm：1尾
3cm：1尾
4cm：1尾
5cm：1尾
6cm：1尾

相対度数分布は以下のようになります。

2cm：0.2
3cm：0.2
4cm：0.2
5cm：0.2
6cm：0.2

母集団の相対度数分布は厳密にわかっています。これを母集団分布とみなすことを考えます。ここからランダムに1つ標本を抽出すると、母集団分布に従って標本が得られることになりますね。しかし、母集団の中身が完全にわかっていないと、このやり方は使えません。

次の節からはいよいよ「一部の標本から母集団分布を推定する」という作業へと移っていきます。

1-11　もう少し現実的な、湖と釣りの例

母集団が完全にわかっていれば、母集団分布もわかります。次は、母集団が完全にはわかってない状態で、母集団分布を求めるという問題に取り組みます。

湖と釣りの例を、もう少し現実的な話にしましょう。まず、湖ハカセはいません。「母集団が完全に明らか」という状況ではなくなりました。

また、湖の中には無数の魚がいます。種類は1種類だけですが、数が多いので、たくさんいる魚の体長を「すべて計測する」ということはできま

せん。無限の大きさを持つ母集団を**無限母集団**と呼びます。魚の数は無限とは言えませんが、サンプルサイズと比べるととても大きいです。統計学ではしばしば無限母集団だと想定して分析を行います。本書でも無限母集団を想定して分析を進めます。

なお、母集団が小さいなら、全数調査ができることもあります。例えば社員数が20人の会社で従業員満足度のアンケート調査をする場合、社員全員にアンケートをとれば良いので、統計的推測は不要です。

今回は母集団が大きいと想定して、無限母集団だと考えます。釣りをして標本を得ました。今回は10尾釣りました。

釣れた魚の体長は以下の通りでした(小数点以下を四捨五入)。

{2, 3, 3, 4, 4, 4, 4, 5, 5, 6}

上記の例で、母集団を推定する流れを見ていきます。

1-12 仮定を置くということ

統計学では「仮定を置く」ことで計算を簡単にします。

例えば、休日の予定を考えているとしましょう。これだけだと、ハイキングに行くのか買い物に行くのか選択肢が多すぎて選ぶのが難しいです。

このとき「休日は雨である」という仮定を置けば、ハイキングに行くことはやめにしようと決められます。屋根のある場所に行くと方向性が定まるので、候補を絞り込むことができます。

統計学でも、母集団分布に仮定を置きます。

具体的には計算によって簡単に確率が計算できる、よく知られた分布を選ぶことが多いです。もちろん計算が簡単というだけでなく、実際のデータと対応していることが大切です。

1-13 母集団分布に正規分布を仮定する

魚の体長のような連続型の確率変数を対象とする場合、「計算が簡単で、データとよく対応する」確率分布として、しばしば正規分布が使われます。

ここで、母集団分布として正規分布を仮定してみます。あくまでも仮定の話ですが、この仮定を置くことで、母集団分布に関する推測が飛躍的に容易になります。

母集団分布に正規分布を仮定することで、母集団分布に関する統計的推測の手続きはどのように変わるのでしょうか。

1-14 用語 確率分布のパラメータ（母数）

ここからの議論のために、いくつか用語を導入します。

確率分布の形状を特徴づける定数を、**確率分布のパラメータ**や**母数**と呼びます。多くの教科書では母数という用語が使われますが、母数を分母の数と勘違いする人が多いため、本書では確率分布のパラメータという呼び方を中心に使います。

二項分布の確率質量関数$\mathrm{Bin}(X|n, p)$は、試行回数nと成功確率pによって、確率分布の形状が変化します。そのため二項分布のパラメータはnとpです。

正規分布の確率密度関数$\mathcal{N}(X|\mu, \sigma^2)$は、平均$\mu$と分散$\sigma^2$によって、確率分布の形状が変化します。そのため正規分布のパラメータはμとσ^2です。

1-15 用語 パラメトリックなモデル・ノンパラメトリックなモデル

できる限り現象を単純化し、少ない数のパラメータだけを使うモデルを**パラメトリックなモデル**と呼びます。一方で「少ない数のパラメータだけを使う」という方針をとらないモデルを**ノンパラメトリックなモデル**と呼びます。

確率質量関数と確率密度関数を区別せずに、一般的に$f(x|\theta)$と表記することにします。θが確率分布のパラメータです。一般的なパラメトリックモデルは、$f(x|\theta)$という数式で表現できます。

母集団分布に正規分布を仮定してモデル化を行う今回の事例は、典型的

なパラメトリックモデルです。モデル$f(x|\theta)$には$\mathcal{N}(X|\mu, \sigma^2)$が対応します。

1-16 用語 統計的推定

標本としてn個の確率変数$X_1, X_2, ..., X_n$が得られたとします。標本$X_1, X_2, ..., X_n$を用いて、母集団分布を特徴づけるパラメータθを言い当てる試みを**統計的推定**、あるいは**推定**と呼びます。

1-17 母集団分布に正規分布を仮定した場合の手続き

用語の説明が続きましたが、ここで湖の中の魚の体長の母集団分布を推測するという問題に戻ります。

ここで、湖の中の魚の体長の母集団分布として正規分布を仮定します。このとき、正規分布のパラメータであるμとσ^2が明らかになれば、母集団分布が明らかになります。

正規分布を仮定したあとは、正規分布のパラメータであるμとσ^2、すなわち「母集団における平均値」と「母集団における分散」の2つを推定することが中心的な話題となります。

例えば釣りをして{2, 3, 3, 4, 4, 4, 4, 5, 5, 6}という標本が得られたとしましょう。この標本から正規分布のパラメータであるμとσ^2を推定するという作業に取り組みます。

1-18 まとめ：統計的推測の考え方

データを分析したいだけなのに、なぜ確率変数や確率分布、正規分布といった用語が登場するのか、その理由がわかれば、理解度が大きく増すと思います。統計的推測に関する議論を整理します。

1　統計的推測

　1.1　標本（一部）から母集団（全体）を推測する

2　標本が得られるプロセスと母集団分布の関係
　2.1　母集団から単純ランダムサンプリングによって標本が得られたと考える
　2.2　標本を、母集団分布に従う独立な確率変数だとみなす
　　2.2.1　母集団が5尾の魚の体長なら、標本は「5尾の魚からランダムに1尾選ばれた結果」となる
　　2.2.2　どの魚が選ばれるかは確率的に決まる
3　パラメトリックなモデルの利用
　3.1　母集団分布は、母集団の相対度数分布として得られる
　　3.1.1　しかし、このやり方は、全数調査ができないと使えない
　3.2　母集団分布の形を（決め打ちで）仮定することが多い
　　3.2.1　正規分布がしばしば利用される
　3.3　確率分布は、確率質量関数や確率密度関数で表現することが多い
　　3.3.1　パラメトリックなモデルは、確率分布を特徴づける少ない数のパラメータで構成される
　　3.3.2　正規分布を仮定したモデル化は、典型的なパラメトリックモデルである
　　　3.3.2.1　正規分布の確率密度関数におけるμとσ^2がパラメータに当たる
4　パラメータの推定
　4.1　標本から母集団を特徴づけるパラメータを言い当てる試みを統計的推定と呼ぶ
　　4.1.1　次章から統計的推定の理論を学び、母集団分布のパラメータについて議論できるようになろう

1-19　次章からの解説の流れ

母集団分布のパラメータであるμとσ^2を推定する方法論の解説が、次章からのメインテーマです。

第5部第2章では、本章の復習として、母集団からの標本抽出をPythonによるシミュレーションを通して再確認します。

第5部第3章からは、母集団分布として正規分布を仮定したうえで、パラメータμとσ^2の推定を試みます。パラメータを1点の値として推定する方法と、誤差があることを認めて、幅を持たせたうえでパラメータを推定する方法を解説します。

1-20 仮定を置くということの是非

母集団分布として正規分布を仮定することは、多くの統計学の入門書で行われていることです。しかし、これはあくまでも仮定です。この仮定の是非について注意してしすぎることはありません。

いわゆる統計学の入門書では、2つの強い仮定の下で分析が行われることが多いです。1つ目が母集団分布に正規分布を仮定することであり、2つ目は標本が独立で同一な確率分布に従っていると仮定することです。

本書は統計学の入門書でありつつも、なるべく読者の方に役立つ情報を提供するよう心がけています。第6部までは正規分布を仮定した分析を中心に行いますが、第7部以降では、母集団分布に正規分布以外の確率分布を用いたモデル化の技法として一般化線形モデルを導入します。一般化線形モデルを理解することで、分析できるデータの対象が飛躍的に増えます。ぜひ本書を最後まで読み進め、正規分布という仮定を取り払った分析の手続きについても学んでください。

本書では、標本が互いに独立であるという仮定を取り払った分析手法は紹介しません。これは時系列分析など高度な技術が要求されます。ただし、第7部以降ではモデルの残差診断を通して、これらの仮定を満たしていると言えるかどうかを評価する手続きを解説します。

第2章 母集団からの標本抽出シミュレーション

本章では、母集団が完全にわかっていることを前提とした「母集団からの標本抽出」のシミュレーションを行います。データがどのようなプロセスで得られるのか、Pythonを用いてどのようにシミュレートするのか、第5部第1章の内容を復習しながら解説します。

2-1 実装 分析の準備

必要なライブラリの読み込みなどを行います。

```
# 数値計算に使うライブラリ
import numpy as np
import pandas as pd
from scipy import stats

# グラフを描画するライブラリ
from matplotlib import pyplot as plt
import seaborn as sns
sns.set()

# グラフの日本語表記
from matplotlib import rcParams
rcParams['font.family'] = 'sans-serif'
rcParams['font.sans-serif'] = 'Meiryo'
```

2-2 データが得られるプロセス

データは確率変数として扱います。例えば湖の中に5尾の魚しかいなかったとします。母集団は5尾の魚の体長です。ここから釣りをして、ランダムに魚を1尾選んで体長を計測し、標本とします。

湖の中に以下の体長を持つ魚がいたとしましょう(小数点以下を四捨五入)。
{2, 3, 4, 5, 6}
釣りをして「たまたま」体長が4cmの魚が釣れたとします。これはあくまでも「たまたま」4cmの魚が実現値として得られただけであって、2cmの魚が釣れるかもしれないし、6cmの魚が釣れる可能性もあります。

実際に湖で釣りをしたならば、実現値は1つしか手に入りません。しかし、これをPythonでシミュレートすると、何度も何度もまったく同じ条件でサンプリングを行うことができるため、さまざまな実現値を実際に目で見て確認できます。

2-3 実装 5尾の魚しかいない湖からの標本抽出

5尾しか魚がいない湖を対象とし、母集団を用意します。魚の体長組成データをnumpyのアレイを用いて作成します。

```
fish_5 = np.array([2,3,4,5,6])
fish_5
```

```
array([2, 3, 4, 5, 6])
```

この5尾の中からランダムに3つを抽出します。replace=Falseは復元抽出をしないという指定です。現実世界での標本調査では復元抽出をしないことが多いので、このように設定しました。

```
# 乱数の種
np.random.seed(1)
# 標本抽出
sample_1 = np.random.choice(fish_5, size=3,
                             replace=False)
sample_1
```

```
array([4, 3, 6])
```

得られた標本から平均値を計算します。これが標本平均です。

```
round(np.mean(sample_1), 3)
```

```
4.333
```


2-4 (実装) もっとたくさんの魚がいる湖からの標本抽出

先ほどは5尾しか魚がいない湖を対象としていましたが、今度はもっと多くの魚がいる湖を対象とします。「5-2-1-fish_length_100000.csv」というファイルのデータを使います。架空の魚の体長組成データです。

本来は、湖の中のすべての魚の体長がわかっているとは考えられません。けれども、統計的推測のイメージをつかんでいただくために、あえて「母集団が完全に明らか」であるという想定で進めます。

4-A◆データの読み込み

もともと1列しかないデータなので、pandasデータフレームとして扱う意味が薄いです。明示的に列を指定してシリーズ形式として読み込んでおきました。

```
# データ読み込み
fish_100000 = pd.read_csv(
    '5-2-1-fish_length_100000.csv')['length']
# 先頭行の取得
fish_100000.head(3)
```

```
0    5.297442
1    3.505566
2    3.572546
Name: length, dtype: float64
```

湖の中の魚の数は100000尾です。

```
len(fish_100000)
```

```
100000
```

4-B◆標本抽出

たくさんいる魚から標本を抽出する場合も、やり方は同じです。今回は多めに500尾サンプリングします。

```
# 乱数の種
np.random.seed(2)
# 標本抽出
sample_2 = np.random.choice(fish_100000, size=500,
                            replace=False)
```

標本平均を計算します。

```
round(np.mean(sample_2), 3)
```

```
3.962
```

標本のヒストグラムを描きます（図5-2-1）。

```
sns.histplot(sample_2, color='gray', bins=10)
```

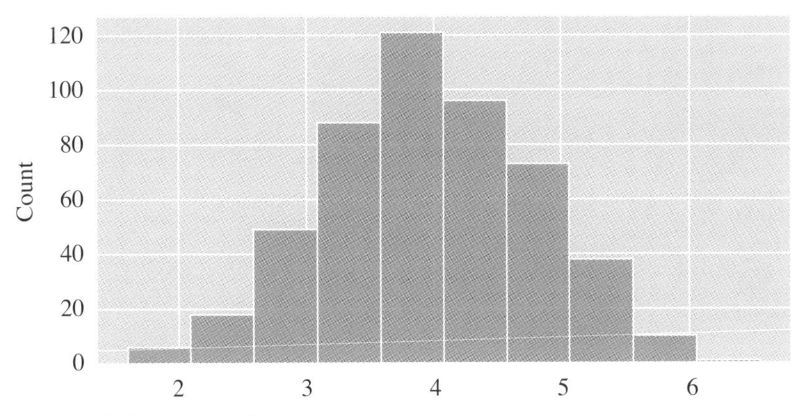

図 5-2-1 標本のヒストグラム

標本のヒストグラムを見ると、左右対称の釣り鐘型になっているように見えます。標本は母集団からの単純ランダムサンプリングによって得られたものです。そのため、母集団分布についてもやはり左右対称の釣り鐘型になっているのではないかと推測できます。

2-5 (実装) 母集団分布の可視化

ここからは標本ではなく母集団を対象にします。母集団の中身を確認します。まずは母集団の平均値と分散、標準偏差を求めます。

```
print('平均    :', round(np.mean(fish_100000), 3))
print('分散    :', round(np.var(fish_100000, ddof=0), 3))
print('標準偏差:', round(np.std(fish_100000, ddof=0), 3))
```

```
平均    : 4.0
分散    : 0.64
標準偏差: 0.8
```

母集団のヒストグラムを描きます（図5-2-2）。

```
sns.histplot(fish_100000, color='gray')
```

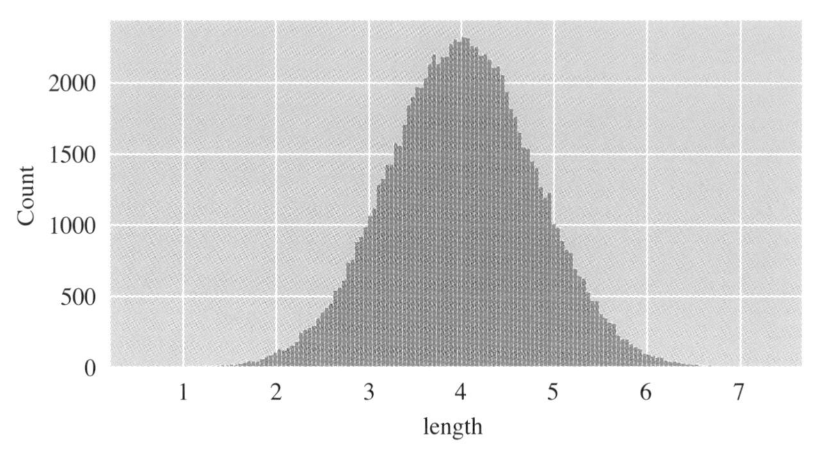

図 5-2-2 母集団を全数調査した結果のヒストグラム

母集団のヒストグラムは、体長の平均値（4cm）を中心として、左右対称になっています。これは標本から推測できた通りですね。

ここで、少し想像力を働かせます。すなわち、母集団分布は「平均$\mu=4$、分散$\sigma^2=0.64$の正規分布」として表現できるのではないかと考えるのです。

本来は、よほど条件が良くない限り「母集団が完全に明らか」というシチュエーションにはならないことに注意してください。母集団がわからないから、統計学の知識を使って推測する必要があります。

母集団分布が正規分布であるという仮定が満たされているならば、統計的推測がとても簡単になるのが重要なポイントです。

2-6 実装 母集団分布と正規分布の確率密度関数の比較

母集団分布と、「平均4、分散0.64の正規分布」の確率密度を比較します。そのために「平均4、分散0.64の正規分布」の確率密度を、0から8の範囲で計算してデータフレームにまとめます。第4部第4章で解説した通り、正規分布の確率密度は`stats.norm.pdf`関数を使って計算できます。

```
# 確率変数
x = np.arange(start=0, stop=8.1, step=0.1)
# 確率密度
density = stats.norm.pdf(x=x, loc=4, scale=0.8)

# データフレームにまとめる
density_df = pd.DataFrame({
    'x': x,
    'density': density
})

# 先頭行の取得
print(density_df.head(3))
```

```
     x   density
0  0.0  0.000002
1  0.1  0.000003
2  0.2  0.000006
```


正規分布の確率密度と、母集団の相対度数分布のグラフを重ねます（**図5-2-3**）。

```
# 母集団分布のヒストグラム
sns.histplot(fish_100000,
             stat='density', color='gray')
# 折れ線グラフ（正規分布の確率密度関数）
sns.lineplot(x=x, y=density,
             data=density_df, color='black', linewidth=2.0)
```

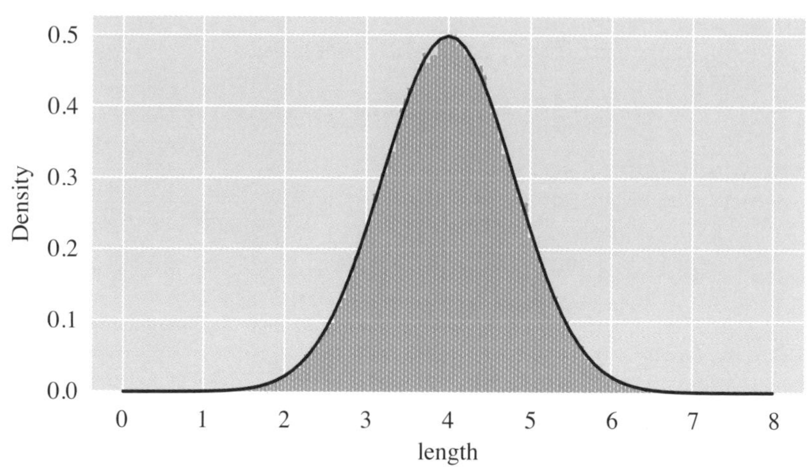

図 5-2-3 母集団のヒストグラムと正規分布の確率密度を重ねる

`sns.histplot`関数の引数に`stat='density'`と指定することで、ヒストグラムの面積が確率を表すようになります。`sns.lineplot`において`linewidth`で線の太さを指定しました。

正規分布の確率密度と、母集団のヒストグラムがきれいに対応していることがわかります。母集団分布は「平均4、分散0.64の正規分布」とみなしても支障がなさそうです。

2-7 実装 データが得られるプロセスの抽象化

母集団分布を「平均4、分散0.64の正規分布」とみなせるなら、母集団からの単純ランダムサンプリングは、「平均4、分散0.64の正規分布」に従う独立な確率変数を生成することだとみなせます。

今までは、母集団のすべてが含まれた`fish_100000`から`np.random.choice`関数を使って標本を抽出していました。

これからは、こういったものを使わず、最初から正規分布に従う独立な確率変数を生成する関数を使います。これが`stats.norm.rvs`関数です。`stats.norm.rvs`関数には、平均`loc`、標準偏差`scale`、取得するサンプルサイズ`size`の3つを指定します。確率変数をここでは10個生成しました。

```
# 乱数の種
np.random.seed(1)
# 正規分布に従う乱数の生成
sampling_norm = stats.norm.rvs(loc=4, scale=0.8, size=10)
sampling_norm
```

```
array([5.29947629, 3.51059487, 3.5774626 , 3.1416251 ,
       4.6923261 , 2.15876904, 5.39584941, 3.39103448,
       4.25523128, 3.8005037 ])
```

標本平均を求めることも簡単にできます。

```
round(np.mean(sampling_norm), 3)
```

```
3.922
```

これから先は、stats.norm.rvs関数を使って正規分布に従う独立な確率変数を生成するシミュレーションをしばしば行います。これが「母集団からの標本抽出シミュレーション」になっていることを理解してください。

母集団fish_100000は、「体長が4cm前後となる魚の数が多い」という特徴がヒストグラムからわかりました。ここから単純ランダムサンプリングを行って標本を得ると、やはり4cm前後の標本が得られやすいはずです。これを「4cm前後になる確率密度が高い、正規分布という確率分布」を使って表そうという方針です。

2-8 議論の補足

先ほどの議論には2つの飛躍があります。

1つは「母集団のヒストグラム」と「正規分布の確率密度」が等しいとみなしている点です。ヒストグラムは階級ごとに度数を図示しているので、当然ギザギザな形状になっています。一方の正規分布の確率密度は滑らかに変化します。そのため、厳密には正規分布の確率密度とヒストグラムは「完全に一致」しているわけではありません。

「母集団分布に正規分布を仮定する」というのは「母集団が無限母集団であって、級数を無限に増やして無限に細かいヒストグラムを描くと、正規分布の確率密度関数と一致する」と考えていることだと言えます。

ここで出てくるもう1つの問題が、`fish_100000`での議論が、高々10万尾の魚を対象としていることです。10万尾という数は決して少なくはありませんが、無限ではありません。`stats.norm.rvs`関数を使った乱数生成シミュレーションでは、無限母集団からの単純ランダムサンプリングを想定しています。

次の章からシミュレーションにより標本の特徴を明らかにしていきますが、これは無限母集団で成立する議論です。母集団が有限であった場合には、厳密には**有限母集団修正**を行う必要があります。

ただし、標本と比較して母集団の方が明らかに大きい場合は、この修正を行う必要性は大きくありません。10万尾の魚がいる湖からの10尾の標本抽出の例では、有限母集団修正をする意味はほとんどないと言えるでしょう。本書では、母集団は十分に大きいものと想定します。

2-9 母集団分布を正規分布とみなしても良いのか

母集団分布が正規分布であることが仮定できれば、標本抽出シミュレーションがとても簡単になります。標本抽出シミュレーションを通して、標本の持つ特徴を調べることもできます（次章から実際に行います）。素晴らしいことです。

ここで当然出てくる問題は「母集団分布を正規分布だとみなしても良いのか」ということです。

これに対する回答は「おそらく厳密には正規分布と異なるだろうが、正規分布とみなして計算を行うことが多い」というものになります。

体長データはマイナスをとることがあり得ません。しかし、正規分布は理論上マイナスをとることができます。今回は、体長がマイナスになる理論上の確率が無視できるくらい低いため、正規分布を用いても問題がないだろうと考えています。

また、データの対数をとることで正規分布に近づけたり、一般化線形モデルのように正規分布以外の母集団分布を想定した計算手法を使ったりすることもあります。とは言え、母集団分布には何らかの分布を決め打ちで仮定していることは覚えておく必要があります。

母集団のヒストグラムを描くことは普通できませんが（母集団はわかっていないことが普通）、標本のヒストグラムを描くなどして、想定している確率分布と大きなずれがないかどうかを確認することもあります。

なお、第5部の第3章と第4章では、母集団分布が正規分布以外の確率分布であっても成り立つ結果を中心に解説します。ただし、第5部の第5章と第6章、そして第6部では、母集団分布が正規分布に従うと仮定した議論が中心となります。

第3章 母平均の推定

サンプリングは、普通は1度きりしかできません。しかし、シミュレーションを用いることで、サンプリングを何度も何度も繰り返すことができます。本章では、シミュレーションを通して標本平均の特徴を調べます。そのうえで、母集団の平均値の推定という問題に取り組みます。

3-1 実装 分析の準備

必要なライブラリの読み込みなどを行います。

```
# 数値計算に使うライブラリ
import numpy as np
import pandas as pd
from scipy import stats

# グラフを描画するライブラリ
from matplotlib import pyplot as plt
import seaborn as sns
sns.set()

# グラフの日本語表記
from matplotlib import rcParams
rcParams['font.family'] = 'sans-serif'
rcParams['font.sans-serif'] = 'Meiryo'
```

3-2　用語　母平均・母分散・母標準偏差

母集団の平均値を**母平均**と呼びます。一方、標本の平均値は標本平均と呼びます。標本平均が母平均と等しいという保証はありません。

同様に母集団の分散を**母分散**と、母集団の標準偏差を**母標準偏差**と呼び、標本から計算された分散や標準偏差と区別します。

3-3　用語　推定量・推定値

推定に用いられる統計量を**推定量**と呼びます。標本は確率変数なので、推定量も確率変数です。推定量の実現値を**推定値**と呼びます。

母集団のパラメータをθと表記するとき、θの推定量を$\hat{\theta}$と表記します。頭についた記号はハット記号と呼び、$\hat{\theta}$と書いて「シータハット」と読みます。

同様に、母平均をμとするなら、母平均の推定量は$\hat{\mu}$となります。

3-4　母平均の推定量としての標本平均

本章では、母平均の推定量として標本平均$\bar{x}$を利用することを考えます。すなわち$\hat{\mu}=\bar{x}$です。なお、確率変数は大文字で表記すると見やすいので、標本平均は、確率変数であることを強調する場合には$\bar{X}$と表記することがあります。

ところで、母平均μと標本平均$\bar{x}$は異なるはずです。このギャップをどのように扱うのかが、本章の重要なポイントです。

また、推定量は確率的に変化します。本章では、標本平均のばらつきの大きさの評価という問題にも取り組みます。

3-5 シミュレーションの概要

本章ではシミュレーションを利用して、標本平均と母平均の関係を調べます。

調査は普通1回しか行いません。釣りをして、魚の体長を測定するという調査を行って、10尾の魚の大きさを調べたとしましょう。体長の平均値、すなわち標本平均も1回だけ計算できます。

サンプルサイズが10だろうが、100だろうが、標本は1つしかありません。1回の調査につき、得られる標本は1つだけです。これが1回の試行です（**図5-3-1**）。

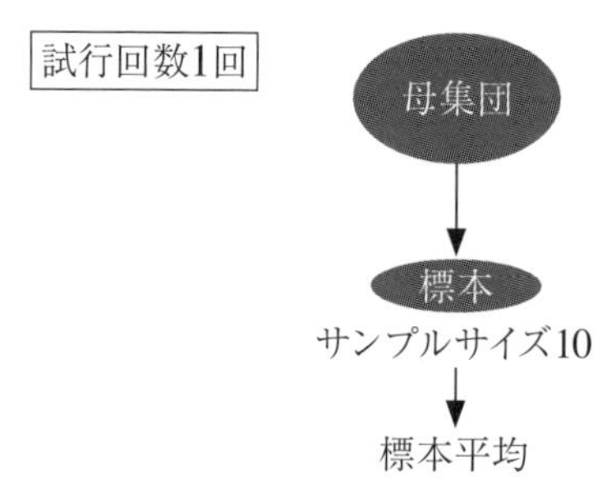

図 5-3-1 試行回数1回のイメージ

本章では同じ調査を何度も繰り返すことを考えます。同じ調査を3回繰り返した、すなわち試行回数が3回の場合は、標本平均が3つ得られます。もちろん、試行回数を増やすことで、標本平均を100個、1万個、10万個得ることもできます（**図5-3-2**）。

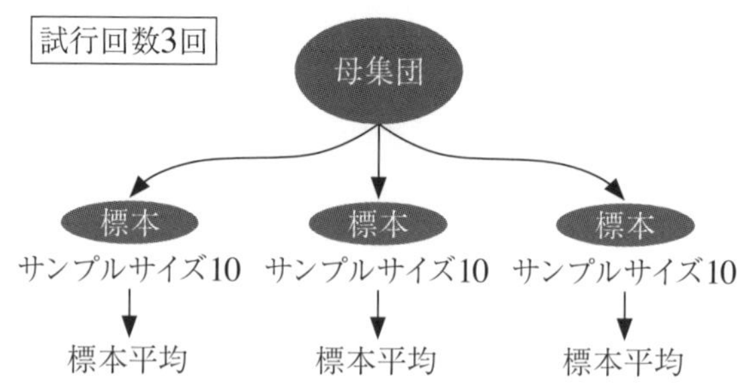

図 5-3-2 試行回数3回のイメージ

普通は、まったく同じ調査を、まったく同じ条件で何度も繰り返すことはしません。時間的にも費用的にも無理があります。

しかし、コンピュータシミュレーションを利用すれば、簡単に実現できます。本章では、このシミュレーションを通して、標本平均と母平均の関係を調べます。

3-6 実装 母集団の用意

シミュレーションの準備をします。本章では、母集団は常に「平均4、標準偏差0.8（分散0.64）の正規分布」とします。あらかじめこれを設定したpopulationを定義して使いまわします（「母集団」の英語は「population」です）。


```
population = stats.norm(loc=4, scale=0.8)
```

母平均が4であり、母標準偏差が0.8（母分散が0.64）であることは覚えておいてください。

今回は母平均がわかっていますが、普通は未知です。標本から母平均を推定する必要があります。

3-7 実装 標本平均を計算する

母集団から乱数を生成します。

```
np.random.seed(2)
sample = population.rvs(size=10)
sample
```

```
array([3.66659372, 3.95498654, 2.29104312, 5.31221665,
       2.56525153, 3.32660211, 4.40230513, 3.00376953,
       3.15363822, 3.27279391])
```

population.rvs(size=10)で、母集団分布に従う乱数を10個生成します。これが母集団からの標本抽出に当たることは第5部第2章で説明済みです。なお、これはstats.norm.rvs(loc=4, scale=0.8, size=10)としても同じです。

標本平均を計算します。

```
round(np.mean(sample), 3)
```

```
3.495
```

母平均は4でしたが、標本平均はおよそ3.5となりました。もちろんシミュレーションを実行するたび、確率的に結果が変化しますが、一般的に標本平均と母平均には、少しずれがあることがわかります。

3-8 (実装) 標本平均を何度も計算する

標本平均を計算する作業を何度も繰り返します。
今回は試行回数を10000回とします。1回の試行では、サンプルサイズ10の標本を取得して、標本平均を計算します。このシミュレーションの結果、標本平均が10000個得られます。

平均値を格納する入れ物を用意します。長さ10000のアレイです。

```
sample_mean_array = np.zeros(10000)
```

このアレイに、10000個の標本平均を格納します。

```
np.random.seed(1)
for i in range(0, 10000):
    sample_loop = population.rvs(size=10)
    sample_mean_array[i] = np.mean(sample_loop)
```

1行目は乱数の種です。

2行目でfor構文を用いて10000回の繰り返しを指定しています。

3行目からが母集団からの標本抽出シミュレーションです。

3行目で標本抽出をします。標本抽出はpopulation.rvs関数で行います。サンプルサイズは10とします。

4行目で標本平均を計算し、sample_mean_arrayのi番目に格納します。

10000個の標本平均は以下の通りです。量が多いので一部省略されています。標本平均は、3.9になったり4.5になったり、確率的に変化しているのがわかります。

```
sample_mean_array
```

```
array([3.92228729, 3.86432929, 4.06953003, ..., 4.13616562,
       4.57489661, 4.09896685])
```


3-9 (実装) 標本平均の平均値

次は「標本平均の平均値」を計算します。シミュレーションで「10000個の標本平均」が得られました。「10000個の標本平均」のさらに平均値を求めます。

sample_mean_arrayの平均値を求めます。

```
round(np.mean(sample_mean_array), 3)
```

```
4.004
```

母平均は4でしたので、それとかなり近い値になっているのがわかります。

3-10 用語 不偏性・不偏推定量

推定量の期待値が、母集団のパラメータと等しくなる特性を**不偏性**と呼びます。不偏性を持つ推定量を**不偏推定量**と呼びます。

不偏性があるということは、言い換えると「推定量は、平均すると、過大にも過小にもなっていない」すなわち偏りがない推定量であるということです。

なお、不偏性が満たされていると扱いやすいですが、必須というほどではありません。逆に、不偏性を持っていても扱いにくい推定量というのも考えられます。不偏性は、あくまでも「推定量の好ましい性質の中の1つ」です。

3-11 母平均の不偏推定量としての標本平均

標本平均は母平均の不偏推定量となっています。これはシミュレーションを利用して確認するのが最も簡単ですが、数式も交えて簡単に解説します。

11-A◆シミュレーションによる推察

3-7節で標本平均を1回だけ計算した場合は、母平均と少し異なる値になっていました。けれども、3-9節で確認したように、「標本平均の平均値」は母平均ととても近い値になります。

標本平均は、母平均の推定量として、過大にも過小にもなっていない、偏りがない推定量であることがわかります。母平均の推定量として標本平均を使うことの根拠付けの1つとなります。

11-B◆数式による説明

不偏性についてはシミュレーションを用いて確認するのが簡単ですが、興味のある読者のために、数式を用いた簡単な説明を試みます。ただし、ここの説明を読まなくても、今後の議論には影響しません。難しいと感じたら飛ばしてください。

いくつかの定理を紹介してから本筋の解説に移ります。

1つ目の定理です。2つの確率変数X,Yを対象とします。確率変数の和の期待値は、期待値の和となります。数式で書くと$E(X+Y)=E(X)+E(Y)$ということです。直観的に受け入れやすい定理かと思います。

一般的に、確率変数の列$X_1, X_2, ..., X_n$において以下が成り立ちます。

$$E(X_1+X_2+\cdots+X_n)=E(X_1)+E(X_2)+\cdots+E(X_n) \tag{5-1}$$

確率変数$X_1, X_2, ..., X_n$が、期待値μの独立で同一な確率分布に従うと仮定するならば、$E(X_1+X_2+\cdots+X_n)=E(\sum_{i=1}^{n}X_i)=n\mu$となります。

2つ目の定理です。確率変数Xを対象とします。確率変数を定数倍したものの期待値は、期待値の定数倍となります。数式で書くと以下のようになります。ただしaは定数です。

$$E(aX)=a\cdot E(X) \tag{5-2}$$

上記の2つの定理を利用して、標本平均の期待値を求めます。

サンプルサイズがnである標本を、確率変数$X_1, X_2, ..., X_n$とします。$X_1, X_2, ..., X_n$は期待値μの独立で同一な確率分布に従うと仮定します。μが母平均に当たります。標本平均$\bar{X}$は以下のように計算されます。

$$\bar{X}=\frac{1}{n}\sum_{i=1}^{n}X_i \tag{5-3}$$

標本平均$\bar{X}$の期待値$E(\bar{X})$は以下のように母平均μと一致することがわかります。

$$E(\bar{X})=E\left(\frac{1}{n}\sum_{i=1}^{n}X_i\right)=\frac{1}{n}E\left(\sum_{i=1}^{n}X_i\right)=\frac{1}{n}n\mu=\mu \tag{5-4}$$

上記からわかるように、母集団分布が正規分布でなくても、標本平均は母平均に対する不偏推定量となります。母集団についての仮定が少なくても成り立つ法則なので、広く応用がききます。

3-12 実装 標本平均を何度も計算する関数を作る

これからシミュレーションをやりやすくするために、「標本平均を何度も計算する関数」であるcalc_sample_mean関数を作ります。

```
def calc_sample_mean(size, n_trial):
    sample_mean_array = np.zeros(n_trial)
    for i in range(0, n_trial):
        sample_loop = population.rvs(size=size)
        sample_mean_array[i] = np.mean(sample_loop)
    return sample_mean_array
```

この関数の引数として、サンプルサイズsizeと試行回数n_trialが指定できます。この関数を使えば、サンプルサイズや試行回数を自由に変えて標本平均を何度も計算できます。なお、標本平均は試行回数の数（n_trial個）得られます。

コードの説明をします。

2行目で「試行回数分の標本平均」を格納する入れ物を用意します。

3行目は繰り返し構文です。試行回数だけ繰り返します。

4行目で「平均4、標準偏差0.8の正規分布」の母集団から標本を抽出します。

5行目でsample_mean_arrayに標本平均を格納します。

6行目で、「試行回数分の標本平均」を返します。

動作確認をします。「データを10個選んで標本平均を得る」試行を10000回繰り返します。そして「標本平均の平均値」を求めます。3-9節と同じ結果になっていることを確認してください。

```
np.random.seed(1)
round(np.mean(calc_sample_mean(size=10, n_trial=10000)), 3)
```

```
4.004
```


3-13 (実装) サンプルサイズ別の、標本平均の分布

サンプルサイズ別に、標本平均のばらつきを評価します。サンプルサイズを10、20、30と変化させたときの標本平均の分布を、バイオリンプロットで確認します。

まずは「サンプルサイズを10、20、30と変化させたときの、標本平均」をpandasデータフレームにまとめます。試行回数は各々10000としました。


```
np.random.seed(1)
# サンプルサイズ10
size_10 = calc_sample_mean(size=10, n_trial=10000)
size_10_df = pd.DataFrame({
    'sample_mean':size_10,
    'sample_size':np.tile('size 10', 10000)
})
# サンプルサイズ20
size_20 = calc_sample_mean(size=20, n_trial=10000)
size_20_df = pd.DataFrame({
    'sample_mean':size_20,
    'sample_size':np.tile('size 20', 10000)
})
# サンプルサイズ30
size_30 = calc_sample_mean(size=30, n_trial=10000)
size_30_df = pd.DataFrame({
    'sample_mean':size_30,
    'sample_size':np.tile('size 30', 10000)
})
# 結合
sim_result = pd.concat(
    [size_10_df, size_20_df, size_30_df])
```

```
# 結果の表示
print(sim_result.head(3))
```

```
   sample_mean sample_size
0     3.922287     size 10
1     3.864329     size 10
2     4.069530     size 10
```

各々のサンプルサイズで`size_10_df`、`size_20_df`、`size_30_df`という3つのデータフレームを作成しました。1つ1つのデータフレームは試行回数が10000回なので10000行となっています。そのうえで3つのデータフレームを`pd.concat`関数を使って結合しました。`sim_result`は30000行のデータフレームとなります。

このデータを使って、3種類のサンプルサイズごとに、標本平均の分布を調べます。バイオリンプロットを描きます。

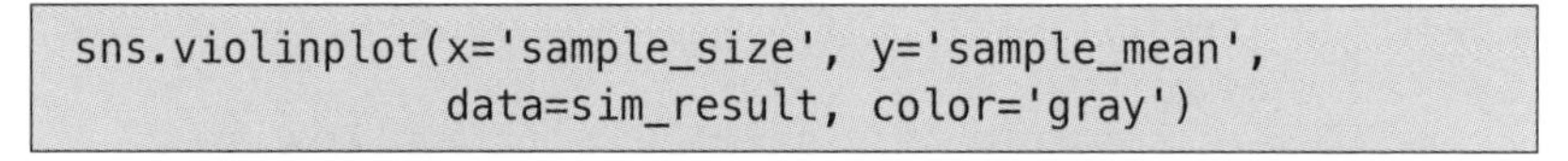

```
sns.violinplot(x='sample_size', y='sample_mean',
               data=sim_result, color='gray')
```

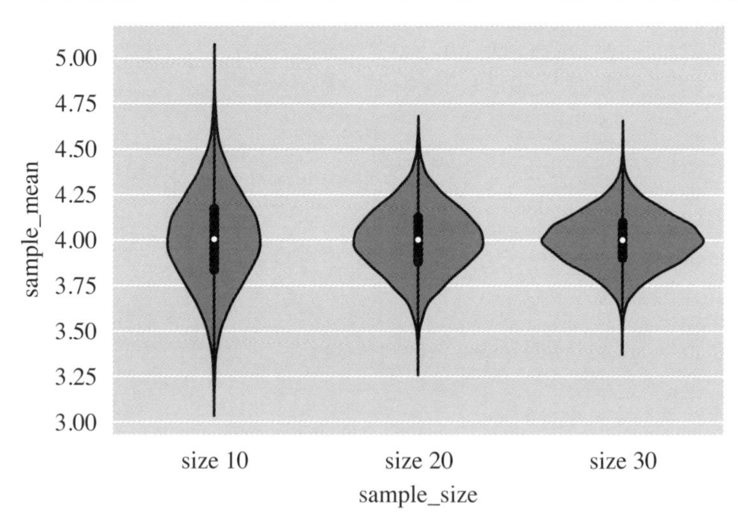

図 5-3-3 サンプルサイズ別の標本平均の分布

図5-3-3を見ると、サンプルサイズが大きくなると、標本平均のばらつき

が小さくなり、母平均（4）の近くに集中することがわかります。

標本平均と母平均が大きく離れていると嫌ですね。サンプルサイズが大きければ大きいほど、標本平均と母平均が大きく離れるという事態にはなりにくいようです。平たく言うと「サンプルサイズが大きい方が、母平均の推定の精度が高まる」と言えます。

これは「標本平均の標準偏差」を計算することで数値として確認できます。サンプルサイズ別に「標本平均の標準偏差」と「標本平均の平均値」を計算します。データフレームに対して.round関数を適用すると、すべての要素を丸めることができます。

```
group = sim_result.groupby('sample_size')
print(group.agg([np.std, np.mean], ddof=1).round(3))
```

```
             sample_mean
                     std   mean
sample_size
size 10            0.251  4.004
size 20            0.180  4.001
size 30            0.146  4.001
```


サンプルサイズにかかわらず、「標本平均の平均値」は母平均ととても近い値になります。ただし、「標本平均の標準偏差」はサンプルサイズが大きい方が小さくなります。サンプルサイズが大きい方が好ましいことの理由付けの1つとなります。

ところで母標準偏差は0.8でした。「標本平均の標準偏差」は母標準偏差よりも小さくなっていることがわかります。この理由は次節で解説します。

3-14　標本平均の標準偏差の計算

ここでは「標本平均の標準偏差」の計算方法を解説します。

14-A◆計算式

サンプルサイズがnである標本を、確率変数$X_1, X_2, \ldots, X_n$とします。$X_1, X_2, \ldots, X_n$は期待値μ、分散σ^2の独立で同一な確率分布に従うと仮定します。μが母平均であり、σ^2が母分散、σが母標準偏差です。標本平均$\bar{X}$の標準偏差は以下のように計算されます。

$$\sqrt{V(\bar{X})}=\sqrt{\frac{\sigma^2}{n}}=\frac{\sigma}{\sqrt{n}} \tag{5-5}$$

14-B◆シミュレーション結果との比較

サンプルサイズを10、20、30と変化させて「標本平均の標準偏差」を計算します。母標準偏差が0.8であることに注意してください。シミュレーションの結果とほぼ一致しているのがわかります。

```
print('標準偏差(size 10):', round(0.8 / np.sqrt(10), 3))
print('標準偏差(size 20):', round(0.8 / np.sqrt(20), 3))
print('標準偏差(size 30):', round(0.8 / np.sqrt(30), 3))
```

```
標準偏差(size 10): 0.253
標準偏差(size 20): 0.179
標準偏差(size 30): 0.146
```

14-C◆直観的な説明

「標本平均の標準偏差」は、母標準偏差よりも小さくなります。サンプルサイズが大きくなればなるほど、「標本平均の標準偏差」は小さくなります。この理由を直観的に説明します。

エレベーターに乗ることがしばしばあるかと思います。例えば10人乗りのエレベーターを想像してください。小柄な人も、大柄な人も、いろいろな人が乗り込んできます。

このとき、乗ってくる人が「すべて小柄で体重が軽い人」になることはあまりないのではないでしょうか。逆に「すべて大柄で体重が重い人」が10人乗り込んでくるという経験もあまりないものと思います。

いろいろな人がランダムにエレベーターに乗り込んでくると考えると「小

柄な人も大柄な人も入り混じって乗り込んでくる」と考える方が自然です。小柄な人の体重と大柄な人の体重を平均すると、ちょうど中間くらいの体重になりますね。平均値は、極端に大きくなったり小さくなったりすることがあまりなく、そのためばらつきが小さくなります。

もっと大きな乗り物、例えば100人乗りの飛行機を想像してください。

乗員乗客100人が「すべて大柄で体重が重い人」になっていて、座席には1人残らず大柄な人が座っているという状況はちょっと怖いですね。

乗り込む人数が多ければ多いほど小柄な人が混じっている確率が高くなるので、乗員の平均体重で見ると、極端な値になりにくいということです。

乗員数を1回の調査におけるサンプルサイズだと考えると、標本平均にも同じことが言えます。標本平均のばらつきは、個人差がもたらすばらつきより小さくなります。

14-D◆数式による説明

興味のある読者のために、数式を用いた簡単な説明を試みます。ただし、ここの説明を読まなくても、今後の議論には影響しません。難しいと感じたら飛ばしてください。

いくつかの定理を紹介してから本筋の解説に移ります。

1つ目の定理です。2つの独立な確率変数X, Yを対象とします。確率変数の和の分散は、分散の和となります。数式で書くと$V(X+Y)=V(X)+V(Y)$ということです。こちらは互いに独立な確率変数でしか成り立たないことに注意してください。

一般的に、独立な確率変数の列$X_1, X_2, ..., X_n$において以下が成り立ちます。

$$V(X_1+X_2+\cdots+X_n)=V(X_1)+V(X_2)+\cdots+V(X_n) \tag{5-6}$$

確率変数$X_1, X_2, ..., X_n$が、分散σ^2の独立で同一な確率分布に従うと仮定するならば、$V(X_1+X_2+\cdots+X_n)=n\sigma^2$となります。

2つ目の定理です。確率変数Xを対象とします。確率変数を定数倍したものの分散は、定数の2乗倍となります。数式で書くと以下のようになります。ただしaは定数です。分散は2乗するという計算が入るため、単なる定数倍ではなく定数の2乗倍になることに注意が必要です。

$$V(aX)=a^2 \cdot V(X) \tag{5-7}$$

上記の2つの定理を利用して、標本平均の分散を求めます。

サンプルサイズがnである標本を、確率変数$X_1, X_2, ..., X_n$とします。$X_1, X_2, ..., X_n$は分散σ^2の独立で同一な確率分布に従うと仮定します。σ^2が母分散に当たります。

標本平均$\bar{X}$の分散$V(\bar{X})$は以下のように母分散σ^2をnで除したものになることがわかります。

$$V(\bar{X})=V\left(\frac{1}{n}\sum_{i=1}^{n}X_i\right)=\frac{1}{n^2}V\left(\sum_{i=1}^{n}X_i\right)=\frac{1}{n^2}n\sigma^2=\frac{\sigma^2}{n} \tag{5-8}$$

$V(\bar{X})$の平方根をとることで、「標本平均の標準偏差」が$\sigma/\sqrt{n}$であることがわかります。

上記からわかるように、母集団分布が正規分布でなくても、標本が独立で同一な確率分布に従うとみなせるならば「標本平均の標準偏差」は$\sigma/\sqrt{n}$と計算できます。母集団についての仮定が少なくても成り立つ法則なので、広く応用がききます。ただし、標本が互いに独立であることを仮定していることには注意してください。また、今までの結論は、期待値が存在しないような特殊な確率分布などでは成り立ちません。

3-15 用語 標準誤差

標準誤差を導入します。

15-A◆標準誤差の定義

推定量の標準偏差を推定したものを**標準誤差**と呼びます。パラメータθの推定量を$\hat{\theta}$とするとき、標準誤差は$SE(\hat{\theta})$やSEと表記します。例えば母平均の推定量として標本平均を利用するとします。「標本平均の標準偏差」を評価したものは標準誤差だと言えます。

一般的に、推定量が大きくばらつくようでは使いにくいです。同じ条件で標本を抽出して母平均を推定したのに、調査のたびに推定値がまったく違う値になるというのは困りますね。推定量のばらつき、すなわち標準誤差が小さいということは、それだけ精度よく推定ができているとみなせます。推定量とその標準誤差はセットで報告することをおすすめします。

15-B◆標本平均を母平均の推定量とした場合の標準誤差

標本平均を母平均の推定量とした場合の標準誤差は以下のように計算されます。ただしUは標本から計算された標準偏差（ここでは不偏分散の平方根）で、nはサンプルサイズです。

$$SE=\frac{U}{\sqrt{n}} \tag{5-9}$$

母標準偏差は普通わからないので、式(5-5)における母標準偏差σを不偏分散の平方根Uで代用したものが標準誤差となります。

なお、第3部第7章で棒グラフを紹介しました。棒グラフについたエラーバーは標準誤差を表しています。棒グラフのY軸はデータの平均値です。平均値だけでなく「平均値のばらつき」を評価したものである標準誤差も同時に可視化しているのがエラーバーつきの棒グラフだと言えます。

3-16 実装 サンプルサイズを大きくしたときの標本平均

サンプルサイズをさらに大きくして、サンプルサイズと標本平均と母平均の関係を、より詳細に見ていきます。今回は、サンプルサイズごとに1回の試行だけしか行いません。サンプルサイズを10から100010まで変化させて、サンプルサイズと標本平均の関係性を調べます。

まずは、10から100010まで100区切りで変化させたサンプルサイズを用意します。

```
size_array =  np.arange(start=10, stop=100100, step=100)
size_array
```

```
array([    10,    110,    210, ...,  99810,  99910, 100010])
```

次は標本平均を格納する入れ物を用意します。

```
sample_mean_array_size = np.zeros(len(size_array))
```

シミュレーションを実行します。「標本平均を求める」試行を、サンプルサイズを変えながら何度も実行します。

```
np.random.seed(1)
for i in range(0, len(size_array)):
    sample_loop = population.rvs(size=size_array[i])
    sample_mean_array_size[i] = np.mean(sample_loop)
```

結果をデータフレームにまとめます。

```
size_mean_df = pd.DataFrame({
    'sample_size': size_array,
    'sample_mean': sample_mean_array_size
})

print(size_mean_df.head(3))
```

```
   sample_size  sample_mean
0           10     3.922287
1          110     4.038361
2          210     4.091853
```

X軸にサンプルサイズを、Y軸に標本平均を置いた折れ線グラフを描きます（図5-3-4）。

```
sns.lineplot(x='sample_size', y='sample_mean',
             data=size_mean_df, color='black')
```

このグラフを見ると、サンプルサイズが大きくなればなるほど、標本平均は母平均(4)に近づいていくことがわかります。

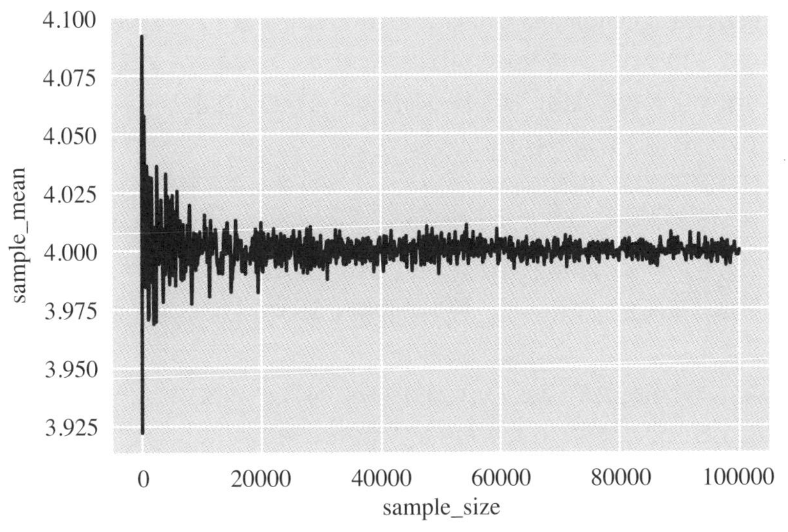

図 5-3-4 サンプルサイズと標本平均の関係

3-17 用語 一致性・一致推定量

サンプルサイズが大きくなると、推定量が真のパラメータに近づいていくという特性を**一致性**と呼びます。一致性を持つ推定量を**一致推定量**と呼びます。

一致性があるということは、言い換えると「サンプルサイズが無限だった場合には、推定量と母集団のパラメータが一致する」ということです。

シミュレーションの結果を見ると、標本平均は母平均の一致推定量であることが推察されます。また、式(5-5)からわかるように、サンプルサイズが無限に近づくと、標本平均のばらつき（標準偏差）は0に近づくため、直観的にも受け入れやすいところだと思います。

3-18 用語 大数の法則

大数の法則はUpton and Cook(2010)から引用すると、「標本の大きさが大きくなるにつれて、標本平均が母平均に近づく近づき方を表現した法則」となります。大数の法則には大数の弱法則と大数の強法則とがありますが、ここでは弱法則を対象とします。

大数の弱法則は、**図5-3-4**のシミュレーション結果を正確に言い換えたものと考えるとイメージがしやすいと思います。平たく言えば「サンプルサイズが大きいほど、標本平均は母平均に近づく」ということです。ただし、標本平均は確率変数ですので、確率の言葉を使って上記を定式化する必要があります。

ここで、確率変数$X_1, X_2, \ldots, X_n$が平均μ、分散σ^2の独立で同一な確率分布に従うと仮定します。0より大きな任意のεに対して以下が成り立つことを大数の弱法則と呼びます。

$$\lim_{n \to \infty} P(|\bar{X} - \mu| > \varepsilon) = 0 \tag{5-10}$$

標本平均と母平均の差の絶対値$|\bar{X} - \mu|$がεより大きくなる確率が0であるということです。言い換えると、標本平均と母平均の差は確実にε以下となります。

サンプルサイズが∞に近づけば、εに例えば0.0000000001のようなとても小さな値を設定しても、上記は成り立ちます。これを、「標本平均$\bar{X}$が母平均μに**確率収束**する」と呼び、$\bar{X} \xrightarrow{P} \mu$と記すこともあります。

母平均を精度よく推定するためにはサンプルサイズが大きいのが重要だということを明確に示したのが大数の法則だと言えます。

ところで、大数の法則の前提である「確率変数が独立で同一な確率分布に従う」という前提も重要です。調査の方法が毎回異なり、平均値も分散もコロコロ変わるというようなシチュエーションでは、たくさんデータを集めてサンプルサイズを大きくしても、あまり役に立たないことがあります。生兵法は大怪我の基です。大数の法則の前提条件も覚えておきましょう。

3-19 推測統計学の考え方

統計学を学ぶことは、データ分析の手続きを暗記することではありません。「なぜこのような分析の手続きを踏むのか」という理由を理解することこそが、統計学を学ぶということです。

母平均の推定量として、標本平均を使うのは、頻繁に用いられる方法です。このとき「なぜ、母平均の推定量として、標本平均を使うのだろうか」という理由を、自分の言葉で説明できるようになりましょう。

次章では同様の流れで母分散の推定という問題に取り組みます。

第4章

母分散の推定

第5部第3章の続きとして、母分散の推定という問題に取り組みます。標本から計算される分散には、標本分散と不偏分散がありました。両者の違いと母分散との対応について、シミュレーションを用いて確認します。

4-1 実装 分析の準備

必要なライブラリの読み込みなどを行います。

```
# 数値計算に使うライブラリ
import numpy as np
import pandas as pd
from scipy import stats

# グラフを描画するライブラリ
from matplotlib import pyplot as plt
import seaborn as sns
sns.set()

# グラフの日本語表記
from matplotlib import rcParams
rcParams['font.family'] = 'sans-serif'
rcParams['font.sans-serif'] = 'Meiryo'
```

4-2 実装 母集団の用意

第5部第3章と同様に、シミュレーションの準備をします。本章でも母集団は常に「平均4、標準偏差0.8（分散0.64）の正規分布」とします。あらかじめこれを設定したpopulationを定義して使いまわします。

```
population = stats.norm(loc=4, scale=0.8)
```

母平均が4であり、母標準偏差が0.8（母分散が0.64）であることは覚えておいてください。

4-3 母分散の推定量としての標本分散・不偏分散

本章では母分散の推定という問題に取り組みます。正しい母分散は0.64であるとわかっていますが、実際の問題では母分散は未知のはずです。標本から母分散を推定する必要があります。

母分散の推定量として、標本分散と不偏分散を利用することを考えます。推定量と正しい母分散の違いなどを、シミュレーションを通して確認します。

4-4 実装 標本分散と不偏分散を計算する

母集団から乱数を生成します。

```
np.random.seed(2)
sample = population.rvs(size=10)
sample
```

```
array([3.66659372, 3.95498654, 2.29104312, 5.31221665,
       2.56525153, 3.32660211, 4.40230513, 3.00376953,
       3.15363822, 3.27279391])
```

標本分散と不偏分散を計算します。復習として標本分散s^2の計算式を第3部第4章から再掲します。なおx_iが標本であり、$\bar{x}$が標本平均であり、nがサンプルサイズです。

$$s^2 = \frac{1}{n}\sum_{i=1}^{n}(x_i - \bar{x})^2 \tag{5-11}$$

不偏分散u^2の計算式も再掲します。

$$u^2 = \frac{1}{n-1}\sum_{i=1}^{n}(x_i - \bar{x})^2 \tag{5-12}$$

不偏分散は$n-1$で除しているのが標本分散との違いです。このため、不偏分散の方が、標本分散よりもやや大きな値になります。

Pythonを使って標本分散と不偏分散を計算します。np.var関数の引数にddof=0を指定すると標本分散が、ddof=1を指定すると不偏分散が計算できます。

```
print('標本分散', round(np.var(sample, ddof=0), 3))
print('不偏分散', round(np.var(sample, ddof=1), 3))
```

```
標本分散 0.712
不偏分散 0.791
```

母分散は0.64でしたが、標本分散も不偏分散もそれとは少し異なった値になりました。もちろんシミュレーションを実行するたびに確率的に結果は変わりますが、一般的に標本分散であっても不偏分散であっても、母分散から少しずれがあります。

次節からは標本分散と不偏分散の平均的な挙動を確認します。

4-5 （実装）標本分散の平均値

標本分散を対象としたシミュレーションを実行します。標本分散を10000回計算して「標本分散の平均値」を求めます。

まずは標本分散を格納する入れ物を用意します。

```
sample_var_array = np.zeros(10000)
```

シミュレーションを実行します。「データを10個取得して標本分散を求める」試行を10000回繰り返しました。

```
np.random.seed(1)
for i in range(0, 10000):
    sample_loop = population.rvs(size=10)
    sample_var_array[i] = np.var(sample_loop, ddof=0)
```


標本分散の平均値は以下のようになりました。

```
round(np.mean(sample_var_array), 3)
```

```
0.575
```

母分散は0.64ですが「標本分散の平均値」は0.575となりました。標本平均の場合は「標本平均の平均値」は母平均とほぼ等しくなりました。しかし、標本分散は、「標本分散の平均値」をとってもなお、母分散から大きく離れています。標本分散は、分散を過小評価していることがわかります。

4-6 （実装）不偏分散の平均値

続いて、不偏分散を対象としたシミュレーションを実行します。引数に`ddof=1`と指定する以外は前回とほぼ同様のコードです。

```
# 「不偏分散」を格納する入れ物
unbias_var_array = np.zeros(10000)
# 「データを10個選んで不偏分散を求める」試行を10000回繰り返す
np.random.seed(1)
for i in range(0, 10000):
    sample_loop = population.rvs(size=10)
    unbias_var_array[i] = np.var(sample_loop, ddof=1)
# 不偏分散の平均値
round(np.mean(unbias_var_array), 3)
```

```
0.639
```

正しい「0.64」の付近にあることがわかります。不偏分散の平均値は、母分散とみなしてもよさそうです。

4-7 母分散の不偏推定量としての不偏分散

不偏分散は母分散の不偏推定量となっています。これはシミュレーションを利用して確認するのが最も簡単ですが、補足的な説明も交えて解説します。

7-A◆シミュレーションによる推察

4-6節の結果から、不偏分散は、母分散の推定量として、過大にも過小にもなっていない、偏りがない推定量であることがわかります。母分散の推定量として不偏分散を使うことの根拠付けの1つとなります。なお、母集団分布が正規分布でなくても、標本が独立で同一な確率分布に従うなどいくつかの仮定を置けば、不偏分散は母分散に対する不偏推定量となります。母集団についての仮定が少なくても成り立つ法則なので、広く応用がききます。

一方で標本分散は母分散を過小評価してしまうバイアスがあります。不偏分散を計算する際に$n-1$で割るという公式を見て混乱する人が多いようです。$n-1$で割ることで偏りをなくせるということをシミュレーションで確認すれば、納得がしやすいのではないでしょうか。

7-B◆直観的な説明

標本分散をそのまま使うと、なぜ分散を過小評価してしまうのでしょうか。厳密ではありませんが、その理由のイメージ的な解説をします。標本は「全体の中の一部でしかない」ことに注意を向けます。

説明の簡単のため、とても小さな母集団からの標本抽出の例を用います。湖の中に7尾しか魚がいなかったとします。7尾の魚の体長は以下の通りです。

{1, 2, 3, 4, 5, 6, 7}

母平均は4です。

湖からサンプリングして3尾釣ったとします。標本は以下の通りです。

{1, 2, 3}

標本平均は2です。

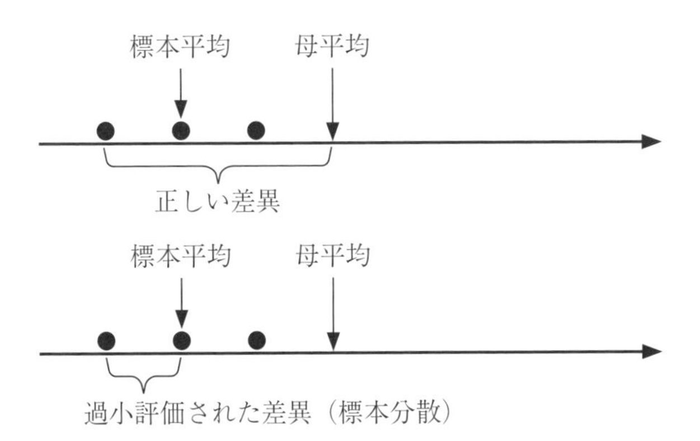

図 5-4-1 標本分散のバイアスのイメージ

このとき、分散は「データと平均値との差異の大きさ」ですので、本来は母平均からの差異を計算することになります。しかし、母平均はわからないので標本平均からの差異を計算するよりありません。すると、**図5-4-1**のように分散を過小に評価してしまいます。この問題を回避するために、不偏分散は標本分散よりも少し大きな値となるように補正しています。

4-8 実装 サンプルサイズを大きくしたときの不偏分散

最後に、サンプルサイズと不偏分散と母分散の関係を見ていきましょう。サンプルサイズを10から100010まで変化させて、サンプルサイズと不偏分散の関係性を調べます。なお、各サンプルサイズにおいて、試行回数は1回だけとします。

まずは、10〜100010まで100区切りで変化させたサンプルサイズを用意します。

```
size_array =  np.arange(start=10, stop=100100, step=100)
size_array
```

```
array([    10,    110,    210, ...,  99810,  99910, 100010])
```

次は不偏分散を格納する入れ物を用意します。

```
unbias_var_array_size = np.zeros(len(size_array))
```

シミュレーションを実行します。「不偏分散を求める」試行を、サンプルサイズを変えながら何度も実行していることになります。

```
np.random.seed(1)
for i in range(0, len(size_array)):
    sample_loop = population.rvs(size=size_array[i])
    unbias_var_array_size[i] = np.var(sample_loop, ddof=1)
```

結果をデータフレームにまとめます。

```
size_var_df = pd.DataFrame({
    'sample_size': size_array,
    'unbias_var': unbias_var_array_size
})

print(size_var_df.head(3))
```

```
   sample_size  unbias_var
0           10    1.008526
1          110    0.460805
2          210    0.631723
```


X軸にサンプルサイズを、Y軸に不偏分散を置いた折れ線グラフを描きます。

```
sns.lineplot(x='sample_size', y='unbias_var',
             data=size_var_df, color='black')
```

このグラフを見ると（**図5-4-2**）、サンプルサイズが大きくなればなるほど、不偏分散は母分散(0.64)に近づいていくことがわかります。

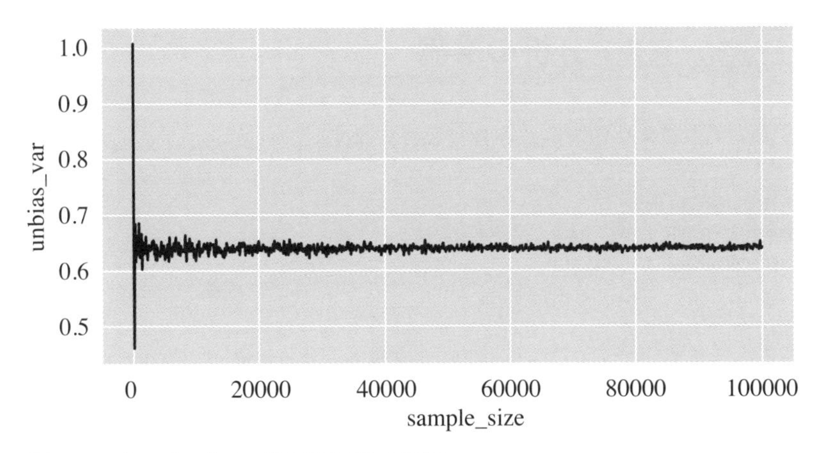

図 5-4-2 サンプルサイズと不偏分散の関係

なお、結果は省略しますが、標本分散も同様の結果となります。不偏分散も標本分散も、ともに一致性を満たすことが知られています。

母分散の推定量としては、不偏推定量である不偏分散がしばしば用いられます。本書でも不偏分散を利用します。

第5章 正規母集団から派生した確率分布

母集団分布に正規分布を仮定したうえで、標本平均や標本から計算された不偏分散が従う確率分布について検討します。
本章は確率分布の紹介が中心です。シミュレーションを活用しながら、χ^2分布、t分布、そしてF分布を導入します。本章の結果は第5部第6章や第6部、第8部などで利用します。

5-1 （実装）分析の準備

必要なライブラリの読み込みなどを行います。

```
# 数値計算に使うライブラリ
import numpy as np
import pandas as pd
from scipy import stats

# グラフを描画するライブラリ
from matplotlib import pyplot as plt
import seaborn as sns
sns.set()

# グラフの日本語表記
from matplotlib import rcParams
rcParams['font.family'] = 'sans-serif'
rcParams['font.sans-serif'] = 'Meiryo'
```

5-2 用語 標本分布

標本分布とは、標本の統計量が従う確率分布のことです。

例えば、母集団からの標本抽出シミュレーションを10000回行ったとします。すると、10000個の標本が得られます。標本から各々標本平均が計算できますね。この場合、標本平均が10000個できることになります。この「10000個の標本平均の従う確率分布」が標本分布です。

5-3 正規分布の活用

第5部の第3章と第4章では「標本平均の平均値」や「不偏分散の平均値」などを対象とした議論を行いました。これを1歩先に進めて「標本平均の標本分布」や「不偏分散の標本分布」への議論をこれから行います。

ただし、標本分布を理論的に求めるのは簡単ではありません。そのため、本章からは、母集団分布が正規分布に従うことを積極的に利用します。

第5部の第3章と第4章では、母集団分布が正規分布以外でも成り立つ一般的な議論を展開しました。一方で本章は「母集団分布が正規分布である」場合にしか成り立たない議論です。

なお、以下では、正規分布$\mathcal{N}(X|\mu,\sigma^2)$は見やすさのために$\mathcal{N}(\mu,\sigma^2)$と略記します。平均$\mu$で分散$\sigma^2$の正規分布$\mathcal{N}(\mu,\sigma^2)$に従う母集団を「正規母集団$\mathcal{N}(\mu,\sigma^2)$」と呼ぶことにします。$\mathcal{N}(\mu,\sigma^2)$に従う$n$個の独立な確率変数$X_1, X_2, \ldots, X_n$は「正規母集団$\mathcal{N}(\mu,\sigma^2)$からの無作為標本」と呼ぶことにします。

5-4 用語 χ^2分布

χ^2分布を導入します。

4-A◆χ^2分布の定義

平均0で分散1の正規分布を標準正規分布と呼び$\mathcal{N}(0,1)$と表記します。

ここで$\mathcal{N}(0,1)$に従うk個の独立な確率変数$X_1, X_2, ..., X_k$の2乗和が従う確率分布を「自由度kの**χ^2分布**」と呼び、$\chi^2(k)$と表記します。χ^2分布のパラメータは自由度と呼ばれるパラメータkのみです。

χ^2分布の確率密度関数はやや複雑であるため、本書では省略します。

4-B◆χ^2分布の使いどころ

2乗和と言えば、分散の計算式に登場しますね。ここで、正規母集団$\mathcal{N}(\mu,\sigma^2)$からの無作為標本$X_1, X_2, ..., X_n$において、以下で計算される値$\chi^2$は、「自由度$n-1$の$\chi^2$分布」すなわち$\chi^2(n-1)$に従うことが知られています。ただし$U^2$は不偏分散であり、$\bar{X}$は標本平均です。なお、$\bar{X}$は$U^2$と独立に分布します。

$$
\begin{aligned}
\chi^2 &= \frac{n-1}{\sigma^2}U^2 \\
&= \frac{n-1}{\sigma^2}\left\{\frac{1}{n-1}\sum_{i=1}^{n}(X_i-\bar{X})^2\right\} \\
&= \frac{1}{\sigma^2}\sum_{i=1}^{n}(X_i-\bar{X})^2
\end{aligned}
\tag{5-13}
$$

上記の結果を、これからシミュレーションで確認します。

5-5 (実装) シミュレーションの準備

正規母集団として$\mu=4, \sigma=0.8$である$\mathcal{N}(4, 0.8^2)$を対象とします。なおμ, σの値を変更しても、以降の議論には支障ありません。興味のある読者は、実際にシミュレーションを実施して、数値を変更しても結果が変わらないことを確認してください。

```
mu = 4
sigma = 0.8
population = stats.norm(loc=mu, scale=sigma)
```

復習となりますが、下記のようにして5つの標本を抽出します。


```
# サンプルサイズ
n = 5
# 標本抽出
np.random.seed(1)
sample = population.rvs(size=n)
sample
```

```
array([5.29947629, 3.51059487, 3.5774626 , 3.1416251 ,
       4.6923261 ])
```

5-6 (実装) χ^2分布

χ^2分布を実装します。

6-A◆Pythonにおける扱い

χ^2分布の確率密度はstats.chi2.pdfで計算できます。$\chi^2(n-1)$において、確率変数が2であるときの確率密度は下記のようにして得られます。なお、下記のコードにおいてnはサンプルサイズなので$n=5$となっています。

```
round(stats.chi2.pdf(x=2, df=n - 1), 3)
```

```
0.184
```

χ^2分布の累積分布関数はstats.chi2.cdfで得られます。以下では、$\chi^2(n-1)$に従う確率変数が2以下となる確率を計算しました。

```
round(stats.chi2.cdf(x=2, df=n - 1), 3)
```

```
0.264
```

χ^2分布のパーセント点はstats.chi2.ppf関数で得られます。以下では、$\chi^2(n-1)$に従う確率変数Xにおける$P(X \leq x)=0.5$となる点xを計算しました。

```
round(stats.chi2.ppf(q=0.5, df=n - 1), 3)
```

```
3.357
```

3.357を下回る確率は50%という結果になりました。

6-B◆シミュレーション

式(5-13)で計算される値が$\chi^2(n-1)$に従うことをシミュレーションで確認します。式(5-13)で計算される値を、10000回計算します。

```
# サンプルサイズ
n = 5
# 乱数の種
np.random.seed(1)
# χ2値を格納する入れ物
chi2_value_array = np.zeros(10000)
# シミュレーションの実行
for i in range(0, 10000):
    sample = population.rvs(size=n)
    u2 = np.var(sample, ddof=1)      # 不偏分散
    chi2 = (n - 1) * u2 / sigma**2   # χ2値
    chi2_value_array[i] = chi2
```

サンプルサイズをnとするとき、chi2_value_arrayは$\chi^2(n-1)$に従うはずです。$\chi^2(n-1)$の確率密度を、0から20の範囲で計算します。

```
# 確率変数
x = np.arange(start=0, stop=20.1, step=0.1)
# χ2分布の確率密度
chi2_distribution = stats.chi2.pdf(x=x, df=n - 1)
# データフレームにまとめる
chi2_df = pd.DataFrame({
    'x': x,
    'chi2_distribution': chi2_distribution
})
print(chi2_df.head(3))
```

```
     x  chi2_distribution
0  0.0           0.000000
1  0.1           0.023781
2  0.2           0.045242
```

シミュレーションで得られたchi2_value_arrayと、確率分布$\chi^2(n-1)$の確率密度を比較すると、きれいに対応しているのがわかります（**図5-5-1**）。

```
# ヒストグラム
sns.histplot(chi2_value_array, color='gray', stat='density')
# χ2分布
sns.lineplot(x='x', y='chi2_distribution',
             data=chi2_df, color='black',
             label='χ2分布')
```

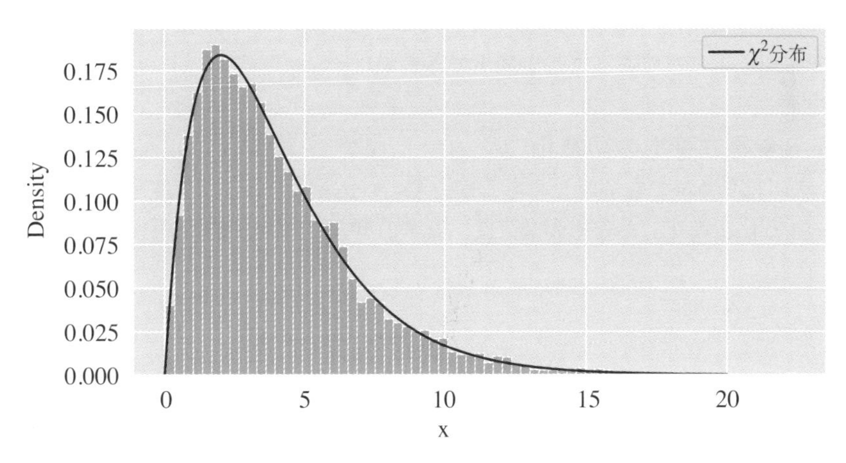

図 5-5-1 χ^2分布

χ^2分布は、「正規母集団からの無作為標本」から計算された不偏分散のばらつきについて議論する際に役立ちます。実際の活用については、第5部第6章で解説します。

5-7 標本平均が従う確率分布

標本平均が従う確率分布について解説します。

7-A◆標本平均が従う確率分布

正規母集団$\mathcal{N}(\mu,\sigma^2)$からの無作為標本$X_1, X_2, \ldots, X_n$において、標本平均$\bar{X}$が従う確率分布は以下のようになることが知られています。

$$\bar{X} \sim \mathcal{N}\left(\mu, \frac{\sigma^2}{n}\right) \tag{5-14}$$

第5部第3章で「標本平均の平均値」はμであり、「標本平均の標準偏差」は$\sigma/\sqrt{n}$となることを説明しました。けれども、「標本平均が従う確率分布」まではわかりませんでした。

正規母集団からの無作為標本であることを利用すると、標本平均の従う分布が正規分布であることが利用できます。

7-B◆標本平均の標準化

第4部第4章でも解説しましたが、$X \sim \mathcal{N}(\mu,\sigma^2)$である確率変数$X$を以下のように標準化した確率変数$Z$は、標準正規分布に従います。

$$Z = \frac{X - \mu}{\sigma} \tag{5-15}$$

ここから類推されるように、標本平均$\bar{X}$に対して同じように標準化した結果は、やはり標準正規分布に従います。

$$Z = \frac{\bar{X} - \mu}{\sigma/\sqrt{n}} \tag{5-16}$$

これをシミュレーションで確認します。

5-8 (実装) 標本平均の標準化

「標本平均の標準化」をした結果を、10000回計算します。今回はサンプルサイズを3としました。

```
# サンプルサイズ
n = 3
# 乱数の種
np.random.seed(1)
# z値を格納する入れ物
z_value_array = np.zeros(10000)
# シミュレーションの実行
for i in range(0, 10000):
    sample = population.rvs(size=n)
    x_bar = np.mean(sample)                    # 標本平均
    bar_sigma = sigma / np.sqrt(n)             # 標本平均の標準偏差
    z_value_array[i]  = (x_bar - mu) / bar_sigma   # z値
```

z_value_arrayは標準正規分布に従うはずです。標準正規分布の確率密度を、-6から6の範囲で計算します。

```
# 確率変数
x = np.arange(start=-6, stop=6.1, step=0.1)
# 標準正規分布の確率密度
z_distribution = stats.norm.pdf(x=x, loc=0, scale=1)
# データフレームにまとめる
z_df = pd.DataFrame({
    'x': x,
    'z_distribution': z_distribution
})
print(z_df.head(3))
```

```
     x  z_distribution
0 -6.0    6.075883e-09
1 -5.9    1.101576e-08
2 -5.8    1.977320e-08
```

シミュレーションで得られたz_value_arrayと、標準正規分布の確率密度を比較すると、きれいに対応しているのがわかります（**図5-5-2**）。

第5部
第5章

```
# Z値のヒストグラム
sns.histplot(z_value_array, color='gray', stat='density')
# 標準正規分布
sns.lineplot(x='x', y='z_distribution', data=z_df,
             color='black', linestyle='dashed',
             label='標準正規分布')
# X軸範囲
plt.xlim(-6, 6)
```

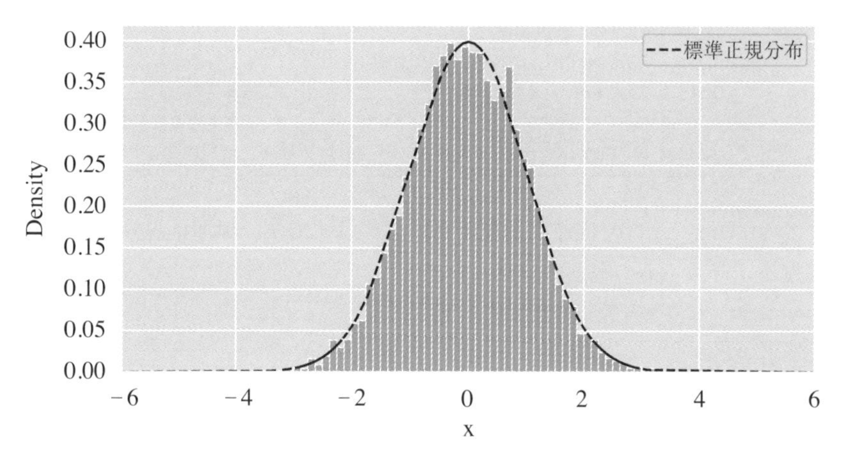

図 5-5-2 標準正規分布

5-9 用語 *t*値

標本平均を標準化する際に、母標準偏差σを利用していました。しかし、母標準偏差はわからないことが普通です。そこで「標本平均の標準偏差」の代わりに標準誤差を使うことを考えます。以下で計算される値を***t*値**と呼びます。

$$t\text{値} = \frac{\bar{X}-\mu}{SE} = \frac{\bar{X}-\mu}{U/\sqrt{n}} = \frac{\bar{X}-\mu}{\sqrt{U^2/n}} \tag{5-17}$$

計算式としては、「標本平均の標準化」において母標準偏差σの代わりに、不偏分散の平方根Uを利用したものとなっています。

なんとなくt値も標準正規分布に従いそうな気がするのですが、実は、サンプルサイズが小さい場合は、標準正規分布と異なる分布になります。標本から計算された（確率的にばらつくはずの）Uを使っているので、標準正規分布よりもばらつきが大きな確率分布になります。

5-10 用語 t分布

t分布を導入します。

10-A◆t分布の定義

2つの独立な確率変数X, Yを考えます。$X \sim \mathcal{N}(0,1)$であり、$Y \sim \chi^2(k)$であるとき、式(5-18)の計算結果が従う確率分布を自由度kの**t分布**と呼び、$t(k)$と表記します。

$$\frac{X}{\sqrt{Y/k}} \tag{5-18}$$

なお、上記によって得られるt分布の平均値は0です。

10-B◆t分布の使いどころ

式(5-18)がt値とよく似ていること、そして不偏分散とχ^2分布の対応関係から類推できるように、正規母集団$\mathcal{N}(\mu, \sigma^2)$からの無作為標本$X_1, X_2, \ldots, X_n$から計算された$t$値は$t(n-1)$に従います。

これをシミュレーションで確認します。

5-11 実装 t分布

t分布を実装します。

11-A◆Pythonにおける扱い

t分布の確率密度はstats.t.pdf関数で、累積分布はstats.t.cdf関数で、パーセント点はstats.t.ppf関数で計算できます。

t分布のパラメータは自由度のみであるため、例えば$t(n-1)$において、確率変数が2であるときの確率密度はstats.t.pdf(x=2, df=n - 1)のようにして得られます。

11-B◆シミュレーション

t値を10000回計算します。サンプルサイズは3のまま変更していません。

```
# 乱数の種
np.random.seed(1)
# t値を格納する入れ物
t_value_array = np.zeros(10000)
# シミュレーションの実行
for i in range(0, 10000):
    sample = population.rvs(size=n)
    x_bar = np.mean(sample)                     # 標本平均
    u = np.std(sample, ddof=1)                  # 標準偏差
    se = u / np.sqrt(n)                         # 標準誤差
    t_value_array[i]  = (x_bar - mu) / se  # t値
```

サンプルサイズをnとするとき、t_value_arrayは$t(n-1)$に従うはずです。$t(n-1)$の確率密度を計算します。

```
# t分布の確率密度
t_distribution = stats.t.pdf(x=x, df=n - 1)
# データフレームにまとめる
t_df = pd.DataFrame({
    'x': x,
    't_distribution': t_distribution
})

print(t_df.head(3))
```

```
     x  t_distribution
0 -6.0        0.004269
1 -5.9        0.004478
2 -5.8        0.004700
```

シミュレーションで得られたt_value_arrayと、確率分布$t(n-1)$の確率密度を比較すると、きれいに対応しているのがわかります（**図5-5-3**）。参考として標準正規分布の確率密度もあわせて記しましたが、こちらとは大きく異なります。

```
# t値のヒストグラム
sns.histplot(t_value_array, color='gray', stat='density')
# t分布
sns.lineplot(x='x', y='t_distribution',
             data=t_df, color='black',
             label='t分布')
# 標準正規分布
sns.lineplot(x='x', y='z_distribution', data=z_df,
             color='black', linestyle='dashed',
             label='標準正規分布')
# X軸範囲
plt.xlim(-6, 6)
```


一般に、t分布は標準正規分布よりも裾が広い確率分布となります。言い換えると「平均値（0）から離れたデータが出現しやすい」です。t分布の分散は、標準正規分布の分散よりも大きくなります。

なお、t分布は平均値を中心に左右対称の確率分布となっています。また、サンプルサイズnが十分大きい場合は、t分布と標準正規分布が一致します。しかし、サンプルサイズが小さい場合は、標本平均のばらつきについて議論する際、t分布を使うことが推奨されます。

t分布は「正規母集団からの無作為標本」から計算された標本平均のばらつきについて議論する際に役立ちます。実際の活用については、第5部第6章で解説します。

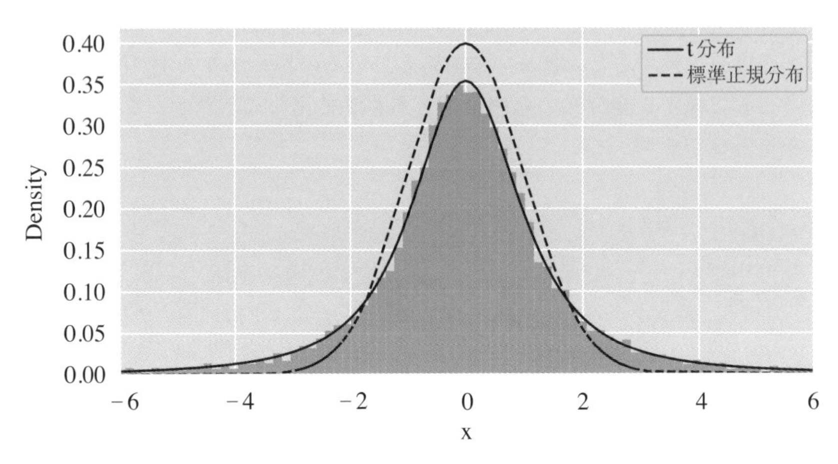

図 5-5-3 t分布と標準正規分布の比較

5-12 用語 *F*分布

*F*分布を導入します。

12-A◆*F*分布の定義

2つの独立な確率変数X,Yを考えます。$X\sim\chi^2(m)$であり、$Y\sim\chi^2(n)$であるとき、式(5-19)の計算結果が従う確率分布を自由度(m,n)の***F*分布**と呼び、$F(m,n)$と表記します。

$$\frac{X/m}{Y/n} \tag{5-19}$$

12-B◆*F*分布の使いどころ

χ^2分布は不偏分散と関係がある確率分布でした。「χ^2分布に従う確率変数の比」が従うF分布は、「不偏分散の比」と密接なかかわりがあります。

実際のところ、以下で計算されるF統計量は自由度$(m-1,n-1)$のF分布に従うことが知られています。ただし$X_1, X_2, \ldots, X_m$と$Y_1, Y_2, \ldots, Y_n$は互いに独立であり、正規母集団$\mathcal{N}(\mu_X, \sigma_X^2)$と$\mathcal{N}(\mu_Y, \sigma_Y^2)$からの無作為標本とし、各々の不偏分散を$u_X^2, u_Y^2$とします。

$$F=\frac{u_X^2/\sigma_X^2}{u_Y^2/\sigma_Y^2} \tag{5-20}$$

ここで2つの標本の母分散が等しい、つまり$\sigma_X^2=\sigma_Y^2=\sigma^2$と仮定します。すると、$F$統計量は単なる不偏分散の比となります。

$$F=\frac{u_X^2/\sigma^2}{u_Y^2/\sigma^2}=\frac{u_X^2}{u_Y^2} \tag{5-21}$$

「母分散が等しいことを仮定した場合の、不偏分散の比」が従う確率分布としてF分布が利用できます。不偏分散の比はF比と呼ぶこともあります。

5-13 (実装) F分布

F分布を実装します。

13-A◆Pythonにおける扱い

F分布の確率密度は`stats.f.pdf`関数で、累積分布は`stats.f.cdf`関数で、パーセント点は`stats.f.ppf`関数で計算できます。

F分布のパラメータは2つの自由度です。例えば$F(m-1,n-1)$において、確率変数が2であるときの確率密度は`stats.f.pdf(x=2, dfn=m - 1, dfd=n - 1)`のようにして得られます。

13-B◆シミュレーション

F比を10000回計算します。今回は$X_1, X_2, \ldots, X_m$と$Y_1, Y_2, \ldots, Y_n$は互いに独立である、正規母集団$\mathcal{N}(4, 0.8^2)$からの無作為標本と考えます。サンプルサイズは$m=5$と$n=10$とします。

```
# サンプルサイズ
m = 5
n = 10
# 乱数の種
np.random.seed(1)
# F比を格納する入れ物
f_value_array = np.zeros(10000)
# シミュレーションの実行
for i in range(0, 10000):
    sample_x = population.rvs(size=m) # サンプルXの取得
    sample_y = population.rvs(size=n) # サンプルYの取得
    u2_x = np.var(sample_x, ddof=1)   # Xの不偏分散
    u2_y = np.var(sample_y, ddof=1)   # Yの不偏分散
    f_value_array[i]  = u2_x / u2_y   # F比
```

サンプルサイズをm,nとするとき、f_value_arrayは$F(m-1,n-1)$に従うはずです。$F(m-1,n-1)$の確率密度を計算します。

```
# 確率変数
x = np.arange(start=0, stop=6.1, step=0.1)
# F分布の確率密度
f_distribution = stats.f.pdf(x=x, dfn=m - 1,dfd=n - 1)
# データフレームにまとめる
f_df = pd.DataFrame({
    'x': x,
    'f_distribution': f_distribution
})

print(f_df.head(3))
```

```
     x  f_distribution
0  0.0        0.000000
1  0.1        0.368515
2  0.2        0.562143
```

シミュレーションで得られたf_value_arrayと、確率分布$F(m-1,n-1)$の確率密度を比較すると、きれいに対応しているのがわかります（**図5-5-4**）。

```
# F比のヒストグラム
sns.histplot(f_value_array, color='gray', stat='density')
# F分布
sns.lineplot(x='x', y='f_distribution',
             data=f_df, color='black',
             label='F分布')
# X軸範囲
plt.xlim(0, 6)
```


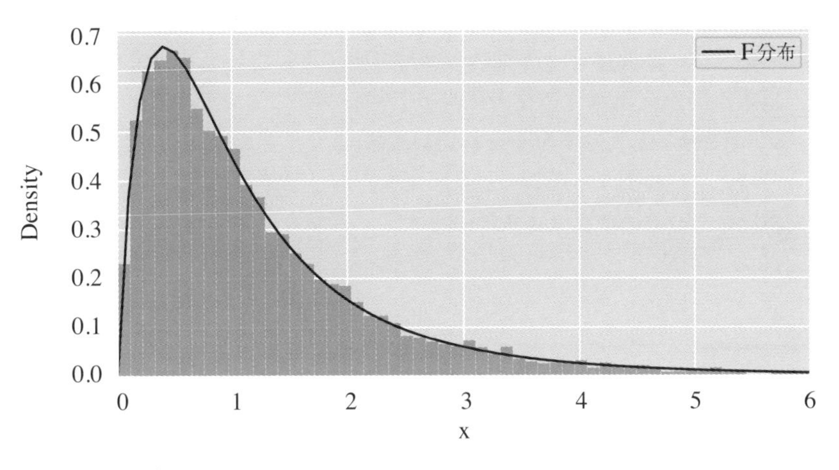

図 5-5-4 F分布

標本$X_1, X_2, \ldots, X_m$と$Y_1, Y_2, \ldots, Y_n$は、ともに母分散が0.8^2であると想定してシミュレーションしました。標本から計算された不偏分散はともに0.8^2に近い値であるはずですが、得られた標本によってやはり不偏分散の結果もばらつきます。

母分散が等しい2つの標本であっても、標本から計算された不偏分散の比がちょうど1になるとは限りません。なお、今回はサンプルサイズが小さいのでばらつきも大きくなりましたが、一般にm,nが大きくなると、F分布は1の周囲に近寄ります。

2つの標本の分散を比較する際に、F分布はその力を発揮します。本書では、第8部において分散分析を実行する際に登場します。

第6章

区間推定

本章では、区間推定と呼ばれる推定の方法を解説します。標本が正規母集団からの無作為抽出によって得られたことを想定し、第5部第5章で解説した標本分布を利用します。
最初に推定に関する用語を導入します。続いて母平均の区間推定を、最後に母分散の区間推定を行います。

6-1 実装 分析の準備

必要なライブラリの読み込みなどを行います。

```
# 数値計算に使うライブラリ
import numpy as np
import pandas as pd
from scipy import stats

# グラフを描画するライブラリ
from matplotlib import pyplot as plt
import seaborn as sns
sns.set()

# グラフの日本語表記
from matplotlib import rcParams
rcParams['font.family'] = 'sans-serif'
rcParams['font.sans-serif'] = 'Meiryo'
```

続いて、今回の分析の対象となるデータを読み込みます。魚の体長を測定した架空のデータです。サンプルサイズは10です。今回は、このデータを正規母集団からの無作為標本であると仮定します。

```
fish = pd.read_csv('5-6-1-fish_length.csv')['length']
fish
```

```
0    4.352982
1    3.735304
2    5.944617
3    3.798326
4    4.087688
5    5.265985
6    3.272614
7    3.526691
8    4.150083
9    3.736104
Name: length, dtype: float64
```


6-2 用語 点推定・区間推定

区間推定と対比する意味で、点推定という用語を解説します。**点推定**とは、母集団分布のパラメータをある1つの値として指定する推定方法です。

区間推定とは、推定値に幅を持たせた推定方法のことです。推定値の幅の計算には、確率の考え方を用います。

幅を持たせることで、推定誤差を加味できます。母平均の区間推定の場合、データのばらつきが小さければ、区間推定の幅は狭くなります。サンプルサイズが大きくても、やはり区間推定の幅は狭くなります。

6-3 実装 点推定

Pythonを使って、点推定を実装します。母平均を推定する場合は標本平均を、母分散を推定する場合は不偏分散を、推定量として使います。

```
# 点推定
x_bar = np.mean(fish)
u2 = np.var(fish, ddof=1)

print('標本平均：', round(x_bar, 3))
print('不偏分散：', round(u2, 3))
```

```
標本平均： 4.187
不偏分散： 0.68
```

標本平均が4.187だったので、母平均も4.187だろうと推定します。不偏分散が0.68だったので、母分散も0.68だろうと推定します。これが点推定です。

6-4 用語 信頼係数・信頼区間

ここからは区間推定を理解するための用語を解説します。

信頼係数とは、区間推定の幅における信頼の度合いを、確率で表現したものです。例えば95%や99%といった数値がしばしば使われます。

信頼区間とは、ある信頼係数を満たす区間のことです。

同じデータを対象とした場合は、信頼係数が大きいほど、信頼区間の幅は広くなります。信頼の度合いを上げようと思うと、どうしても安全第一で幅を広くとらざるを得ないということです。

6-5 用語 信頼限界

信頼限界とは、信頼区間の下限値・上限値のことです。

各々、**下側信頼限界**、**上側信頼限界**とも呼ばれます。

6-6 母平均の区間推定

信頼係数を95%として、母平均の区間推定を行います。母分散が明らかであれば標準正規分布が利用できますが、母分散が明らかであることは普通あり得ません。そのため、本書では、母平均の区間推定においてt分布を活用します。

以下の手順で信頼区間を計算します。

1 標本平均$\bar{X}$と標準誤差SEを計算する

2 サンプルサイズをnとするとき、自由度$n-1$のt分布における、2.5%点と97.5%点を計算する

 2.1 t分布における、2.5%点を$t_{0.025}$と表記する

 2.2 t分布における、97.5%点を$t_{0.975}$と表記する

 2.3 t分布に従う確率変数が$t_{0.025}$以上$t_{0.975}$以下になる確率は95%である

  2.3.1 このときの95%が信頼係数となる

3 $\bar{X}-t_{0.975}\cdot SE$が下側信頼限界となる

4 $\bar{X}-t_{0.025}\cdot SE$が上側信頼限界となる

数式を使って計算手順の意味を確認します。

t値の計算式を再掲します。ただし$\bar{X}$は標本平均、μは母平均、SEは標本から計算される標準誤差です。Uは不偏分散の平方根であり、nはサンプルサイズです。

$$t\text{値} = \frac{\bar{X}-\mu}{SE} = \frac{\bar{X}-\mu}{U/\sqrt{n}} \tag{5-22}$$

t値はt分布に従うため、t値が$t_{0.025}$以上$t_{0.975}$以下になる確率は95%です。

$$P\left(t_{0.025} \leq \frac{\bar{X}-\mu}{SE} \leq t_{0.975}\right) = 0.95 \tag{5-23}$$

$t_{0.025} \leq (\bar{X}-\mu)/SE \leq t_{0.975}$を母平均$\mu$について解くと、以下のようになります。

$$\bar{X}-t_{0.975} \cdot SE \leq \mu$$
$$\mu \leq \bar{X}-t_{0.025} \cdot SE \tag{5-24}$$

このときの$\bar{X}-t_{0.975} \cdot SE$が下側信頼限界に、$\bar{X}-t_{0.025} \cdot SE$が上側信頼限界になります。なお、$t$分布が0を中心に左右対称であることを利用して、上側信頼限界を$\bar{X}+t_{0.975} \cdot SE$とする教科書もあります。

6-7 実装 母平均の区間推定

母平均の区間推定を実行します。

7-A◆定義通りの実装

区間推定に必要となる情報は、自由度（サンプルサイズ-1）、標本平均、標準誤差の3つです。標本平均はすでに計算済みなので、残りを計算します。

```
# 統計量の計算
n = len(fish)                # サンプルサイズ
df = n - 1                   # 自由度
u = np.std(fish, ddof=1) # 標準偏差
se = u / np.sqrt(n)          # 標準誤差

print('サンプルサイズ：', n)
print('自由度        ：', df)
print('標準偏差      ：', round(u, 3))
print('標準誤差      ：', round(se, 3))
print('標本平均      ：', round(x_bar, 3))
```

```
サンプルサイズ： 10
自由度        ： 9
標準偏差      ： 0.825
標準誤差      ： 0.261
標本平均      ： 4.187
```

続いて自由度n-1のt分布における、2.5%点と97.5%点を計算します。

```
# 2.5%点と97.5%点
t_025 = stats.t.ppf(q=0.025, df=df)
t_975 = stats.t.ppf(q=0.975, df=df)

print('t分布の 2.5%点：', round(t_025, 3))
print('t分布の97.5%点：', round(t_975, 3))
```

```
t分布の 2.5%点： -2.262
t分布の97.5%点： 2.262
```

t分布は左右対称ですので、$t_{0.025}=-t_{0.975}$となります。これらの結果を使って信頼区間を計算します。

```
# 母平均の区間推定
lower_mu = x_bar - t_975 * se
upper_mu = x_bar - t_025 * se

print('下側信頼限界：', round(lower_mu, 3))
print('上側信頼限界：', round(upper_mu, 3))
```

```
下側信頼限界： 3.597
上側信頼限界： 4.777
```


母平均の95%信頼区間は、3.597から4.777となりました。

7-B◆効率的な実装

母平均の区間推定を効率的に行う方法を紹介します。stats.t.interval関数を使います。引数には信頼係数alpha、自由度df、標本平均loc、標準誤差scaleを指定します。

変数名のresはresultの略語を意図しています。出力の1番目の要素が下側信頼限界、2番目の要素が上側信頼限界となります。

```
res_1 = stats.t.interval(alpha=0.95, df=df, loc=x_bar, scale=se)
np.round(res_1, 3)
```

```
array([3.597, 4.777])
```

結果は定義通り計算した場合と変わりません。

6-8 信頼区間の幅を決める要素

標本における分散が大きければ「データが平均値から離れている」すなわち「平均値をあまり信頼できない」ことになるので、信頼区間の幅が広くなります。

物は試しで、標本標準偏差を10倍に増やしてから95%信頼区間を計算してみましょう。かなり幅が広くなります。

```
se_2 = (u * 10) / np.sqrt(n)
res_2 = stats.t.interval(alpha=0.95, df=df, loc=x_bar, scale=se_2)
np.round(res_2, 3)
```

```
array([-1.713, 10.087])
```

信頼区間の幅が広いというのは「母平均がどこに位置しているのかがよくわからない」ということだと解釈すれば直観によく合う結果です。

逆に、サンプルサイズが大きくなれば、標本平均を信頼できるようになるため、信頼区間は狭くなります。

これもPythonで計算します。サンプルサイズを10倍にしました。サンプルサイズが大きくなると、自由度が大きくなり、標準誤差が小さくなることに注意します。

```
n_2 = n * 10
df_2 = n_2 - 1
se_3 = u / np.sqrt(n_2)
res_3 = stats.t.interval(alpha=0.95, df=df_2, loc=x_bar, scale=se_3)
np.round(res_3, 3)
```

```
array([4.023, 4.351])
```

まったく同一のデータであった場合には、信頼係数が大きいほど、安全を見込んで信頼区間の幅は広くとられます。99%信頼区間は以下のように計算されます。95%信頼区間よりも幅が広くなっていることに注目してください。

```
res_4 = stats.t.interval(alpha=0.99, df=df, loc=x_bar, scale=se)
np.round(res_4, 3)
```

```
array([3.339, 5.035])
```


6-9 区間推定の結果の解釈

信頼係数95%における「95%」の意味を、今までは信頼の度合いというややあいまいな表現で説明していました。本節では、シミュレーションを通して区間推定の結果の解釈を試みます(**図5-6-1**)。

信頼係数95%の「95%」は、以下のようにして確認できます。

1. 正規母集団から無作為標本を得る
2. 今回と同じやり方で95%信頼区間を計算する
3. この試行をたくさん繰り返す
4. すべての試行のうち、母平均が信頼区間に含まれている割合が95%

平たく言えば、95%の信頼係数で計算された信頼区間は「同じ母集団からの無作為標本を用いて、何度も何度も区間推定を実行したなら、計算された区間の95%が正しい値を含んでいると期待できる」と解釈できます。

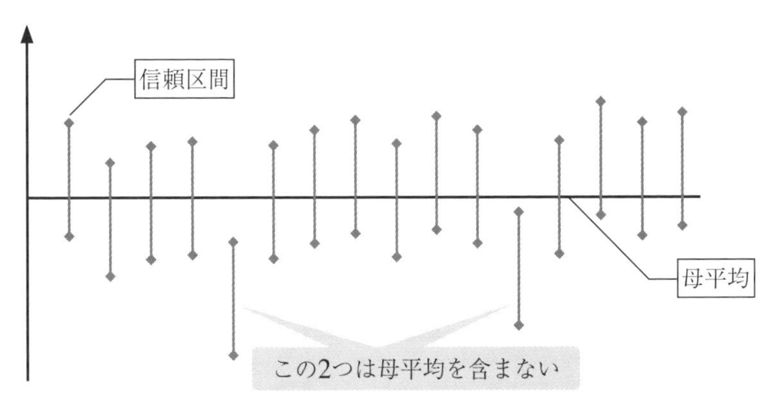

図 5-6-1 信頼区間の解釈

シミュレーションを通して確認します。下記のコードはscipyのリファレンス [URL: https://docs.scipy.org/doc/scipy/reference/generated/scipy.stats.bootstrap.html] を参考にしました。まずはシミュレーションの設定を行います。母集団分布は、母平均が4である正規分布とします。母標準偏差は0.8としましたが、異なる数値を入れてもほぼ同じ結果となります。

```
norm_dist = stats.norm(loc=4, scale=0.8)
```

試行回数num_trialsは20000回とします。信頼区間が母平均（4）を含んでいた回数をincluded_numとします。

```
num_trials = 20000 # シミュレーションの繰り返し数
included_num = 0   # 信頼区間が母平均(4)を含んでいた回数
```

シミュレーションを実行します。

```
# 「データを10個選んで95%信頼区間を求める」試行を20000回繰り返す
np.random.seed(1) # 乱数の種
for i in range(0, num_trials):
    # 標本の抽出
    sample = norm_dist.rvs(size=n)
    # 信頼区間の計算
    df = n - 1                        # 自由度
    x_bar = np.mean(sample)           # 標本平均
    u = np.std(sample, ddof=1)        # 標準偏差
    se = u / np.sqrt(n)               # 標準誤差
    interval = stats.t.interval(0.95, df, x_bar, se)
    # 信頼区間が母平均(4)を含んでいた回数をカウント
    if(interval[0] <= 4 <= interval[1]):
        included_num = included_num + 1
```

信頼区間が母平均（4）を含んでいた割合を求めます。およそ0.95となります。

```
included_num / num_trials
```

```
0.948
```

6-10 母分散の区間推定

信頼係数を95%として、母分散の区間推定を行います。母分散の区間推定ではχ^2分布を活用します。

以下の手順で信頼区間を計算します。

1　不偏分散U^2を計算する

2　サンプルサイズをnとするとき、自由度$n-1$のχ^2分布における、2.5%点と97.5%点を計算する

　2.1　χ^2分布における、2.5%点を$\chi^2_{0.025}$と表記する

　2.2　χ^2分布における、97.5%点を$\chi^2_{0.975}$と表記する

　2.3　χ^2分布に従う確率変数が$\chi^2_{0.025}$以上$\chi^2_{0.975}$以下になる確率は95%である

　　2.3.1　このときの95%が信頼係数となる

3　$(n-1)U^2/\chi^2_{0.975}$が下側信頼限界となる

4　$(n-1)U^2/\chi^2_{0.025}$が上側信頼限界となる

数式を使って計算手順の意味を確認します。

下記のように計算されるχ^2値は自由度$n-1$のχ^2分布に従います。ただしU^2は不偏分散であり、nはサンプルサイズです。

$$\chi^2 = \frac{n-1}{\sigma^2}U^2 \tag{5-25}$$

χ^2値が$\chi^2_{0.025}$以上$\chi^2_{0.975}$以下になる確率は95%です。

$$P\left(\chi^2_{0.025} \leq \frac{n-1}{\sigma^2}U^2 \leq \chi^2_{0.975}\right) = 0.95 \tag{5-26}$$

$\chi^2_{0.025} \leq (n-1)U^2/\sigma^2 \leq \chi^2_{0.975}$を母分散$\sigma^2$について解くと、以下のようになります。

$$\frac{(n-1)U^2}{\chi^2_{0.975}} \le \sigma^2$$
$$\sigma^2 \le \frac{(n-1)U^2}{\chi^2_{0.025}} \tag{5-27}$$

このときの$(n-1)U^2/\chi^2{}_{0.975}$が下側信頼限界に、$(n-1)U^2/\chi^2{}_{0.025}$が上側信頼限界になります。

6-11 実装 母分散の区間推定

母分散の区間推定を実行します。

自由度$n-1$のχ^2分布における、2.5%点と97.5%点を計算します。

```
# 2.5%点と97.5%点
chi2_025 = stats.chi2.ppf(q=0.025, df=df)
chi2_975 = stats.chi2.ppf(q=0.975, df=df)

print('χ2分布の 2.5%点：', round(chi2_025, 3))
print('χ2分布の97.5%点：', round(chi2_975, 3))
```

```
χ2分布の 2.5%点： 2.7
χ2分布の97.5%点： 19.023
```

これらの結果を使って信頼区間を計算します。

```
# 母分散の区間推定
upper_sigma = (n - 1) * u2 / chi2_025
lower_sigma = (n - 1) * u2 / chi2_975

print('下側信頼限界：', round(lower_sigma, 3))
print('上側信頼限界：', round(upper_sigma, 3))
```

```
下側信頼限界： 0.322
上側信頼限界： 2.267
```

母分散の95%信頼区間は、0.322から2.267となりました。

第6部

統計的仮説検定

第1章 母平均に関する1標本のt検定

第6部では統計的仮説検定を解説します。統計的仮説検定には多くの種類がありますが、読者の混乱を防ぐため、利用頻度が高いものに限って解説します。
本章では統計的仮説検定の初歩を、母平均に関する1標本のt検定を通して解説します。
統計的仮説検定を目にする機会はとても多いです。自分たちの分析で使うこともあれば、他人の検定結果を見たうえで内容を解釈しなければならないこともあります。
統計的仮説検定を使うことの是非については第6部第4章で議論しますが、少なくとも検定の結果の解釈ができるようになっている必要性はあると言えるでしょう。

1-1 統計的仮説検定の初歩

統計的仮説検定は、データを使って何かを判断したいときに使われる手法の1つです。単に検定とも呼びます。統計的仮説検定にはさまざまな種類があり、判断する対象も手法によってさまざまです。

第5部では統計的推定を解説しました。推定は、母集団分布のパラメータを言い当てる試みだと言えます。例えば母平均というパラメータを、標本平均という推定量を使って言い当てようと試みました。
一方の検定は母集団のパラメータについて判断を下します。例えば「母平均が50か、あるいは50でないか」を判断する問題などに、検定を利用できます。

1-2　母平均に関する1標本のt検定

検定の一般論を述べると、どうしても抽象的な説明になります。そのため、本章では具体的な検定の手続きを解説しながら、用語や仕組みを解説します。

検定の手法にはさまざまありますが、まずは母平均に関する1標本のt検定を説明します。1群のt検定と呼ぶこともあります。この手法は、データを正規母集団からの無作為標本だと仮定していることに注意してください。以降ではこの仮定が成り立っているという前提で説明を進めます。

母平均に関する1標本のt検定では「平均値が"ある値"と異なると言えるかどうか」を判断します。

例えば、内容量が50gと書かれたスナック菓子があったとします。しかし、49gしか入っていないこともあれば51gのお菓子が入っていることもあるでしょう。すべての製品で完璧に50gというのは難しいものです。

内容量には多少ばらつきがあるでしょうが、内容量の平均値は50gとなっていてほしいところではあります。50gと異なる場合は、スナック菓子を袋詰めする機械に問題がないか検査しなければならないとします。

こんなときには検定の出番です。母平均に関する1標本のt検定を使うことで「スナック菓子の内容量の母平均が50gと異なっていると言えるかどうか」という判断をサポートできます。

t検定と呼ばれる仮説検定はさまざまな対象に適用されます。例えば第8部では平均値と異なる対象にt検定を適用します。しかし、本章では1変量データの平均値のみを対象にすると決めているため、単にt検定と呼びます。

1-3 用語 帰無仮説・対立仮説

統計的仮説検定では、ある仮説を立てて、その仮説を棄却するかしないかという判断を下すことで、データに基づく判断を試みます。

棄却される対象となる最初の仮説を**帰無仮説**と呼びます。伝統的にH_0と表記します。Hは仮説を意味するHypothesisの頭文字です。

帰無仮説と対立する仮説を**対立仮説**と呼びます。伝統的にH_1と表記します。

スナック菓子の平均値が50gと言えるかどうかを判断する場合には、以下のように仮説を設定します。

帰無仮説H_0：スナック菓子の母平均は50gである

対立仮説H_1：スナック菓子の母平均は50gと異なる

帰無仮説が棄却されたならば、有意差あり、すなわち「スナック菓子の母平均は50gと異なる」と判断します。

少々遠回りして判断を下すことになりますが、厳密性を重んじた結果です。

1-4 用語 有意差

有意差という言葉は文字通り「意味の有る差」のことを指します。統計的仮説検定では有意性の有無を判断するため、**有意性の検定**という呼び方も使われます。

スナック菓子の事例に基づいて有意差の考え方を紹介します。スナック菓子の平均重量が50gか否かを判定したいという問題でした。

例えばスナック菓子を20袋開封したとき、袋詰めする機械に不備がなかったとしても、スナック菓子の平均重量が「50gぴったり」であるとは考えにくいです。小さなかけらが少し余分に封入されたり、重量を計測する際に誤差が加わったりするはずです。

こういった観測の誤差ではなく、有意差があるとみなせるかどうかを判断するのが、検定の目的です。有意差があると判断されれば、帰無仮説を棄却します。

なお、今回の事例では平均値の差を対象とするため有意差という表現が受け入れやすいと思います。しかし差分のイメージがしにくい事例があるかもしれません。この場合は「有意差」という表現にこだわらず「有意性」と表現することがあります。

また「有意」という言葉には独特な響きがありますが、有意差が得られても過信は禁物です。仮説検定の利用に関する補足事項は第6部第4章で解説します。

1-5　t検定の直観的な考え方

t検定における有意差の直観的な考え方を説明します。

例えば、2袋のスナック菓子を開けたとしましょう。

家にある安物の重量計でスナック菓子の内容量を測りました。1袋目が55gで、2袋目が44g、平均内容量が49.5gだったとします。50gとは異なっていますが、これは有意差と言えるでしょうか。

まず気になるのは2袋しか開けていないことです。もっと大きな標本を使って調査すべきです。さらに、測定方法も気になります。安物の重量計で正確な重量がわかるものでしょうか。また49.5gという結果は、50gとかなり近いです。

この調査結果からは、有意差があると主張するのは難しそうに感じます。

逆に、以下の条件であれば50gと有意差があるように感じられます。

- 大きなサンプルで調査した：サンプルサイズが大きい
- 精密な重量計で測定した：データのばらつき（分散）が小さい
- 重量の平均値が50gから大きく離れている：平均値の差が大きい

t検定では、この3つの条件が満たされているときに、有意差ありと判断します。

1-6 平均値の差が大きいだけでは有意差は得られない

t検定の有意差判断ロジックからは、とても重要な教訓が得られます。それは、**平均値の差が大きいだけでは有意差が得られない**ということです。これはとても重要なことなので、ぜひご銘記ください。

極端な例を挙げて解説します。古い重量計があります。この重量計の中に入っているバネはゆがんでいて、まったく同じ物の重量を測ったとしても、値が毎回変わるというひどい代物です。50gちょうどの重石の重量を測っても、30gになったり70gになったりします。

この重量計を使って、2袋のスナック菓子の重量を測りました。1つ目が10gで2つ目が60gでした。平均は35gであり、50gからはかなり離れているように見えます。

しかし、この結果を見て有意差ありと考える人はまずいないでしょう。この重量計の測定値は、ばらつき（分散）があまりにも大きすぎ、サンプルサイズはか細いほどに小さいのですから。

平均値だけを使ってその大小を比較するのはおすすめしません。サンプルサイズとデータのばらつき（分散）の大きさを加味することが重要です。

統計的仮説検定という枠組みにかかわらず、意味の有る差について考えることは、データを読むリテラシーとして役に立つと思います。

1-7 用語 検定統計量

検定に用いられる統計量を**検定統計量**と呼びます。

本章では「母平均に対するt検定」を行います。しかし平均値の差が大きいだけでは、有意差があるとは言えないはずだ、という重要な示唆が得られました。

それでは有意性を検定するために、どのような検定統計量を使えばよいでしょうか。t検定では、t値を検定統計量として利用します。

1-8　t値の復習

t検定において、有意差ありと考える条件は以下の3つでした。

- 大きなサンプルで調査した：サンプルサイズが大きい
- 精密な重量計で測定した：データのばらつき（分散）が小さい
- 重量の平均値が50gから大きく離れている：平均値の差が大きい

第5部の第5章と第6章で紹介したt値は、先の条件をすべてあわせた検定統計量として利用できます。t値の定義を再掲します。ただし$\bar{X}$は標本平均で、μは母平均、SEは標準誤差、Uは標準偏差（不偏分散の平方根）、nはサンプルサイズです。

$$t値=\frac{\bar{X}-\mu}{SE}=\frac{\bar{X}-\mu}{U/\sqrt{n}} \tag{6-1}$$

ここで、母平均μが50gと異なるかどうかを検定するというスナック菓子の例では、$\mu=50$を代入して、以下のようにt値を計算できます。

$$t値=\frac{\bar{X}-50}{SE} \tag{6-2}$$

このt値が大きければ50gから「有意差あり」と判断します。

なお、標本平均$\bar{X}$が比較対象（50）と比べてとても小さかった場合は、t値が小さな値になります。t値はその絶対値に意味が有ると言えます。

1-9　ここまでのまとめその1

統計的仮説検定は、覚える用語が多いです。今までの議論を整理します。

9-A◆用語の整理

【帰無仮説・対立仮説】

最初に帰無仮説と対立仮説を提示します。帰無仮説を棄却するかどうかを判断することで、母集団についての判断を下します。

帰無仮説は例えば「母集団のパラメータは○○である」そして対立仮説は「母集団のパラメータは○○と異なる」などのような形で提示されます。

【有意差・有意性】

得られた差が、意味の有る差だと判断する場合に、有意差があると主張します。有意性という表現もしばしば使います。有意差があると判断された場合には、帰無仮説を棄却します。

【検定統計量】

有意差は、単なる「平均値の差」のような単純な指標で判断することが難しいです。そのため、検定の目的にあわせて検定統計量を計算します。

本章で扱うt検定ではt値を検定統計量とします。検定の種類によって、検定統計量は異なります。

9-B◆ここからの流れ

今までは問題の整理に努めてきました。ここからは、具体的に有意差があるかどうかを判断する手続きを述べます。この手続きを理解するために必要な用語を導入します。

1-10 用語 第一種の過誤・第二種の過誤

帰無仮説が正しいのに、誤って帰無仮説を棄却してしまうことを**第一種の過誤**と呼びます。逆に、帰無仮説が間違っているのに、誤って帰無仮説を採択してしまうことを、**第二種の過誤**と呼びます。

統計的仮説検定では、第一種の過誤が発生する確率をコントロールすることを目指します。第一種の過誤と第二種の過誤では扱いが異なることに注意してください。この問題は第6部第4章で再考します。

1-11 用語 有意水準

第一種の過誤を許容できる確率を**有意水準**あるいは**危険率**と呼びます。有意水準は伝統的にαと表記することが多いです。

有意水準は、帰無仮説を棄却する基準となります。有意水準としては5%や1%が使われることが多いです。本書では断わりがない限り常に5%とします。

1-12 用語 棄却域・受容域

棄却域と受容域は、帰無仮説を棄却するか否かを判断するために用いられる、検定統計量の範囲です。

計算された検定統計量の値が**棄却域**に含まれるならば帰無仮説を棄却します。一方で、計算された検定統計量の値が**受容域**に含まれるなら、帰無仮説は棄却しません。

検定統計量が「ある値c以下か、あるいはcより大きいかどうか」で「棄却域かどうか」を見分ける場合、境になる点cを**棄却点**や**棄却限界**と呼びます。棄却域は、有意水準を達成できるように計算します。

1-13 用語 p値

同様の手続きとしてp値を用いた判断方法も紹介します。どちらを使っても構いませんが、本書ではp値を用いた判断を多く利用します。

p値は大雑把に言うと「特定の統計モデルのもとで、データの統計的要約（たとえば、2グループ比較での標本平均の差）が観察された値と等しいか、それよりも極端な値をとる確率である」と解釈されます（Wasserstein and Lazar(2017)）。少し難しい解釈なので、数値例を使いながら、後ほど補足します。

p値が有意水準以下となる場合に、帰無仮説を棄却します。

1-14 ここまでのまとめその2

今までの議論を整理します。

14-A◆用語の整理

【第一種の過誤・第二種の過誤】

帰無仮説を棄却するかどうかを判断するとき、2種類の過誤があります。誤って帰無仮説を棄却する第一種の過誤と、誤って帰無仮説を採択する第二種の過誤です。

【有意水準】

第一種の過誤を許容できる確率を有意水準と呼びます。有意水準は検定を実施する人が決めます。本書では伝統的にしばしば使われる5%という水準を使います。

検定は、第一種の過誤を犯す確率をコントロールしたうえで判断を下すことに努めた技術だと言えます。

【棄却域・p値】

有意差の有無を判断するとき、棄却域を用いる方法とp値を用いる方法があります。どちらを使っても構いませんが、本書ではp値を頻繁に参照します。

計算された検定統計量の値が棄却域に含まれるならば帰無仮説を棄却します。棄却域は、有意水準を達成できるように計算します。

p値を計算して判断することもできます。p値が有意水準以下となる場合に、帰無仮説を棄却します。

14-B◆ここからの流れ

棄却域と呼ばれる範囲、もしくはp値と呼ばれる指標を計算できれば、仮説検定が実行できそうだ、というところまで説明しました。

ここからは棄却域とp値の計算方法を解説します。仮にスナック菓子問題において、サンプルサイズ20の標本から計算されたt値をt_{sample}と表記し、

t_{sample}=2.75だったとします。t値が正の値をとっているため、標本平均は比較対象である「50g」よりも大きかったことがわかります。このとき、帰無仮説は棄却できるでしょうか、できないでしょうか。

1-15 t値とt分布の関係の復習

本章ではデータを正規母集団からの無作為標本だと仮定します。この仮定が満たされている場合、サンプルサイズをnとすると、t値は自由度が$n-1$であるt分布に従います。この結果を利用して、棄却域とp値を計算します。

t分布は0を中心にして左右対称な確率分布です。自由度が$n-1$であるt分布における、2.5%点を$t_{0.025}$と、97.5%点を$t_{0.975}$と表記すると、$-t_{0.025}=t_{0.975}$となります。

1-16 用語 片側検定・両側検定

両側検定は「スナック菓子の平均重量は50gと異なる」ということを調べる検定手法です。50gよりも小さいかもしれないし大きいかもしれません。

片側検定とは「スナック菓子の平均重量は50gよりも小さい」といったことを調べる検定方法です。50gよりも大きいということは想定しません。便宜上これを**左片側検定**と呼びます。

片側検定の逆パターンとして「スナック菓子の平均重量は50gより大きい」ことだけを調べて、50gよりも小さいことは一切想定しないというものもあります。便宜上これを**右片側検定**と呼びます。

棄却域とp値の計算の際に、両側検定か片側検定かの違いが出てきます。どちらを利用するかは問題設定によります。特に理由がなければ、片方だけしか想定しないのは不自然ですので、両側検定を行うことが多いです。

1-17 棄却域の計算方法

母平均に関する1標本のt検定における棄却域を求めます。

17-A◆両側検定の場合

自由度が$n-1$であるt分布に従う確率変数をXとしたとき、パーセント点の定義から$P(X < t_{0.025}) = 0.025$です。ここでt分布が0を中心にして左右対称であることを利用すると$P(-t_{0.025} < |X|) = 0.05$となります。

標本から計算されるt値をt_{sample}と表記します。正規母集団からの無作為標本から計算されたt値はt分布に従います。有意水準$\alpha = 0.05$とする場合、t_{sample}の絶対値が$-t_{0.025}$より大きくなった場合に帰無仮説を棄却します。すなわち$-t_{0.025} < |t_{sample}|$が棄却域です。**図6-1-1**における$t_{0.025}$未満の範囲、$-t_{0.025}$より大きな範囲が棄却域となります。

帰無仮説が正しいときに、上記のルールで帰無仮説を棄却するなら、第一種の過誤を犯す確率は0.05とみなせます。

なお、自由度が19であるt分布では$t_{0.025} \approx -2.09$です（≈はほぼ等しいという記号です）。サンプルサイズが20の標本では、標本から計算されたt値の絶対値がおよそ2.09以上である場合に帰無仮説を棄却します。

仮に、サンプルサイズ20の標本から計算されたt値が$t_{sample} = 2.75$であれば、帰無仮説は棄却されます。

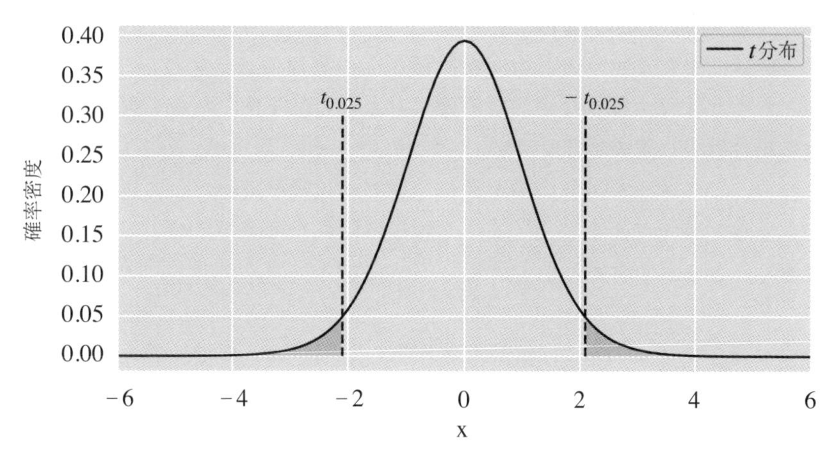

図 6-1-1 両側検定の棄却域

17-B◆片側検定の場合

片側検定の場合の棄却域を求めます。

「スナック菓子の平均重量は50gよりも小さい」ことを検定するならば、$t_{sample} < t_{0.05}$が棄却域となります。

「スナック菓子の平均重量は50gよりも大きい」ことを検定するならば、$t_{0.95} = -t_{0.05}$であるため$-t_{0.05} < t_{sample}$が棄却域となります。

17-C◆両側検定と片側検定の比較

有意水準をαとするとき、両側検定では$t_{\alpha/2}$を用いて、$-t_{\alpha/2} < |t_{sample}|$が棄却域となります。$\alpha/2$のパーセント点が重要な役割を果たします。

一方の片側検定では、αのパーセント点を利用します。左片側検定では$t_{sample} < t_{\alpha}$が棄却域となり、右片側検定では$-t_{\alpha} < t_{sample}$が棄却域となります。

両側検定では「小さい場合と大きい場合」の両方を加味するので、$\alpha/2$のパーセント点を参照することに注意してください。

1-18 p値の計算方法

$t_{sample} = 2.75$と計算されたと想定して、p値を求めます。

18-A◆両側検定の場合

p値は、平たく言うと「検定統計量がその実現値（すなわちt_{sample}）と同じかそれよりも極端な値になる確率」とみなせます。ただし両側検定をする場合は少し工夫が必要です。

なお、この確率を計算するときに、標本が正規母集団からの無作為標本であるというモデルを利用します。背後に隠れたモデルについても意識しておくことをおすすめします。

今回は2.75という正のt値が得られました。そのうえで、この値が「有意差あり」と主張できるほど大きいと言えるのかどうかを判断します。そこで「検定統計量がその実現値（すなわち$t_{sample}=2.75$）と同じかそれよりも極端な値になる確率」をp値として計算します。p値が有意水準以下であるくらい十分に小さければ、「有意差あり」と主張します。

p値は以下のように計算されます。ただし$P(t_{sample} \leq X)$は、自由度が$n-1$であるt分布に従う確率変数をXとしたとき「確率変数Xがt_{sample}以上になる確率」です。

$$p値 = P(t_{sample} \leq X) \times 2 \tag{6-3}$$

最後に×2をしているのは両側検定だからです。「スナック菓子の平均重量は50gと異なる」確率を計算しようと思ったら、大きい場合と小さい場合の2パターンを考慮するため、2倍する必要があります（左右非対称な確率分布を使う場合は、2倍する以外の方法を使うこともありますが、煩雑なので略します）。

Pythonでの実装方法を補足的に説明します。難しいと感じたら読み飛ばしても大丈夫です。

p値の計算ではt分布の累積密度関数を使います。これにより自由度が$n-1$であるt分布に従う確率変数をXとしたとき$P(X \leq t_{sample})$すなわち、「確率変数Xがt_{sample}以下になる確率」が計算できます。

今回求めたいのは順序が逆の$P(t_{sample} \leq X)$です。そこで、t分布が0を中

心に左右対称であることを利用して$P(X \leq -|t_{sample}|)$を計算します。$P(X \leq -|t_{sample}|) \times 2$が両側検定における$p$値となります。

なお自由度が19であるt分布では$P(X \leq -2.75) \times 2 \approx 0.013$です。有意水準0.05を下回っているため、帰無仮説は棄却されます。

18-B◆片側検定の場合

片側検定の場合は、2を掛ける処理が不要になります。以下は右片側検定の例です。

$$p\text{値} = P(t_{sample} \leq X) \tag{6-4}$$

p値が有意水準以下となる場合に、帰無仮説を棄却します。そのため、大きなp値が得られやすい両側検定の方が、帰無仮説は棄却されにくいです。

1-19 数式を使ったまとめ

両側検定であることを前提として、母平均に関する1標本のt検定を数式で整理します。本節を飛ばして先にPython実装に移っても大丈夫です。

データ$X_1, X_2, \ldots, X_n$を、正規母集団$\mathcal{N}(\mu, \sigma^2)$からの無作為標本と仮定します。このとき、母平均$\mu$に対して、以下の2つの仮説を設定します。$\mu_0$は任意の定数です。有意水準を$\alpha$とします。

$$\begin{aligned}&\text{帰無仮説}H_0: \mu = \mu_0\\&\text{対立仮説}H_1: \mu \neq \mu_0\end{aligned} \tag{6-5}$$

スナック菓子の事例では$\mu_0=50$と設定していました。

検定統計量は下記で計算されるt値です。ただし$\bar{X}$は標本平均で、μは母平均、SEは標準誤差、Uは標準偏差（不偏分散の平方根）、nはサンプルサイズです。

$$t値=\frac{\bar{X}-\mu}{SE}=\frac{\bar{X}-\mu}{U/\sqrt{n}} \tag{6-6}$$

帰無仮説が正しいと仮定すると、$\mu=\mu_0$なので、それを代入します。

$$t値=\frac{\bar{X}-\mu_0}{SE}=\frac{\bar{X}-\mu_0}{U/\sqrt{n}} \tag{6-7}$$

標本から計算されたt値をt_{sample}と表記します。データが正規母集団からの無作為標本であり、かつ帰無仮説が正しいと仮定すると、t値は自由度が$n-1$であるt分布に従います。このことを利用して、棄却域とp値を求めます。

自由度が$n-1$であるt分布における、$\alpha\times100\%$点をt_αと表記すると、$-t_{\alpha/2}\leq|t_{sample}|$の範囲が棄却域となります。

自由度が$n-1$であるt分布に従う確率変数をXとしたとき$P(t_{sample}\leq X)$を「確率変数Xがt_{sample}以上になる確率」だとします。0より大きなt_{sample}が得られた場合、$P(t_{sample}\leq X)\times2$が$p$値となります。一般的には$P(X\leq -|t_{sample}|)\times2$が$p$値となります。

t_{sample}が棄却域に含まれる場合、あるいはp値が有意水準以下となる場合に、帰無仮説を棄却します。

1-20 実装 分析の準備

Pythonを使って計算の流れを復習します。必要なライブラリの読み込みなどを行います。

```
# 数値計算に使うライブラリ
import numpy as np
import pandas as pd
from scipy import stats
```

続いて、今回の分析の対象となるデータを読み込みます。スナック菓子の重量を測定した架空のデータです。サンプルサイズは20です。シリーズ形式で読み込みます。

```
junk_food = pd.read_csv('6-1-1-junk-food-weight.csv')['weight']
junk_food.head()
```

```
0    58.529820
1    52.353039
2    74.446169
3    52.983263
4    55.876879
Name: weight, dtype: float64
```

このデータを対象に、1標本のt検定を実行します。

以下の要領で検定を行います。

帰無仮説：スナック菓子の母平均は50gである

対立仮説：スナック菓子の母平均は50gと異なる

有意水準は5%とします。

1-21 (実装) t値の計算

t値を計算します。そのために標本平均を求めます。

```
x_bar = np.mean(junk_food)
round(x_bar, 3)
```

```
55.385
```

続いて自由度です。サンプルサイズから1を引きます。

```
n = len(junk_food)
df = n - 1
df
```

```
19
```

次に標準誤差を求めます。標準誤差は「標準偏差÷サンプルサイズの平方根」で求められます。

```
u = np.std(junk_food, ddof = 1)
se = u / np.sqrt(n)
round(se, 3)
```

```
1.958
```

最後にt値を計算します。およそ2.75となりました。

```
t_sample = (x_bar - 50) / se
round(t_sample, 3)
```

```
2.75
```

1-22 実装 棄却域の計算

棄却域を求め、帰無仮説を棄却するかどうか判断します。

自由度が$n-1$であるt分布における、2.5%点を$t_{0.025}$とします。$t_{0.025}$を求めます。

```
round(stats.t.ppf(q=0.025, df=df), 3)
```

```
-2.093
```

$-t_{0.025} < |t_{sample}|$の範囲が棄却域となります。$|t_{sample}|=2.75$は、$-t_{0.025}$を上回っているため、帰無仮説は棄却されます。

1-23 実装 p値の計算

続いてp値を計算します。stats.t.cdfは累積分布関数であり、np.absは絶対値をとる関数です。


```
p_value = stats.t.cdf(-np.abs(t_sample), df=df) * 2
round(p_value, 3)
```

```
0.013
```

p値が有意水準0.05を下回っているので、帰無仮説は棄却されます。スナック菓子の平均重量は50gと有意に異なっていると判断できます。

なお、stats.ttest_1samp関数を使うと、もっと簡単に1標本のt検定を行うことができます（出力結果の桁数は少し短くさせています）。

```
stats.ttest_1samp(junk_food, 50)
```

```
Ttest_1sampResult(statistic=2.7503, pvalue=0.0127)
```

statisticがt値であり、pvalueがp値です。

1-24 実装 シミュレーションによるp値の計算

p値の意味を解釈するために、p値をシミュレーションで求めます。今回のように母集団分布としてパラメトリックなモデルを想定したうえで、シミュレーションを使ってp値を求める方法を、**パラメトリックブートストラップ検定**と呼びます。

p値は「母集団に対する仮定（モデル）を置いたうえで、帰無仮説が正しいと仮定して、何度も標本抽出からt値計算を繰り返したとき、t_{sample}と同じかそれより極端なt値が得られる確率」と解釈できます。両側検定の場合はこの確率を2倍したものがp値です。

p値が小さいとします。ならば帰無仮説が正しいときにt_{sample}を超えるようなt値が得られる確率が小さいです。このときはt_{sample}が十分に大きい、すなわち有意差ありと判断します。

まずは、今回の標本の情報を（一部再掲となりますが）変数に格納します。サンプルサイズと標準偏差（不偏分散の平方根）を格納しました。

```
n = len(junk_food)
u = np.std(junk_food, ddof=1)
```

シミュレーションをして50000回t値を計算します。そこで、50000個のt値を格納する入れ物を用意します。

```
t_value_array = np.zeros(50000)
```

帰無仮説が正しいと仮定して、50000回、標本抽出からt値の計算を繰り返します。

```
np.random.seed(1)
norm_dist = stats.norm(loc=50, scale=u)
for i in range(0, 50000):
    # 標本の抽出
    sample = norm_dist.rvs(size=n)
    # t値の計算
    sample_x_bar = np.mean(sample)     # 標本平均
    sample_u = np.std(sample, ddof=1) # 標準偏差
    sample_se = sample_u / np.sqrt(n) # 標準誤差
    t_value_array[i] = (sample_x_bar - 50) / sample_se # t値
```

50000個のt値のうち、t_{sample}以上となった割合を求めます。これに2を掛けるとp値となります。

```
p_sim = (sum(t_value_array >= t_sample) / 50000) * 2
round(p_sim, 3)
```

```
0.013
```

理論上の値とほぼ一致していることを確認してください。

第2章

平均値の差の検定

本章では、実際の分析でも使われることが多い、平均値の差の検定の理論と実施方法を説明します。第6部第1章と同じく、母集団分布として正規分布を仮定します。また、母分散が未知である前提でt検定を利用します。
最初に対応のあるt検定を解説し、次に対応のないt検定を解説します。最後に統計的仮説検定の結果を歪めてしまう危険性について解説します。

2-1 2群のデータに対するt検定

今までは、1種類のスナック菓子の重量といった「1変量のデータ」だけを対象としていました。次は2つの変数の間で、平均値に差があるかどうかを判断します。

例えば、薬を飲む前と飲んだ後で、体温に差が出るかどうかを調べる場合。あるいは、大きい針で釣った魚と小さい針で釣った魚とで、釣れた魚の体長に差が出るかどうかを調べる場合、などに使われます。

2-2 対応のあるt検定

例えば、薬を飲む前と飲んだ後で、体温に差が出るかどうかを調べる場合など、「同じ対象を、異なった条件で2回測定して、その違いを見る」といった場合に対応のあるt検定を使います。

対応のあるt検定の例として、以下の架空の調査データを使います（説明のために整然データの形式にはしてありません）。

被験者	薬を飲む前の体温	薬を飲んだ後の体温	差分
Aさん	36.2	36.8	0.6
Bさん	36.2	36.1	-0.1
Cさん	35.3	36.8	1.5
Dさん	36.1	37.1	1.0
Eさん	36.1	36.9	0.8

このとき、一番右の列の「薬を飲む前と後の体温の差分」に注目します。もしも、薬が体温に何の影響も与えていないのであれば、この差分の値が0になるはずです。逆に言えば、差分の列の平均値が0と異なれば「薬を飲む前と飲んだ後で体温が異なる」ということが主張できます。

対応のあるt検定では、このように、差分をとってから「差分値が0と有意に異なるか」という母平均に関する1標本のt検定を行います。

2-3 実装 分析の準備

必要なライブラリの読み込みなどを行います。

```
# 数値計算に使うライブラリ
import numpy as np
import pandas as pd
from scipy import stats
```

続いて、今回の分析の対象となるデータを読み込みます。薬を飲む前と後の体温を測定した架空のデータです。サンプルサイズは10です。データフレーム形式で読み込みます。

```
paired_test_data = pd.read_csv('6-2-1-paired-t-test.csv')
print(paired_test_data)
```

```
  person medicine  body_temperature
0      A   before              36.2
1      B   before              36.2
2      C   before              35.3
3      D   before              36.1
4      E   before              36.1
5      A    after              36.8
6      B    after              36.1
7      C    after              36.8
8      D    after              37.1
9      E    after              36.9
```


このデータを対象に、対応のあるt検定を実行します。

以下の要領で検定を行います。

帰無仮説：薬を飲む前と後で体温は変わらない

対立仮説：薬を飲む前と後の体温が異なっている

有意水準は5%とします。p値が0.05を下回れば、帰無仮説は棄却され、薬を飲むことで体温の有意な変化が認められると主張できます。

2-4 (実装) 対応のあるt検定

薬を飲む前と飲んだ後における、体温の差を計算します。シリーズ型のままだと計算しにくいので、薬を飲む前・後で抽出したあと、アレイ型に変換しました。

```
# 薬を飲む前と飲んだ後の標本平均
before = paired_test_data.query(
    'medicine == "before"')['body_temperature']
after = paired_test_data.query(
    'medicine == "after"')['body_temperature']
# アレイに変換
before = np.array(before)
after = np.array(after)
# 差を計算
diff = after - before
diff
```

```
array([ 0.6, -0.1,  1.5,  1. ,  0.8])
```

そして、この差の値の平均値が0と異なるかどうかを、母平均に関する1標本のt検定で調べます（出力結果の桁数は少し短くさせています）。

```
stats.ttest_1samp(diff, 0)
```

```
Ttest_1sampResult(statistic=2.90169, pvalue=0.04404)
```

stats.ttest_rel関数を使えば簡単に検定できます。

```
stats.ttest_rel(after, before)
```

```
Ttest_1sampResult(statistic=2.90169, pvalue=0.04404)
```

p値が0.05を下回ったので「薬を飲む前と後の体温は有意に異なる」と主張できます。

2-5 対応のないt検定（不等分散）

次は、対応のないt検定の仕組みを説明します。

対応のないt検定は「平均値の差」に注目します。

対応があるt検定だと「データの差」をとってから母平均に関する1標本のt検定を実行していましたね。この違いに注意してください。

平均値の差に基づいてt値を計算する場合は、t値の計算式が若干複雑になります。

1標本のt検定におけるt値の計算式を再掲します。ただし$\bar{X}$は標本平均で、μは母平均、SEは標準誤差、Uは標準偏差（不偏分散の平方根）、nはサンプルサイズです。

$$t値 = \frac{\bar{X} - \mu}{SE} = \frac{\bar{X} - \mu}{U/\sqrt{n}} \tag{6-8}$$

変数XとYの平均値の差を検定するとしましょう。変数Xは例えば「大きい針で釣った魚の体長」で変数Yは「小さい針で釣った魚の体長」などとなります。

対応のないt検定のt値は、以下のように計算されます。

$$t値 = \frac{\bar{X} - \bar{Y}}{\sqrt{U_x^2/m + U_y^2/n}} \tag{6-9}$$

ただし、$\bar{X}$はXの平均値で、$\bar{Y}$はYの平均値です。

mはXのサンプルサイズで、nはYのサンプルサイズです。

また、U_x^2はXの不偏分散で、U_y^2はYの不偏分散です。

大体は1標本のt検定におけるt値と似たような感じではあります。ただ、2つの変数で分散が異なっていることを仮定したうえで計算をしているため、分母の標準誤差がやや複雑になっています。

続いて自由度（t分布のパラメータ）を計算します。この方法で計算された自由度は小数点以下の値をとることがあります。

$$自由度 = \frac{\left(U_x^2/m + U_y^2/n\right)^2}{\dfrac{\left(U_x^2/m\right)^2}{m-1} + \dfrac{\left(U_y^2/n\right)^2}{n-1}} \tag{6-10}$$

上記の方法はWelchの近似法と呼ばれる方法を使ってp値を計算しています。このため、この方法を**Welchの検定**とも呼びます。

2-6 実装 対応のないt検定（不等分散）

検定を実施します。データは「対応のあるt検定」と同じものを使うことにします。もちろんこれは勉強のためです。本来はデータにあわせて最適な検定手法を選ぶ必要があるので、対応のないt検定は「対応のないデータ」に適用するべきです。

t値を計算します。\は改行のマークです。

```
# 平均値
x_bar_bef = np.mean(before)
x_bar_aft = np.mean(after)

# 分散
u2_bef = np.var(before, ddof=1)
u2_aft = np.var(after, ddof=1)

# サンプルサイズ
m = len(before)
n = len(after)

# t値
t_value = (x_bar_aft - x_bar_bef) / \
    np.sqrt((u2_bef/m + u2_aft/n))
round(t_value, 3)
```

```
3.156
```

自由度を計算します。

```
df = (u2_bef / m + u2_aft / n)**2 / \
  ((u2_bef / m)**2 / (m-1) + (u2_aft / n)**2 / (n-1))
round(df, 3)
```

```
7.998
```

p値を計算します。

```
p_value = stats.t.cdf(-np.abs(t_value), df=df) * 2
round(p_value, 5)
```

```
0.01348
```

対応のないt検定は`stats.ttest_ind`関数を使えば簡単に計算できます。


```
stats.ttest_ind(after, before, equal_var=False)
```

```
Ttest_indResult(statistic=3.1557, pvalue=0.01348)
```

p値が0.05を下回ったので、有意差があると判断できる結果となりました。しかし、p値が「対応のあるt検定」の結果（0.04ほど）と異なっています。当たり前と言えば当たり前ですが、同じデータに対して同じ目的の検定を行っても、検定の手法が変わるとp値も変わります。

2-7　対応のないt検定（等分散）

一部の統計学の入門書では、「データの等分散性を検定したあと、分散が異なることを仮定したt検定か、分散が等しいことを仮定したt検定を使い分ける」と書かれていることがあります。

しかし、わざわざ等分散かどうかを調べるまでもなく、常にWelchの方法を使っても、多くの場合支障ありません。例えばRuxton(2006)などでは、積極的にWelchの方法を使うことが推奨されています。

`stats.ttest_ind`関数の引数に`equal_var=False`と指定しました。これは分散が異なることを仮定したt検定を行うという指定です。この指定をすると、Welchの方法が採用されます。

2-8 用語 pハッキング

平均値の差の検定という、1つの目的のためにも、複数の検定手法がありました。対応のあるt検定と対応のないt検定では、p値が異なります。

実はと言うと、同様の目的で利用される検定手法はほかにもいくつか知られています（マンホイットニーのU検定など）。もちろん、有意差の出やすさやp値は各々の検定手法により異なります。

有意差が出ると嬉しいと思うタイミングはしばしばあります。

例えば、魚の体長を大きくするために新しい餌を開発しているとしましょう。開発された餌を使った場合と、普通の餌を使った場合とで魚の体長を比較します。ここで有意差が出れば、商品開発は大成功です。

しかし、不等分散を仮定したt検定では、p値が0.053となってしまい、ぎりぎり有意差が得られなかったとします。

このときに、有意差が得られるまで、何度も何度も検定の手法を切り替えていく人がいます。例えば次はU検定を使おうとか、データを変換してから検定しようとか、データを一部取り除いてから検定しようとか、有意差が得られるまで調査を続けてデータを増やそうとか。

そうやってp値が0.049となり有意差が得られたとしましょう。その結果を論文に載せたとしても「検定手法をさまざま変えて、有意差が出る手法を選んだ」ことがばれてしまうことはあまりありません。

しかし、このようなやり方で得られた有意差に“意味が有る”と言えるのでしょうか。

有意差は、サンプルサイズやデータのばらつきなどさまざまな特徴を包括的に取りまとめて“意味が有るかどうか”を判断する考え方だったはずです。

それをp値という数値だけにこだわって「自分のほしい結果を得るための分析」にしてしまうことは避けなければなりません。

p値を恣意的に変化させることを**pハッキング**と呼びます。例えば粕谷(1998)では、いくつかのpハッキングの手法が挙げられています。データのねつ造や改ざんを行うまでもなく、分析の方法をこねくり回すだけで、存外簡単にp値を変化させることができます。

pハッキングが行われている個別の案件を告発することは困難です。予防するための有効な枠組みも見当たりません。そもそもの統計的仮説検定という枠組みを禁止にするべきだという意見さえあります。

データの分析は「ほしい結果」を得るために行うものではありません。

データの分析は「現実」を知るために行うものです。

ほかの人がみんなやっているとか、ほかの人がp値に文句をつけてきたとか、そういうことがあっても、pハッキングをしない勇気が必要です。

分析者は、他の対象にはどうであれ、少なくともただ1つ、データにだけは誠実でいてほしいと願います。

第3章

分割表の検定

本章では統計的仮説検定の重要な応用である、分割表に対する独立性の検定を取り上げます。この検定手法はχ^2検定とも呼ばれます。最初に分割表について解説します。次に分割表における独立性の検定を解説します。

3-1 分割表を用いるメリット

分割表に対する検定を学ぶ前に、分割表を用いるメリットから説明します。分割表についての正しい知識を持つだけで、データ分析の質は大きく高まります。

例えば、Webサイトを運営しているとしましょう。商品の購入や問い合わせボタンなどのクリック率が、ボタンの色によって変わるかどうかを調べています。

以下のようなデータが得られました。

	押した
青いボタン	20
赤いボタン	10

このデータだけを見ると、青いボタンの方が押されやすいように見えます。ボタンの色は青色にしようと思うかもしれません。

しかし、このデータには致命的な欠点があります。それは「ボタンが押されなかったときのデータ」がないことです。

ボタンが押されなかったときのデータを加えたのが以下の表です。この形式を分割表、あるいはクロス集計表と呼びます。

	押した	押さなかった
青いボタン	20	180
赤いボタン	10	90

分割表を見ると、青いボタンも赤いボタンもともに「押した：押さない」の比率が「１：９」となっていることがわかります。つまり、青いボタンの方が多く配置されていたので青いボタンが多く押されていただけであって、クリック率は両者ともに変わらなかったということです。

また、以下のようなデータが得られたとします。
青いボタン：クリック率50%
赤いボタン：クリック率10%
これは青いボタンを採用すべきだと思うかもしれません。しかし、これが以下の分割表から計算されたものだとしたらどうでしょうか。

	押した	押さなかった
青いボタン	1	1
赤いボタン	10	90

青いボタンでの調査数がとても少ないですね。サンプルサイズを大きくすると、青いボタンもやはり押される割合が低くなっていくかもしれません。こういった問題を見破るのに、分割表は多大なる効力を発揮します。

3-2 本章で扱う例題

本章では、先ほどと同様に、ボタンの押されやすさに関するデータに対して分析を試みます。**表6-1**に示す架空のクリック数データを対象とします。

表6-1　ボタンの押されやすさのデータ

		結果		合計
		押した	押さなかった	
色	青いボタン	20	230	250
	赤いボタン	10	40	50
合計		30	270	300

実際の観測データを**観測度数**と呼びます。

クリック率で見ると、青いボタンが20÷250=0.08、赤いボタンが10÷50=0.2と、赤いボタンの方が高いように見えます。これが「意味の有る差」だと言えるかどうかを、統計的仮説検定を用いて判断します。

3-3 期待度数を求める

色によって押されやすさが変わるかどうかを判断するのが今回の目的でした。その前に、まずは「色によって押されやすさがまったく変わらなかったらどのような結果になるのか」を考えてみましょう。このときに期待される度数を**期待度数**と呼びます。

表6-1の最下段を見ると、ボタンの色を無視したときの「押した人と押さなかった人」の比率は「押した：押さない＝30：270」すなわち1：9となっていることがわかります。色を無視すれば、全体の1割の人だけがボタンを押すということです。

ここで、実験対象となった人数を確認します。

青いボタン250人、
赤いボタン 50人

この中で1割の人だけがボタンを押すので、ボタンを押す人の期待度数は以下のようになります。

青いボタンを押す期待度数25人、
赤いボタンを押す期待度数 5人

ボタンを押さなかった人数は、全体から押した人数を引けばよいので、期待度数は**表6-2**のように求められます。

表6-2　期待度数

	押した	押さなかった
青いボタン	25	225
赤いボタン	5	45

あとは、この期待度数と、実際の観測された度数との違いを見ます。この違いが大きければ「ボタンの色によって押されやすさが変わる」とみてよいでしょう。

3-4　期待度数との差を求める

次に、以下の値を計算します。ただしO_{ij}はi行j列の観測度数で、E_{ij}は期待度数です。これをχ^2統計量と呼びます。

$$\chi^2=\sum_{i=1}^{2}\sum_{j=1}^{2}\frac{(O_{ij}-E_{ij})^2}{E_{ij}} \tag{6-11}$$

これを実際に計算します。**表6-1**と**表6-2**の数値と見比べてみてください。

$$\chi^2 = \frac{(20-25)^2}{25} + \frac{(230-225)^2}{225} + \frac{(10-5)^2}{5} + \frac{(40-45)^2}{45}$$
$$= 1 + \frac{1}{9} + 5 + \frac{5}{9} \tag{6-12}$$

計算結果はおよそ6.667となります。

今回のデータのような2行2列の分割表におけるχ^2統計量の標本分布は、自由度1のχ^2分布に漸近的に従うことが知られています。あとはt検定とほぼ同様ですね。χ^2分布の累積密度関数は、Pythonを使うことで簡単に得られます。

3-5 実装 分析の準備

必要なライブラリの読み込みなどを行います。

```
# 数値計算に使うライブラリ
import numpy as np
import pandas as pd
from scipy import stats
```

3-6 実装 p値の計算

p値を計算します。
自由度1のχ^2分布の累積密度関数を用いてp値を計算します。

```
1 - stats.chi2.cdf(x=6.667, df=1)
```

```
0.009821437357809604
```

0.05を下回りました。よって、色によってボタンの押されやすさが有意に変わると判断できます。

3-7 (実装) 分割表の検定

分割表の検定は、Pythonを使うことで簡単に計算できます。まずはデータを読み込みます。これは整然データの形になっています。

```
click_data = pd.read_csv('6-3-1-click_data.csv')
print(click_data)
```

```
  color  click  freq
0  blue  click    20
1  blue    not   230
2   red  click    10
3   red    not    40
```

分割表に変換します。

```
cross = pd.pivot_table(
    data=click_data,
    values='freq',
    aggfunc='sum',
    index='color',
    columns='click'
)
print(cross)
```

```
click  click  not
color
blue      20  230
red       10   40
```

検定を実行します。`stats.chi2_contingency`関数を使います。標準ですと余計な補正が入ってしまうので`correction=False`として補正しないようにしました。

```
stats.chi2_contingency(cross, correction=False)
```

```
(6.666666666666666,
 0.009823274507519247,
 1,
 array([[ 25., 225.],
        [  5.,  45.]]))
```

結果は、χ^2統計量、p値、自由度、期待度数の表の順に出力されています。先ほどの結果と一致していることを確認してください。

第4章

検定の結果の解釈

本章では、検定の結果の解釈の方法を説明します。
検定は、慣れてしまえば簡単に計算ができるため“判断”をするときには便利なのですが、便利すぎてしばしば誤用されます。検定結果の解釈の方法を学ぶことは重要です。

4-1 p値が0.05以下だったときの結果の書き方

まずは、形式的な結果の記し方を覚えましょう。これは覚えるだけでいいです。

p値が0.05以下だった場合は有意差ありです。
スナック菓子の重量が50gと異なるかどうかを検定していた場合は「スナック菓子の平均重量は50gと有意に異なっていた」と記載します。
○○は××と有意に異なっていた、と記載します。

4-2 p値が0.05よりも大きかったときの結果の書き方

p値が0.05よりも大きかった場合は、帰無仮説を棄却できません。このときの結果の書き方はやや独特です。
p値が0.05より大きかった場合は「スナック菓子の平均重量は50gと有意に異なっているとは言えなかった」と記載します。

○○は××と“有意に異なっているとは言えない”と書きます。

たまに「○○は××と同じであった」と書く人がいますが、この書き方は誤りなので注意してください。
なぜこの書き方が間違いなのか、本章を通して解説します。

4-3 仮説検定における、よくある間違い

統計的仮説検定において、以下の考え方は誤りです。
①：p値が小さい方が、差が大きいと言える
②：p値が0.05より大きいので「差がない」と言える
③：「1－p値」は「対立仮説が正しい確率」である

順を追ってその誤りの理由を調べていきましょう。

4-4 p値が小さくても、差が大きいとは限らない

解釈の誤りその①「p値が小さい方が、差が大きいと言える」の理由から考えていきます。

これはp値の計算方法を思い出せば、理由がわかります。
1標本のt検定の際、p値の計算の前にt値を計算しましたね。t値が大きければp値は小さくなり“有意差あり”と主張しやすくなるのでした。

1標本のt検定におけるt値の計算式を再掲します。

$$t値=\frac{\bar{X}-\mu}{SE}=\frac{\bar{X}-\mu}{U/\sqrt{n}} \tag{6-13}$$

分子の「標本平均－比較対象値」が大きければ「差が大きい」とみなせ

ます。

しかしt値はこれ以外の要素も含んでいます。データのばらつき、すなわち標準偏差が小さいとt値が大きくなります。また、サンプルサイズも影響してきます。サンプルサイズが大きいとt値が大きくなります。

有意差があるかどうかを決める要素は「差の大きさ」以外にもさまざまあり、それらを包括的にまとめ、確率の表現に直したものがp値です。

例えば、あるダイエット薬を飲むと、体重が有意に減少することがわかったとしましょう。p値が0.00001と、とても小さかったとします。しかし、p値が小さいのだから「このダイエット薬を飲むと一気に痩せる！」と考えるのは早計です。

例えばサンプルサイズがとても多かった（1000人を対象に調査した）かもしれません。例えばとても精密な体重計を使って0.1g単位で計測したのかもしれません。

体重が0.5g減少する薬を飲んだからといって、スマートな体型が得られるとは思えませんね。

p値だけを見て、実験の結果を解釈することは危険です。

元のデータの平均値を確認したり、箱ひげ図やバイオリンプロットを活用したり、といった工夫で、この勘違いを減らすことができます。

4-5 p値が0.05より大きくても差がないとは言えない

解釈の誤りその②『p値が0.05より大きいので「差がない」と言える』が間違いであるのは、「帰無仮説が間違っている確率」は有意水準としてコントロールできるが「帰無仮説が正しい確率」はコントロールできないからです。

解釈の誤りその③『「1－p値」は「対立仮説が正しい確率」である』もほぼ同様です。

これらは統計的仮説検定という枠組みの限界を示しているとも言えます。

4-6 用語 検定の非対称性

第一種の過誤についてはその確率をコントロールしているにもかかわらず、第二種の過誤についてはコントロールできていないことが原因で発生するのが**検定の非対称性**です。

第二種の過誤が起こる確率すなわち「帰無仮説が間違っているのに、誤って帰無仮説を採択してしまう確率」は、統計的仮説検定ではコントロールしていません。

統計的仮説検定では第一種の過誤しかコントロールできていないということは、ぜひ注意してください。

4-7 有意水準は、検定をする前に決めておく

その他、細かい注意として、有意水準は検定をする前に決めておくのがルールです。例えば、有意水準を1%として検定したら、p値が0.037だったので有意差が得られなかったとします。このときに「やっぱり有意水準は5%として検定していたことにします。だから有意ってことにしてください」は反則です。

有意水準としては5%や1%がよく使われますが、この数値を使う根拠は特にありません。

著者は生物系の研究室が出身ですので5%有意水準が多く使われていました。本書でもそれにならっています。分野によって変わることがあるので、既存の研究などを参考にしてください。

4-8 統計的仮説検定は必要か

統計的仮説検定を学ぶことは必要か不要かと聞かれたときの著者の答えは「いつかは不要になるかもしれない。けれども、それは今日ではない」です。

この先どうなっているかはわかりませんが、少なくとも現在、統計的仮説検定なしで分析を進めることは困難ですし、明らかに効率が悪いと言えます。

データ分析という業務において、統計的仮説検定を理解していない状況は、大きな問題があります。それは「会話が通じない」というレベルで大きな問題と言えます。仮説検定の誤用に関して建設的な批判をするためにも、仮説検定について理解しましょう。積極的に用いるかどうかは別として、少なくとも理論を知っておくことは有益です。

4-9 仮定は正しいか

t検定ではデータを正規母集団からの無作為標本だと仮定していました。

何度も同じことを書いて大変恐縮ではありますが、注意してしすぎることはありません。この仮定が満たされていなければ、正しくp値を計算することはできないのです。

シミュレーションを用いてt分布を導出しましたが、「仮定が間違っている」とは「シミュレーションのやり方が間違っている」ということと同じです。標本分布がt分布であるという根拠が失われるということです。

データ分析は定型作業だと思われることもあるようですが、実際は大きく異なります。「標本が持つ、仮定とのずれ」をいかに減らすかを、常に考えなくてはならないのです。

そして、分析の背後にある仮定に対して真摯に向き合うことになったとき、古くからある「平均値の差の検定」などの枠組みでは、この問題を解決するのに力不足であることに気が付くでしょう。

次に学ぶのは統計モデルです。

現象をより柔軟に分析できる、統計学における新しいスタンダードと言えます。

第7部

統計モデルの基本

第1章 統計モデル

統計モデルの導入的な解説をします。統計モデルとは何か、データ分析においてなぜ統計モデルが必要となるのかを解説します。

1-1 用語 モデル

ここで言う**モデル**とは「プラモデル」のモデル、すなわち**模型**と訳されるものです。単に「モデル」と言えば、現実世界の模型であると解釈されます。

1-2 用語 モデリング

モデルを作成することを**モデリング**と呼びます。統計モデルを作成することは統計モデリングと呼びます。

1-3 モデルは何の役に立つのか

飛行機の形をした小さな模型を作れば、本物の飛行機を使うことなく、本物の飛行機の特徴を調べることができます。例えば、その飛行機が飛ぶかどうか、風が吹くとどのように揺れるのか、といったことがわかるでしょう。

実世界の模型（モデル）を用いることで、現実世界の理解や予測に活用できます。

1-4 正規母集団からの無作為標本というモデル

第5部第1章と第2章では、「母集団からの単純ランダムサンプリング」と「独立で同一な確率分布に従う確率変数」の対応関係を述べました。「独立で同一な確率分布に従う確率変数」は統計学の理論に基づいて抽象化された考え方であり、これがまさにモデルだと言えます。

第5部と第6部では、データを正規母集団からの無作為標本と仮定して分析を行いました。これは、データを確率変数Xと表記すると、$X \sim \mathcal{N}(\mu, \sigma^2)$と表記できます。

統計学ではモデルを「観測したデータを生み出す確率的な過程を簡潔に記述したもの」として利用します。次にもう一度データを取得するなら、どのような規則でデータが得られるでしょうか。この回答として$X \sim \mathcal{N}(\mu, \sigma^2)$というモデルを提示して「次に得られるデータは、平均μで分散σ^2の正規分布に従うはずだよ」と答えます。

$X \sim \mathcal{N}(\mu, \sigma^2)$というモデルに従ってデータが確率的に生み出される（確率的に得られる）と仮定するならば、第5部第5章で紹介したt分布などさまざまな標本分布が、数理的に、あるいはシミュレーションから導出されます。そしてt分布などの標本分布を利用することで、区間推定や仮説検定を行います。

第6部までに解説した推測統計の理論は、すべてモデルに基づいたものだと言えます。そして第7部以降でもモデルを利用します。ただし第7部以降では$X \sim \mathcal{N}(\mu, \sigma^2)$というモデルと比べると、さらに複雑さを増した、より実践的なモデルを解説します。

1-5 用語 数理モデル

ここからはより複雑さを増したモデルを、用語の解説とともに紹介します。

本書では複数の変数の関係性をモデル化する事例を中心に紹介します。

数理モデルとは、現象を数式で表現したモデルのことです。
例えば、「ビールの売り上げは気温によって変わる」というモデルを想定します。言葉による表現だけだと、気温が上がるとビールの売り上げが増えるのか、その逆で、気温が下がるとビールの売り上げが増えるのか、よくわかりません。

このモデルを数理モデルの表現にします。例えば、以下の数式でビールの売り上げが決定されるとします。

$$\text{ビールの売り上げ(万円)} = 20 + 4 \times \text{気温(℃)} \tag{7-1}$$

気温が1℃上がると、ビールの売り上げは4万円増えます。
気温が0℃だったときのビールの売り上げは20万円です。
気温が20℃だと、ビールの売り上げは20+80=100万円になります。
数式で表現することで、ビールと気温の関係がより明確になります。

1-6 用語 確率モデル

数理モデルの中でも特に、確率的な表現を伴うモデルを、**確率モデル**と呼びます。

気温が20℃だったとして、そのときのビールの売り上げが「ぴったり100万円」であることは現実的でないように感じます。「気温が20℃でも、たくさんビールが売れる日もあればあまり売れない日もあって、でもその平均をとるとおよそ100万円になるだろう」。このように考える場合は、確率モデルを使います。
確率的な表現をするために、確率分布を用います。確率分布としては、正規分布などが使われます（もちろんデータによっては正規分布以外の分布が使われることもあります。一般化線形モデルでは二項分布やポアソン分布なども使われます)。

例えば正規分布を仮定したときの「ビールの売り上げを気温で説明する確率モデル」は以下のようになります。

$$\text{ビールの売り上げ} \sim \mathcal{N}(20+4\times\text{気温}, \sigma^2) \quad (7\text{-}2)$$

これは、ビールの売り上げが「平均が20+4×気温であり、分散がσ^2である正規分布」に従うと考えているということです。

なお、式(7-2)は以下のように書くこともできます。

$$\text{ビールの売り上げ} = 20+4\times\text{気温}+\varepsilon, \qquad \varepsilon \sim \mathcal{N}(0, \sigma^2) \quad (7\text{-}3)$$

この式は「ビールの売り上げは、『20+4×気温』に対して、『平均0、分散σ^2の正規分布』に従うノイズが加わる」ことによって得られると考えています。正規分布を仮定した場合は、この2つの書き方は、同じ意味を持ちます。

1-7 モデルの推定

続いて確率モデルをデータに適合させます。例えば、気温が20℃の日を30日間調査して、売り上げの平均値が110万円で分散は2だとわかったとしましょう。これは「気温が20℃だと売り上げは平均して100万円になる」という確率モデルの結果と食い違っています。これは問題です。

同じように、気温が30℃の日を複数日調査して、売り上げの平均値が160万円になったとします。すると、以下のモデルがデータに適合していると考えられます。

$$\text{ビールの売り上げ} \sim \mathcal{N}(10+5\times\text{気温}, \sigma^2) \quad (7\text{-}4)$$

このように、確率モデルの構造を考えたうえで、データに対して適合するようにパラメータを調整することで、統計モデルを構築します。

1-8 モデルの発展

第6部までは$X \sim \mathcal{N}(\mu, \sigma^2)$という比較的単純なモデルを対象としてきました。第7部からは$X \sim \mathcal{N}(10 + 5 \times \text{気温}, \sigma^2)$というモデルのように、例えば確率分布の期待値が、他の変数によって変化するような、やや複雑な構造を対象とします。

複雑な統計モデルを使うことで、確率分布のパラメータの変化のパターンを明らかにできます。例えば気温が上がるとビールの売り上げの平均値が増える、といったような構造です。これは複雑な統計モデルを使うことの大きなメリットです。

1-9 モデルによる予測

以下のような統計モデルが推定できたとします。

$$\text{ビールの売り上げ} \sim \mathcal{N}(10 + 5 \times \text{気温}, \sigma^2) \tag{7-5}$$

気温が10℃だったときの売り上げの予測は「期待値が60、分散がσ^2の正規分布に従う売り上げデータが得られるだろう」という主張となります。売り上げ予測の代表値を1つ挙げよと言われたら、「売り上げの期待値60万円」などと答えます。

統計モデルによる予測は「気温という説明変数が得られたという条件における、売り上げの確率分布」すなわち条件付き確率分布として得られます。そして、予測値の代表値を1つ挙げる場合には、条件付き期待値が用いられます。

1-10 複雑な世界を単純化する

ビールの売り上げデータのモデル化について考えます。ビールの売り上げは、その日の気温や湿度、プロ野球チームの勝敗や日本の景気、ビール好きの人口の多寡や「ビールによく合うおつまみに使われる酒の肴の漁獲量を決める海水温を左右する1年3か月前の黒潮の流れ」など、無数の要因によって変化するはずです。

しかし、それらすべての要因を考えることはとても非効率です。全部の要因を組み込むと、人間には理解ができない謎のモデルが得られることでしょう。黒潮の流れが変わったら、1年3か月後にビールの売り上げが平均して0.5円増える、ということに価値を見出すのは難しいはずです。

いろいろな要素を思い切って無視して「ビールの売り上げは、気温が上がると増える」という側面だけに着目した方が簡単ですね。暑いからビールがほしくなるんだな、と理解もしやすいです。しかし、あまりにも単純にしすぎると、現実と合致しないモデルができてしまいます。

人間が理解できるほど単純で、それでいて複雑な実現象をある程度うまく説明できる、複雑な世界のための単純なモデルを構築します。

1-11 複雑な現象を特定の観点から見直す

モデルは、実現象を「ある側面から見た結果」だとみなすこともあります。

気温とビールの売り上げの関係という「その日の気温という観点」から見たモデルを構築することが考えられます。

ビールを愛飲する人口の量とビールの売り上げという「長期的な消費者数の推移という観点」から見たモデルを構築することも考えられます。

どちらが正しいというものではありません。分析の目的にあわせて、作成するモデル、注目する観点を変えられることを覚えておきましょう。

1-12 統計モデルと古典的な分析手順との比較

古典的な平均値の差の検定などは「統計モデルの活用方法の1つ」にすぎません。

例えば商品の値段と売り上げの関係を調べたいとします。

まったく同じ商品を、値段が安いときと高いときで売り上げの平均値を比較して、売り上げに有意差があるかどうかを検定しましょう。これならば「平均値の差の検定」で対応できそうです。

このときの「平均値の差の検定」は、以下の2つのモデルのうちどちらがより好ましいかを評価する作業であると言えます。

モデル①：値段が安いときと高いときで売り上げの平均値は変わらない

モデル②：値段が安いときと高いときで売り上げの平均値が変わる

すなわち、平均値の差の検定では「Step1：2つのモデルを作る」「Step2：どちらのモデルがより好ましいか判断する」という2つの作業のうち、Step2の判断だけが表舞台に出ていると言えます。

また、モデルを作るという段階に着目することで、より複雑な現象に対しても、分析ができるようになります。

例えば、安売りをしている日の多くが雨の日だったとします。晴れの日と比べると、雨の日の方が商品の売れ行きは悪いはずです。そのため「雨であることの影響と安売りしていることの影響」の2つを同時に調べなくてはなりません。こういうときに1つの要因だけを対象として、単純な「平均値の差の検定」を行うと、誤った結果が得られます。

しかし、天気と安売りという2つの影響を同時に組み込んだ統計モデルを構築すれば、安売りの正しい効果を分析できます。これがモデルを構築する作業、すなわちモデリングに焦点を当てる大きなメリットです。

1-13 統計モデルの活用

モデルを構築し、その結果を吟味することで、さまざまな結果を得ることができます。それは「気温が上がるとビールの売り上げが増える」といった現象の解釈であったり、「気温という変数を使ってビールの売り上げを推測する」といった予測であったりします。

しかし、これらは「推定されたモデルの中でのみ成り立つ結果」であることに注意が必要です。

統計モデルを構築する際に、パラメータの推定をうっかり間違えてしまったならば、正しい解釈は得られませんね。気温が上がるとビールが売れなくなると解釈してしまうかもしれません。モデルの構築における問題は、分析者だけでは対処できないこともあります。例えば、分析に使われたデータに問題があった場合でも、やはり正しいモデルは得られません。統計モデルはあくまでも“暫定的な”世界の模型なのだと言えます。

それでもなお、モデルを使うことで、データの分析は大きな進歩を遂げてきました。統計モデルは、現代におけるデータ分析の標準的な枠組みとも言えるでしょう。

統計モデルを用いる意義、モデルの構築方法、そしてモデルの評価方法。これらを包括的に学び、モデルを有効に活用してください。

第2章

線形モデルの作り方

統計モデルを構築する流れを解説します。本書では線形モデルに絞った解説をします。本章で作業の全体像をつかみ、次の章から具体的な方法を解説します。

2-1 本章の例題

第1章と同じく、「ビールの売り上げ予測モデル」を構築するという例を用いて解説を進めます。

ビールの売り上げに影響があるのではないかと思われる要素としては、気温・天気（曇り・雨・晴れ）・ビールの価格の3種類があります。

2-2 用語 応答変数・説明変数

モデルの構築にかかわる用語を導入します。

応答変数とは「何らかの要因によって変化する（応答する）変数」のことです。先のモデルではビールの売り上げが応答変数です。応答変数は**従属変数**とも呼びます。

説明変数とは「興味のある対象の変化を説明する変数」のことです。先のモデルでは気温・天気（曇り・晴れ・雨）・ビールの価格の3つが説明変数です。説明変数は**独立変数**とも呼びます。

説明変数を用いて、応答変数の変化をモデル化すると覚えてください。ここに方向性があることに注意が必要です。

説明変数には複数の変数を使うことができます。例えば気温と天気の2つの説明変数を用いてビールの売り上げをモデル化するなどです。

確率モデルでは「応答変数 ~ 説明変数」といった書き方がなされることも多いです。応答変数がチルダ記号（~）を挟んで左側、説明変数が右側です。

2-3 用語 線形モデル

線形モデルとは、応答変数と説明変数の関係に線形の関係のみを認めたモデルのことです。「できる限り現象を単純化し、少数のパラメータだけを使うモデル」をパラメトリックなモデルと呼びます。線形モデルはパラメトリックなモデルです。

本書では、推定や解釈が簡単であること、また実際のデータ分析でもしばしば利用される実践的な手法であることから、線形モデルに絞って解説します。

ビールの売り上げと気温の関係が線形だと仮定して、例えば以下のようにモデル化します。

$$\text{ビールの売り上げ(万円)} = 20 + 4 \times \text{気温(℃)} \tag{7-6}$$

このモデルは、気温が1℃上がると、売り上げが4万円増えると考えています。これは、今の気温が20℃のときでも、35℃のときでも「気温が1℃上がると、売り上げが4万円増える」という関係が変わらないと仮定しています。このモデル式は線形です。ただし、一見すると線形に見えないものでも、変換することによって線形になる場合は線形モデルとみなされます。具体例は第9部で紹介します（**図7-2-1**）。

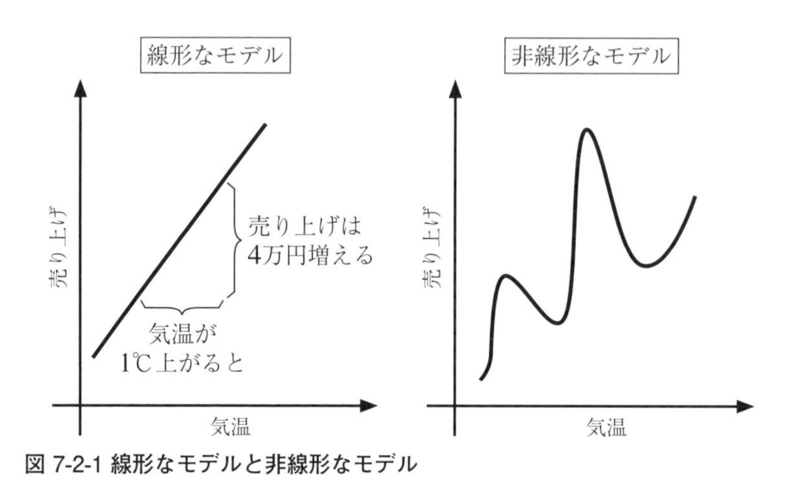

図 7-2-1 線形なモデルと非線形なモデル

2-4 用語 係数・重み

統計モデルに用いられるパラメータのことを**係数**と呼びます。英語で書くとcoefficientです。気温のみを用いてビールの売り上げを予測するモデルの場合は、以下のように表記されます。

$$\text{ビールの売り上げ} \sim \mathcal{N}(\beta_0 + \beta_1 \times \text{気温}, \sigma^2) \tag{7-7}$$

このとき、β_0やβ_1が係数です。これらの係数と説明変数（この場合は気温）があれば、応答変数の平均値を予測できます。なお、β_0を**切片**、β_1を**傾き**と呼び分けることもあります。

統計学の場合は係数と呼びますが、機械学習では同じ内容を表していても**重み**と呼ぶことがあります。

2-5 線形モデルの作り方

ここからは、モデルの作り方の説明に移ります。

モデルの構築という作業は大きく2つに分かれます。

1つはモデルの構造を数式で表現することです。これを**モデルの特定**とも呼びます。もう1つの作業は**パラメータの推定**です。

モデルの構造とは例えば「気温が変化するとビールの売り上げが増減する」といった構造です。こういった構造を人間が想像しなければ、モデルはできません。

その次にパラメータ、言い換えると係数を推定します。「気温が1℃上がるとビールの売り上げがβ_1万円増える」におけるβ_1の部分を推定するということです。パラメータを推定できると、気温とビールの売り上げの関係（正の相関があるのか負の相関があるのかといった特徴）がわかるだけでなく、気温というデータを使ってビールの売り上げを予測することもできます。

モデルを構築する際「モデルの構造」と「パラメータ」という2つを決めなければなりません。私たちが決める（あるいはデータに基づいて推定する）ということは逆に言うと、間違う余地があるということです。例えば予測精度が悪かったとき、そもそもの構造が悪いのか、構造は正しいがパラメータの推定で間違ったのか、吟味する必要があります。

単純な確率分布を用いて線形モデルを構築する場合は、パラメータの推定で失敗することは比較的少ないです。モデルの構造の検討に注力できるので、線形モデルは統計モデルの入門編として恰好のテーマと言えます。

逆に複雑な機械学習法、例えば深層学習などを用いる場合は、パラメータの推定で失敗することもしばしばあります。モデルの構造を学ぶだけでは済まず、パラメータ推定におけるさまざまなノウハウを覚える必要が出てきます。

2-6　線形モデルの特定

本書で解説する単純な線形モデルでは、モデル構築における2つの作業のうちのパラメータ推定は、Pythonに任せることでほぼ自動的に完了します（ただし、その仕組みを理解しておくことは重要です）。

線形モデルを仮定したときに「モデルの構造」を変える方法は、主に以下の2つです。

- モデルに用いる説明変数を変える
- 応答変数の従う確率分布を変える

2-7 用語 変数選択

モデルに用いる説明変数を選ぶ作業のことを、**変数選択**と呼びます。

変数選択をするためには、まずはさまざまな変数の組み合わせでモデルを構築します。例えば説明変数にA,B,Cの3つがあった場合、以下の変数の組み合わせが考えられます。

応答変数 ~ 説明変数なし
応答変数 ~ A
応答変数 ~ B
応答変数 ~ C
応答変数 ~ A + B
応答変数 ~ A + C
応答変数 ~ B + C
応答変数 ~ A + B + C

応答変数をビールの売り上げとすれば、説明変数は例えば気温、天気、ビールの値段などとなります。説明変数なし、というモデルは「ビールの売り上げの平均値は常に一定」であると想定したモデルだと解釈できます。
これらのあり得る変数の組み合わせから最も“良い”変数の組み合わせを持ったモデルを選ぶのが変数選択です。
最も“良い”変数の組み合わせを選ぶ方法として、本書では主に統計的仮説検定を用いる方法と情報量規準を用いる方法を解説します。

2-8 用語 Nullモデル

説明変数が入っていないモデルのことを**Nullモデル**（ヌルモデル）と呼びます。Nullとは何もないという意味です。

2-9 検定による変数選択

以下のビールの売り上げモデルを用いて解説します。

$$ビールの売り上げ \sim \mathcal{N}(\beta_0 + \beta_1 \times 気温, \sigma^2) \qquad (7\text{-}8)$$

統計的仮説検定を用いる場合、例えば以下のように仮説を立てます。
帰無仮説：説明変数の係数β_1は0である
対立仮説：説明変数の係数β_1は0と異なる

帰無仮説が棄却された場合には、気温にかかる係数が0ではないと判断するので「モデルに気温という説明変数は必要だ」と判断します。

帰無仮説が棄却できなかった場合には**モデルは単純な方が良い**という原則に基づいて、説明変数をモデルから取り除きます。先のモデルでは、唯一の説明変数が取り除かれるので、Nullモデルとなります。

もう1つ分散分析と呼ばれる検定手法もあります。こちらは第8部でPythonによる実装を交えて解説します。

2-10 情報量規準による変数選択

モデル選択のもう1つの方法が**情報量規準**を使うものです。情報量規準は、推定されたモデルの“良さ”の一面を定量化した指標です。**赤池の情報量規準**(Akaike's Information Criterion：**AIC**)などがしばしば使われます。

AICは小さければ小さいほど、ある意味で"良いモデル"だと判断されます。そこで、あり得る変数のパターンで網羅的にモデルを構築し、各々のモデルのAICを比較します。AICが最も小さくなったモデルを採用することで、変数選択を実行します。

2-11 モデルの評価

推定されたモデルを無条件で信じるのは危険です。変数選択の結果も鵜呑みにはできません。推定されたモデルを評価する必要があります。

評価の観点にはいくつかあります。1つは予測精度の評価です。精度が高い方が好ましい予測だと言えます。もう1つは、モデルを構築する際に仮定した前提条件が満たされているかどうかのチェックです。

ビールの売り上げを以下のようにモデル化したとしましょう。

$$\text{ビールの売り上げ} = 20 + 4 \times \text{気温} + \varepsilon, \qquad \varepsilon \sim \mathcal{N}(0, \sigma^2) \qquad (7\text{-}9)$$

このとき、モデルの前提条件が満たされているならば、売り上げの予測値と実測値との差εは、平均0の正規分布に従っているはずです。こういった部分をチェックします。このチェックについては少々泥臭い作業となるので、第8部以降でPythonによる実装を通して説明します。

2-12 統計モデルを作る前に、分析の目的を決める

実際にPythonコードを書き始めるその前に、**分析の目的を決めたうえで、データを集めてモデル化をすることが大事**です。

売り上げを増やしたい、という目的ならば、気温とビールの関係をモデル化してもあまり意味がありません。気温を私たちが変化させることは難しいからです。気温を用いてビールの売り上げを予測し、在庫管理に活用

したい、という目的ならば、このモデルはきっと役に立つことでしょう。

売り上げを増やすための分析であれば、例えば広告の効果を調べるモデルを作ったり、値段と売り上げの関係を調べるモデルを作ったり、ということが考えられます。もちろんこのときに、モデルの精度を上げるために、気温などの別の変数をモデルに使うことは十分にあり得ます。「データ分析（あるいはモデリング）の手続き」と「データ分析に基づいて、社会を良くする作業」との間には、若干のギャップがあることに注意してください。

とはいえ「データ分析（あるいはモデリング）の手続き」が一番の基礎になることは間違いありません。本書でモデリングの技術を身につけてから、それを実社会に適用する方法について、工夫してみてください。

第3章 データの表現とモデルの名称

統計モデルという枠組みで整理される前は、さまざまな分析手法がバラバラに扱われていました。本章では、そういった個別の分析手法を統計モデルという枠組みで見直します。

3-1 一般化線形モデルから見たモデルの分類

本書では線形な構造を持つ統計モデルとして**一般化線形モデル**を中心に解説します。第9部で一般化線形モデルの詳細を説明します。本章では、一般化線形モデルを簡単に紹介します。そして一般化線形モデルという観点からさまざまなモデルの分類を行います。

一般化線形モデルは、正規分布以外にも、二項分布やポアソン分布など、さまざまな確率分布を利用できるのが大きな特徴です。本書では第8部で正規分布を適用した一般化線形モデルを解説し、第9部で正規分布以外の確率分布を利用した一般化線形モデルを解説します。

3-2 用語 正規線形モデル

応答変数が正規分布に従うことを仮定した一般化線形モデルを**正規線形モデル**と呼びます（詳細は第9部で解説しますが、リンク関数には恒等関数を利用します）。応答変数が正規分布に従うと仮定するため、応答変数は$-\infty$から$+\infty$の範囲をとる連続型の確率変数となります。

第8部ではこの正規線形モデルに焦点を当てて解説します。確率分布を正規分布だと決め打ちしているので、比較的簡単にモデルの構築ができます。簡単ではありますが「確率分布に正規分布を仮定する」ことの是非を評価する必要があります。

3-3 用語 回帰分析

正規線形モデルのうち、説明変数が数量データであるモデルを用いた分析手法を、**回帰分析**と呼びます。利用されるモデルは**回帰モデル**と呼びます。

なお、回帰モデルという用語は、分野や使いどきによってやや異なる意味を持つことがあります。その場合は適宜補足します。

3-4 用語 重回帰分析

回帰分析において、特に説明変数が複数あるものを**重回帰分析**と呼びます。

重回帰分析と対比させる意味で、説明変数が1つしかない回帰分析を**単回帰分析**と呼ぶこともあります。

3-5 用語 分散分析

正規線形モデルのうち、説明変数がカテゴリーデータであるモデルを用いた分析手法を、**分散分析**と呼びます。

一方、分散分析は検定の手法の名称でもあります。ややこしいですので、分散分析モデルという呼び方は本書ではしません。本書において、分散分析は常に検定の手法の名前であるとします。

なお、説明変数が1種類であるときを**一元配置分散分析**と呼ぶこともあります。説明変数が2種類あれば**二元配置分散分析**と呼びます。これらの用語は頻繁に目にしますが、なるべく正規線形モデルという枠組みの中で統一的に扱うのがおすすめです。

3-6 用語 共分散分析

正規線形モデルのうち、説明変数が数量データとカテゴリーデータの組み合わせであるモデルを用いた分析手法を、**共分散分析**と呼びます。なお、本書では特別な事情がない限り共分散分析という用語は使わず、正規線形モデルと呼ぶことにします。

第9部では、さらにロジスティック回帰分析とポアソン回帰分析を導入します。統計学の教科書を眺めると「○○分析」と書かれた無数の分析手法が紹介されていることがあります。それらを統合したモデルが一般化線形モデルだと言えます。一般化線形モデルを学ぶことで、統一的な観点からこれらの分析手法を理解できます。

3-7 機械学習での呼称

機械学習の分野における回帰とは「応答変数が数量データであるモデル」という意味となります。この場合、正規線形モデルは広義の回帰となります。

一方「応答変数がカテゴリーデータであるモデル」を分類モデルあるいは識別モデルと呼びます。

一般化線形モデルは、扱う確率分布によって、回帰モデルと呼ばれたり識別モデルと呼ばれたりします。例えば確率分布に二項分布を指定した場合は識別モデルとなり、正規分布やポアソン分布を仮定した場合は回帰モデルとなります。

分野によって用語が異なることがあるので注意してください。

第4章

パラメータ推定：尤度の最大化

パラメータ推定の方法の説明に移ります。パラメータの推定は、本書で扱う単純なモデルでは、Pythonの関数を使うことで瞬時に終わります。計算の仕組みというよりかはむしろ計算の意味や解釈に重点を置いて解説します。
章の後半では数式が少し出てきますが、後ほどPythonで同じ計算を復習しますので、難しければ数式部分は飛ばしても大丈夫です。

4-1 なぜパラメータ推定の方法を学ぶのか

テレビの構造を知らなくてもテレビを見ることはできます。同様に、パラメータ推定の原理を知らなくても、Pythonを使って統計モデルを構築し、予測や現象の解釈に利用することはできます。

しかし、テレビを直すことができるのは、テレビの構造を知っている人だけです。

計算の実行時にエラーやワーニングが出た際、原因の「当たり」をつけることができるのは、パラメータ推定の原理を知っている人だけです。そして何よりも、新しい技術が生まれた際に、それをいち早く活用する能力がある人は、もともとある技術の原理を知っている人だけです。

詳細なアルゴリズムまでを理解する必要は多くありませんし、本書でも説明しません。しかし、パラメータ推定の原理、計算の意味を理解することには、大きなメリットがあるはずです。

4-2 用語 尤度

パラメータ推定にかかわる用語を導入します。

パラメータを推定する際、そのパラメータの「尤(もっと)もらしさ」を**尤度**(ゆうど)と呼ばれる指標を用いて表します。教科書によって変わることもありますが、尤度は英語でLikelihoodと書くので、頭文字の$\mathcal{L}$がよく使われます。

なお、「尤もらしさ」と表現しますが、これは言葉の綾のようなものです。尤度は、あくまでも指標の1つです。とはいえ、適用範囲がとても広く、さまざまな分野で利用されます。

尤度の例を挙げて解説します。尤度は標本が得られる確率を計算することによって得られます。

パラメータをθと表記することにします。表が出る確率が1/2であるコインを対象にします。この1/2がパラメータであり、$\theta=1/2$です。裏が出る確率は$(1-\theta)$で得られます。このコインを2回投げて、1回目が表、2回目が裏だったとします。これが標本です。

標本が得られる確率は$1/2\times(1-1/2)=1/4$です。この場合「$\theta=1/2$であるときの尤度」が1/4となります。

パラメータを$\theta=1/3$だと考えてみます。標本が得られる確率は$1/3\times(1-1/3)=1/3\times2/3=2/9$です。この場合「$\theta=1/3$であるときの尤度」は2/9となります。

4-3 用語 尤度関数

パラメータを指定すると尤度が計算される関数を**尤度関数**と呼びます。

先ほどのコイン投げの例をもう一度使って説明します。コインを投げて表が出る確率をパラメータとしてθと置きます。θを指定すると尤度が計算される尤度関数を$\mathcal{L}(\theta)$と表記します。

このとき、尤度関数$\mathcal{L}(\theta)$は以下のようになります。

$$\mathcal{L}(\theta)=\theta\times(1-\theta) \tag{7-10}$$

ところで、今回のパラメータθは0から1までの実数値をとることができますが、$0\leq\theta\leq1$の範囲で$\mathcal{L}(\theta)$を積分しても、結果は1になりません。一般的に、尤度関数の合計値や積分値は1になりません。そのため、尤度関数は確率質量関数や確率密度関数とはみなせないことに注意してください。

4-4 用語 対数尤度

尤度の対数をとったものを**対数尤度**と呼びます。対数をとると、後々の計算が楽になることが多いです。

4-5 対数の性質

対数をとる理由を理解するためには、対数の性質を学ぶのが確実な道のりです。ここではごく簡単に対数の性質をおさらいします。すでにご存知の方は飛ばしても大丈夫です。

5-A◆指数

対数の前に、指数の復習をします。

指数とは例えば2^3と書いて「2の3乗」と読みます。これは$2\times2\times2$という意味です。計算結果は8になります。

「●の▼乗」は「●を▼回掛け合わせる」という計算となります。

5-B◆対数

対数は「●の▼乗＝■」という文言において●と■を固定して▼を求める計算を指します。logという記号を使います。

例えば$\log_2 8=3$です。「2の3乗＝8」という言葉と対比させると意味がとらえやすいです。

「$\log_2 8$」における2は**対数の底**とも呼ばれます。

対数の底としては自然対数の底「e」がよく使われます。およそ2.7です。自然対数の底eを使う理由は計算が簡単になることがあるからです。本書では、対数の底がeだった場合は、底は省略します。

5-C◆対数の性質①：単調増加する

対数の特徴は、単調増加であることです。

「$f(x)=\log x$」という関数があったとして、中身のxを変化させたとします。このとき、xが大きくなると、$\log x$の値も必ず大きくなります。例えば「$\log_2 8>\log_2 2$」というのはすぐわかりますね。

この性質があるため、尤度を最大にするパラメータを探した結果は、対数尤度を最大にするパラメータを探した結果と一致します。

5-D◆対数の性質②：掛け算が足し算に変わる

対数をとると、掛け算が足し算に変わります。具体例を挙げて解説します。

単純な掛け算を行います。

$$2\times 4=8 \tag{7-11}$$

左辺と右辺の対数をとっても、この等号は成り立ちます。

$$\log_2(2\times 4)=\log_2 8 \tag{7-12}$$

左辺の掛け算は、対数の外に出すと、足し算に変わります。

$$\log_2(2)+\log_2(4)=\log_2 8 \tag{7-13}$$

$\log_2(2)+\log_2(4)=1+2=3$になるので、$\log_2 8$と等しくなることがわかるかと思います。

一般に以下の関係が成り立ちます。

$$\log(xy)=\log(x)+\log(y) \tag{7-14}$$

少し難しい計算にチャレンジしてみましょう。Σ記号の復習から入ります。Σは足し合わせるという演算でした。

$$\sum_{i=1}^{5} i=1+2+3+4+5 \tag{7-15}$$

次にΠ記号を導入します。こちらは掛け合わせるという演算です。

$$\prod_{i=1}^{5} i=1\times2\times3\times4\times5 \tag{7-16}$$

Π演算において対数をとると、Σに変わります。

$$\begin{aligned}\log\left(\prod_{i=1}^{5} i\right)&=\log(1\times2\times3\times4\times5)\\&=\log(1)+\log(2)+\log(3)+\log(4)+\log(5)\\&=\sum_{i=1}^{5}\log i\end{aligned} \tag{7-17}$$

掛け算が足し算になると便利です。足し算の方が、計算が楽だからです。対数を使うと計算が楽になるというのは、これが理由です。

5-E◆対数の性質③：絶対値が極端に小さな値になりにくい

対数をとると、絶対値が極端に小さな値になりにくいというメリットがあります。これはコンピュータで計算をするときにとても重要です。コンピュータで普通に計算すると、0.00000000000001のような数値はしばしば扱いに注意が必要となります。

例えば、およそ0.001という、絶対値が小さな数値があったとします。

$$\frac{1}{1024} \tag{7-18}$$

これの対数をとります。対数の底は2とします。

$$\log_2\left(\frac{1}{1024}\right)=-10 \tag{7-19}$$

$2^{10}=1024$ですので、結果は-10です。絶対値が大きくなりましたね。これだとうっかりで0とみなされてしまう心配はありません。

尤度は確率をどんどん掛け算していくことで求められるので、0に近い値になることもしばしばあります。対数をとることでコンピュータが計算しやすい数値に変換できます。

4-6 用語 最尤法

最尤法とは、尤度や対数尤度を最大にするパラメータを、パラメータの推定量として採用する方法です。

先のコイン投げの例を再度用います。

パラメータ$\theta=1/2$のときの尤度は1/4でした。

パラメータ$\theta=1/3$のときの尤度は2/9でした。

1/4と2/9では1/4の方が大きいので、θとしては1/2の方が好ましいと言えます。また、証明はしませんが、$\theta=1/2$のときに尤度が最大になります。そのため、最尤法を用いると、パラメータ$\theta=1/2$であると推定されます。

4-7 用語 最尤推定量

最尤法によって推定されるパラメータを**最尤推定量**と呼びます。推定量であることを示すため、ハット記号をつけて$\hat{\theta}$と表記します。

4-8 用語 最大化対数尤度

最尤推定量を採用したときの対数尤度$\log \mathcal{L}(\hat{\theta})$を**最大化対数尤度**と呼びます。

4-9 正規分布に従うデータの尤度の計算例

確率分布として正規分布を使うときの最尤法の計算例を紹介します。

まずは、説明変数がないNullモデルのパラメータの推定方法を解説します。

ビールの売り上げを「変数y」と表記することにします。yは平均μ、分散σ^2の正規分布に従っていると仮定します。なお、第7部以降では、確率変数と実現値の区別はせず、すべて小文字とします。

$$y \sim \mathcal{N}(\mu, \sigma^2) \tag{7-20}$$

サンプルサイズは大きい方が好ましいのですが、計算の簡単のため、サンプルサイズが2しかない標本で計算の仕組みを解説します。

y_1が得られたときの確率密度は$\mathcal{N}(y_1 | \mu, \sigma^2)$と計算されます。
y_2が得られたときの確率密度は$\mathcal{N}(y_2 | \mu, \sigma^2)$と計算されます。

このときの尤度は以下のように計算されます。これを最大にするパラメータμ, σ^2を計算することで、最尤推定量を得ることができます。2行目では正規分布の確率密度関数を代入しました。

$$\begin{aligned}\mathcal{L} &= \mathcal{N}(y_1 | \mu, \sigma^2) \times \mathcal{N}(y_2 | \mu, \sigma^2) \\ &= \frac{1}{\sqrt{2\pi\sigma^2}} e^{\left\{-\frac{(y_1-\mu)^2}{2\sigma^2}\right\}} \times \frac{1}{\sqrt{2\pi\sigma^2}} e^{\left\{-\frac{(y_2-\mu)^2}{2\sigma^2}\right\}}\end{aligned} \tag{7-21}$$

4-10 用語 局外パラメータ

直接の関心がないパラメータを**局外パラメータ**と呼びます。

正規分布のパラメータは、平均と分散の2つです。しかし、分散は平均値から計算できます。すなわち、平均値さえ推定できれば、分散も芋づる式に計算できます。そのため、分散というパラメータには関心を払いません。

正規分布を仮定したときの最尤法では、分散σ^2をしばしば局外パラメータとして扱います。Nullモデルの場合は平均μだけを推定します。

4-11 正規線形モデルの尤度の計算例

最尤法によるパラメータ推定を、以下のビールの売り上げモデルを例に解説します。確率分布として正規分布を利用しているため、これは正規線形モデルとみなせます。

$$\text{ビールの売り上げ} \sim \mathcal{N}(\beta_0 + \beta_1 \times \text{気温}, \sigma^2) \tag{7-22}$$

係数β_0, β_1を決め打ちで指定したときの尤度を計算します。サンプルサイズが2の標本があったとします。ビールの売り上げをyと表記します。その日の気温をxと表記します。尤度は以下のように計算されます。ただしσ^2は局外パラメータです。

$$\mathcal{L} = \mathcal{N}(y_1 | \beta_0 + \beta_1 x_1, \sigma^2) \times \mathcal{N}(y_2 | \beta_0 + \beta_1 x_2, \sigma^2) \tag{7-23}$$

もう少し一般的に、サンプルサイズnの標本における尤度を考えます。

$$\mathcal{L} = \prod_{i=1}^{n} \mathcal{N}(y_i | \beta_0 + \beta_1 x_i, \sigma^2) \tag{7-24}$$

対数をとるとΠがΣに変わります。

$$\log \mathcal{L} = \sum_{i=1}^{n} \log[\mathcal{N}(y_i | \beta_0 + \beta_1 x_i, \sigma^2)] \tag{7-25}$$

対数尤度を最大にするパラメータβ_0, β_1を推定量として採用するのが最尤法です。ある関数の値を最大にするパラメータを求めることをarg maxと書くので、最終的に以下のようにまとまります。

$$\underset{\beta_0,\beta_1}{\arg\max} \log \mathcal{L} = \underset{\beta_0,\beta_1}{\arg\max} \sum_{i=1}^{n} \log[\mathcal{N}(y_i | \beta_0 + \beta_1 x_i, \sigma^2)] \tag{7-26}$$

$\mathcal{N}()$の代わりに正規分布の確率密度関数を入れることで、対数尤度が計算できます。以下に計算式を載せますが、難しいと感じれば、式の変形手順は無視して結果だけ見ても大丈夫です。なおe^xは見づらいので$\exp(x)$と表記しました。

$$\begin{aligned}
&\underset{\beta_0,\beta_1}{\arg\max} \log \mathcal{L} \\
&= \underset{\beta_0,\beta_1}{\arg\max} \sum_{i=1}^{n} \left[\log\left[\frac{1}{\sqrt{2\pi\sigma^2}} \exp\left\{ -\frac{(y_i - (\beta_0 + \beta_1 x_i))^2}{2\sigma^2} \right\} \right] \right] \\
&= \underset{\beta_0,\beta_1}{\arg\max} \sum_{i=1}^{n} \left[\log\left(\frac{1}{\sqrt{2\pi\sigma^2}} \right) + \log\left[\exp\left\{ -\frac{(y_i - (\beta_0 + \beta_1 x_i))^2}{2\sigma^2} \right\} \right] \right] \\
&= \underset{\beta_0,\beta_1}{\arg\max} \sum_{i=1}^{n} \left[\log\left(\frac{1}{\sqrt{2\pi\sigma^2}} \right) - \frac{(y_i - (\beta_0 + \beta_1 x_i))^2}{2\sigma^2} \right]
\end{aligned} \tag{7-27}$$

2行目から3行目への変形は「対数の中の掛け算は、外に出すと足し算になる」のルールを使います。

3行目から4行目への変形の際、対数にも指数にもeが使われているため、打ち消しあってexpがなくなります。

もちろんこの式を覚える必要はありません。Pythonの`stats.norm.pdf`関数を用いて尤度を求めるのが簡単です。計算のイメージをつかめればここでは十分です。

今回は母集団分布に正規分布を仮定しましたが、最尤法は正規分布以外の確率分布にも適用できます。第9部で事例を挙げて解説します。

4-12 最尤法の計算例

微分することで解析的に解が得られるので、ここで確認します。ただし、この計算は今後出てきませんので、難しければ飛ばしても大丈夫です。

説明変数があると数式が複雑になるので、Nullモデルを対象とします。今回の目的はパラメータμを推定することです。

$$\text{ビールの売り上げ} \sim \mathcal{N}(\mu, \sigma^2) \tag{7-28}$$

対数尤度などをまとめておきます。

$$\begin{aligned}
&\underset{\mu}{\arg\max} \log \mathcal{L} \\
&= \underset{\mu}{\arg\max} \sum_{i=1}^{n} \log[\mathcal{N}(y_i \mid \mu, \sigma^2)] \\
&= \underset{\mu}{\arg\max} \sum_{i=1}^{n} \left[\log\left(\frac{1}{\sqrt{2\pi\sigma^2}} \right) - \frac{(y_i - \mu)^2}{2\sigma^2} \right]
\end{aligned} \tag{7-29}$$

最大などを求めるときは、微分した値が0となる点を探すのが定石です。今回はμを変化させることで対数尤度関数が最大になる点を探します。μで対数尤度関数を微分したときに、これが0となるμを探します。

μで微分すると邪魔な項が消えてきれいになります。

$$\sum_{i=1}^{n} \left[\frac{2(y_i - \mu)}{2\sigma^2} \right] = 0 \tag{7-30}$$

さらに式を整理します。σ^2は局外パラメータなので、定数と同じように消せます。

$$\sum_{i=1}^{n}[y_i - \mu]=0 \tag{7-31}$$

2項目のシグマ記号を外します。

$$\sum_{i=1}^{n}[y_i]-n\mu=0 \tag{7-32}$$

結局、以下のようになります。

$$\mu=\frac{1}{n}\sum_{i=1}^{n}y_i \tag{7-33}$$

Nullモデルの対数尤度を最大にするパラメータμは、応答変数の標本平均と等しいということです。標本平均は母平均に対する最尤推定量だとみなせます。

4-13 最尤推定量の持つ性質

最尤推定量は、推定の誤差という観点から見て、とても好ましい性質を持っています。最尤推定量の性質を補足的に紹介します。

まず、最尤推定量は$n \to \infty$、すなわちサンプルサイズが限りなく大きいときに、推定量の標本分布が漸近的に正規分布に従うことが知られています。これを漸近正規性と呼びます。これ自体も便利な性質でして、統計的仮説検定を行うときなどに活用されます。

さらに、最尤推定量はサンプルサイズが限りなく大きいときに、その漸近分散が最小となる推定量であることも知られています。すなわち、最尤推定量は漸近有効推定量となります。「標本分布の分散が小さい」ということは「推定量のばらつきが小さく、推定の誤差が小さい」ことを意味するので、最尤推定量は好ましい性質を持った推定量だと言えます。

また、最尤推定量は、一致推定量です。ただし、最尤推定量が不偏推定量であるとは限りません。

第5章

パラメータ推定：損失の最小化

パラメータ推定の基本的なアイデアは「モデルの当てはまりを良くするパラメータを採用する」というものです。最尤法は「モデルの当てはまりの良さ」を尤度で数値化して、それを最大にするようにパラメータを推定しました。
次に、機械学習法でよく使われる考え方である、損失の最小化という側面からパラメータ推定を見直します。両者はパラメータ推定の表と裏のようなものです。両者の関係もあわせて解説します。

5-1 用語 損失関数

損失関数は、パラメータを推定する際に、これを最小化するという目的で使われます。

損失をどのように定義するかが問題です。なんとなくで決めてしまっては、“良いモデル”は推定できません。どのような損失が好ましいでしょうか。

5-2 用語 当てはめ値・予測値

以下のビールの売り上げモデルを例に挙げます。

$$\text{ビールの売り上げ} \sim \mathcal{N}(\beta_0 + \beta_1 \times \text{気温}, \sigma^2) \tag{7-34}$$

例えば気温が20℃だったときのビールの売り上げの期待値は「$\beta_0+\beta_1\times 20$」で計算されますね。

ここで、パラメータ推定の対象となるデータに対して、以下のように計算される$\hat{y}$を**当てはめ値**と呼びます。

$$\hat{y}=\beta_0+\beta_1\times 気温 \tag{7-35}$$

なお、パラメータ推定が終わり、モデルの推定ができたとします。そのモデルを使って未知のデータを予測した結果は**予測値**と呼びます。

5-3 用語 残差

実際の応答変数の値と、モデルによる応答変数の当てはめ値との差をとったものを**残差**と呼びます。残差は英語でresidualsと書きます。errorの頭文字をとってeと略記することもあります。

応答変数（この場合はビールの売り上げ）の実際の値をyとします。モデルによる応答変数の当てはめ値を$\hat{y}$とします。残差は以下のように計算されます。

$$residuals=y-\hat{y} \tag{7-36}$$

5-4 残差の合計をそのまま損失の指標に使えない理由

残差の合計値を損失にするというのが最初のアイデアですが、これはうまくいきません。

例えば、応答変数yと説明変数xの組が以下のようになっていたとします。

$$\begin{aligned} &y_1=2,\ y_2=4 \\ &x_1=1,\ x_2=2 \end{aligned} \tag{7-37}$$

このとき、係数を$\beta_0=0, \beta_1=2$と設定してみます。当てはめ値は「$\beta_0+\beta_1 x$」で計算されます。

$\hat{y}_1=0+1\times2=2$

$\hat{y}_2=0+2\times2=4$

これは応答変数の値と一致しますね。もちろん残差の合計値も0です。

$y_1-\hat{y}_1=2-2=0$

$y_2-\hat{y}_2=4-4=0$

しかし、係数を$\beta_0=3, \beta_1=0$と設定しても、残差の合計値は0となります。まずは当てはめ値を求めます。

$\hat{y}_1=3+0\times2=3$

$\hat{y}_2=3+0\times2=3$

残差は以下の通りです。

$y_1-\hat{y}_1=2-3=-1$

$y_2-\hat{y}_2=4-3=1$

残差の合計をとると0になることがわかります。

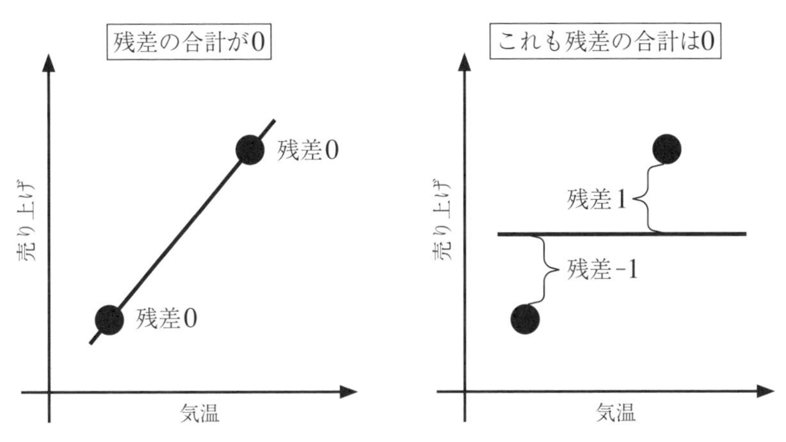

図 7-5-1 残差の合計値の持つ問題点

図7-5-1を見ればわかるように、前者の当てはまりの方が良いことは間違いありません。残差の合計値は、損失関数として使うのに適していないということです。

5-5 用語 残差平方和

平方とは2乗する計算のことを指します。残差を2乗して合計したものを**残差平方和**と呼びます。残差平方和を使うことで、残差の合計値の持つ問題を解消できます。

$\beta_0=0, \beta_1=2$の係数を指定したときの残差平方和は$(0)^2+(0)^2=0$です。
$\beta_0=3, \beta_1=0$の係数を指定したときの残差平方和は$(-1)^2+(1)^2=2$です。
後者の方が「当てはまりが悪い」ことを表現できました。

サンプルサイズnの標本における残差平方和は以下のように表記されます。なお、RSSはResiduals Sum of Squaresの略です。

$$RSS=\sum_{i=1}^{n}(y_i-\hat{y}_i)^2 \tag{7-38}$$

5-6 用語 最小二乗法

残差平方和を最小とするパラメータを採用する手法を、**最小二乗法**と呼びます。最小二乗法によって推定された推定量を**最小二乗推定量**と呼びます。

損失関数として残差平方和を用いて、損失を最小とするパラメータを推定量とする手法だとも言えます。通常の最小二乗法はOrdinary Least Squaredを略してOLSと呼びます。

5-7 最小二乗法と最尤法の関係

最小二乗推定値は、確率分布として正規分布を仮定したときの最尤推定量と一致します。

最尤法は以下の対数尤度を最大にするのでした。

$$\begin{aligned}&\underset{\beta_0,\beta_1}{\arg\max}\log\mathcal{L}\\&=\underset{\beta_0,\beta_1}{\arg\max}\sum_{i=1}^{n}\left[\log\left(\frac{1}{\sqrt{2\pi\sigma^2}}\right)-\frac{(y_i-(\beta_0+\beta_1x_i))^2}{2\sigma^2}\right]\end{aligned}\tag{7-39}$$

ここで、σ^2は局外パラメータなので、直接推定しないことに注意します。すると$1/\sqrt{2\pi\sigma^2}$の部分や$2\sigma^2$で割っている箇所は無視できることになります。また当てはめ値を、$\hat{y}_i=\beta_0+\beta_1x_i$と置くと、結局は以下のようになります。

$$\begin{aligned}\underset{\beta_0,\beta_1}{\arg\max}\log\mathcal{L}&=\underset{\beta_0,\beta_1}{\arg\max}\sum_{i=1}^{n}[-(y_i-(\beta_0+\beta_1x_i))^2]\\&=\underset{\beta_0,\beta_1}{\arg\max}\sum_{i=1}^{n}-(y_i-\hat{y}_i)^2\end{aligned}\tag{7-40}$$

$\sum_{i=1}^{n}-(y_i-\hat{y}_i)^2$を最大にするので、残差平方和を最小にしているのと同じになります。最小二乗推定量は、確率分布として正規分布を仮定したときの最尤推定量と一致することがわかりました。

ところで、実際のパラメータ推定をする場合は、最小二乗法だととても効率の良い計算方法があることが知られています。そのため、最小二乗法が使える場面では、なるべくこちらを使う方が良いでしょう。また、最小二乗推定量は、確率分布として正規分布を利用しなくても、しばしば好ましい性質を持ちます。最小二乗推定量が持つ性質については佐和(1979)などを参照してください。

5-8 用語 誤差関数

機械学習の分野において、対数尤度の符号を変えたものを**誤差関数**と呼びます。対数尤度のプラスマイナスを変えたものなので、これを最小にすることは、尤度を最大にすることと同じです。最小二乗法は、確率分布として正規分布を仮定したときの誤差関数の最小化であると解釈されます。

5-9 さまざまな損失関数

残差平方和を損失とすると、正規線形モデルにおいては、最尤法と同じパラメータが推定できることがわかりました。

しかし、確率分布として正規分布以外の確率分布を仮定すると、最尤推定量と最小二乗推定量は一致しなくなります。例えば、二項分布に従うデータは、「雄と雌」や「表と裏」といった2択で分類することになります。このときに損失として残差平方和を使うのは、違和感を覚えるはずです。データにあわせて損失関数を変えなければならないことに注意が必要です。

第6章 予測精度の評価と変数選択

変数選択の方法にはいくつかありますが、本書では主に検定を用いる方法と情報量規準を用いる方法を解説します。
検定については第6部で解説したのとほぼ同様に解釈できます。本章では情報量規準を使う方法について、その概要を説明します。

6-1 用語 当てはめ精度・予測精度

変数選択を行う意義を理解するためには、いくつかの用語を覚えなければなりません。最も重要なのは、当てはめ精度と予測精度の違いを理解することです。

当てはめ精度は、「手持ちのデータ」に対してモデルを適用したときの、当てはまりの度合いです。
予測精度とは、「まだ手に入れていないデータ」に対してモデルを適用したときの、当てはまりの度合いです。

当てはまりの度合いの指標としては、例えば対数尤度や残差平方和が用いられます。

6-2 用語 過学習

当てはめの精度は高いのに、予測精度が低くなることを**過学習**と呼びます。

過学習は「手持ちのデータ」に過剰に適合しすぎたモデルを構築してしまうのが原因です。

6-3 変数選択の意義

過学習を引き起こしてしまうありがちな原因は、説明変数を増やしすぎてしまうことです。

ビールの売り上げ予測モデルにおいて、「3年前の黒潮の流れ」や「地球に落下した流れ星の数」などを説明変数に用いることは避けるべきです。「今年は流れ星の数が多かったから、ビールの売り上げが増えるはずだ」と考えるのには無理があります。こういった不要な説明変数を除くことで予測精度が上がる可能性があります。しかし、不要な説明変数を加えても、当てはめ精度は高くなることが知られています。

不要な説明変数があると、過学習を引き起こしてしまいます。そのため、変数選択を行います。

6-4 用語 汎化誤差

まだ手に入れていないデータに対する予測誤差のことを**汎化誤差**と呼びます。

予測という言葉はさまざまな場面で使われるので、意味が混同することがしばしばあります。過学習について議論するときは、汎化誤差という名称を使うと誤解を生みません。

6-5 用語 訓練データ・テストデータ

訓練データとは、パラメータの推定に用いられたデータのことです。

訓練データの当てはまりの度合いを評価することで当てはめ精度は求められますが、汎化誤差を評価することは困難です。

テストデータとは、汎化誤差を評価するために、パラメータ推定のときにはあえて使わずに残しておいたデータのことです。

パラメータ推定のときに使われていなかったテストデータでモデルの精度を評価することで、汎化誤差をある程度は評価できます。

6-6 用語 クロスバリデーション（交差検証法）

クロスバリデーション(Cross Validation: CV)は、データを一定の規則に基づいて訓練データとテストデータに分け、テストデータに対する予測精度を評価する方法です。**交差検証法**とも呼ばれます。

クロスバリデーションは大きくleave-p-out CVとK-fold CVの2種類に分かれます。

6-A◆leave-p-out CV

leave-p-out CVは、手持ちのデータからp個のデータを取り除き、テストデータに使う方法です。

例えばleave-2-out CVならばデータを2つ取り除いて訓練データとします。残りのデータで予測精度を評価します。データをp個取り出す方法にはさまざまな組み合わせがあり得るので、それらをすべて試したうえで、予測精度の平均値を評価値とします。

6-B◆K-fold CV

K-fold CVは手持ちのデータをK個のグループに分割します。そのグループの1つを取り除いてテストデータとします。これをK回繰り返して、予測精度の平均値を評価値として用います。

サンプルサイズが100だった場合、leave-1-out CVと100-fold CVは、両方ともデータを1つだけ取り除いてテストデータとするため、同じ意味となります。

変数選択の1つのアイデアは、このクロスバリデーションを用いてテストデータに対する予測精度を評価し、このときの精度が最大になるような変数の組み合わせを選ぶというものです。

6-7 用語 赤池の情報量規準(AIC)

赤池の情報量規準(AIC)は以下のように計算されます。

$$\text{AIC} = -2 \times (\text{最大化対数尤度} - \text{推定されたパラメータの個数}) \quad (7\text{-}41)$$

AICが小さければ小さいほど“良い”モデルであるとみなされます。

対数尤度が大きければ大きいほど、当てはめ精度は高いとみなせます。しかし、当てはめ精度を上げることに注力すると、汎化誤差が大きくなってしまうかもしれません。そこでAICでは推定されたパラメータの個数を罰則として使います。

説明変数を増やすと対数尤度が大きくなります。しかし、同時に罰則も大きくなります。AICは、罰則が増えることを補って余りあるほどに対数尤度が増えるかどうかを判定している指標だとみなせます。

AICを使うことで、不要な変数を除くことができます。クロスバリデーションと比べると、計算量が少ないことも大きなメリットです。

6-8 用語 相対エントロピー

AICという指標の解釈を試みます。詳細な議論は参考文献(島谷(2017)

など)に譲りますが、ここではAIC導出の簡単な流れを説明します。

AICは統計モデルの「予測の良さ」を重要視します。統計モデルにおける予測は「確率分布」であったことを思い出すと、真の分布と統計モデルにより得られた分布との差異は重要な要素になると言えます。まずは「確率分布の差異」を測る指標を導入します。これが**相対エントロピー**です。

相対エントロピーは分布間の擬距離とも呼ばれ、以下のように計算されます。ただし$g(x), f(x)$は確率密度関数です。

$$\text{相対エントロピー} = \int g(x) \log \frac{g(x)}{f(x)} dx \tag{7-42}$$

この式を以下のように変形すると、意味がわかりやすいでしょうか。対数の割り算は外に出すと引き算になることに注意してください。

$$\text{相対エントロピー} = \int g(x) \{\log g(x) - \log f(x)\} dx \tag{7-43}$$

確率密度関数から期待値を計算する式を再掲します。

$$E(x) = \int f(x) \cdot x \, dx \tag{7-44}$$

相対エントロピーは、2つの確率密度関数の対数の差$\log g(x) - \log f(x)$の期待値であるとみなすと、「確率分布の差を測る指標である」ことのイメージがつきやすいかと思います。

6-9 相対エントロピーの最小化と平均対数尤度

真の分布と予測された分布との距離を小さくすることを考えます。まずは、相対エントロピーを再掲します。ただしyは応答変数であり、$g(y)$が真の分布で$f(y)$がモデルから予測された分布となります。

$$\int g(y)\{\log g(y) - \log f(y)\}dy \tag{7-45}$$

この式を以下のように変形します。

$$\int g(y)\log g(y) - g(y)\log f(y)dy \tag{7-46}$$

ここで、真の分布$g(y)$は変更できないことに注意します。すると、この距離を小さくするには、以下の式を最小にすればいいことになります。

$$\int -g(y)\log f(y)dy \tag{7-47}$$

ここで、上式のマイナスをとったものを**平均対数尤度**と呼びます。

$\log f(y)$における$f(y)$ですが、これは「予測された応答変数の確率分布」となります。例えばビールの売り上げモデルでは$\mathcal{N}(\beta_0+\beta_1\times$気温$,\sigma^2)$という「平均が『$\beta_0+\beta_1\times$気温』の正規分布」となります。

平均対数尤度は、真の分布からの乱数生成シミュレーションを何度も行い、「シミュレーションで得られたデータ」と「モデルから予測された分布」から対数尤度を何度も計算し、その平均値をとったものだと解釈できます。

「真の分布と推定された分布の差異」を最小にすることは、平均対数尤度にマイナス1を掛けたものを最小にすることを意味します。

すなわち、平均対数尤度を最大にすることで「真の分布と推定された分布の差異」を最小にできるということです。

6-10　平均対数尤度の持つバイアスとAIC

平均対数尤度そのものを計算することは難しいので、最大化対数尤度で代用します。しかし、このときに問題があります。最大化対数尤度は平均対数尤度よりも大きすぎるバイアスがかかっているのです。このバイアスの大きさは、推定されたパラメータの個数であることが知られています。

というわけで、このバイアスを取り除いたものがAICとなり、以下のように計算されます。

AIC＝－2×(最大化対数尤度－推定されたパラメータの個数)　(7-48)

6-11　AICによる変数選択

AICはモデルの“良さ”を評価する指標です。AICが小さければ小さいほど“良い”モデルであると判断されます。AICが最小となる変数の組み合わせを選ぶことで、変数選択を行います。

6-12　検定の代わりとしての変数選択

2つのグループで平均値に差があるかどうかを判断したいと思っていたとしましょう。第6部ではt検定を用いて平均値に有意な差があるかどうかを判断していました。AICによる変数選択を「平均値の差の検定」の代用として用いることも考えられます。どちらを使うかは、分析の目的次第です。

例えば薬を飲むと体温が上がるとみなせるかどうか判断したいとします。以下の2つのモデルを構築します。

モデル1：体温～説明変数なし

モデル2：体温～薬の有無

これでモデル1とモデル2を各々推定し、AICを計算します。

モデル2のAICの方が小さくなれば、モデル2が採用されますね。そうしたら「薬はモデルに組み込まれていた方が良い」と判断できます。

ただしAICはあくまでも未知のデータへの予測精度を上げる目的で考案された指標です。検定とはその解釈が大きく異なることに注意が必要です。

AIC最小規準によりモデル2を選ぶのは「モデル2の方が体温をより良く予測できるモデルだから」という理由になります。言い換えると「モデル2の方が正しい」という保証はAICでは与えられないということです。サンプルサイズが大きかったとしても「正しいモデル」を選ぶことはできず、粕谷(2015)による単純なシミュレーションでは、ある程度の割合で「正しいモデル」を選ぶことに失敗しています。「手持ちのデータにおいて、未知データへの平均的な予測の良さを最大にするという目的で」AICを使っているという理解を持つ必要があります。

6-13 検定とAICのどちらを使うべきか

検定とAICで、どちらの方が優れているかということは判別できません。ここで重要なのは、両方の解釈ができるようになることです。

また「検定を使うと“ほしい結果”が得られなかったからAICに切り替える」ということは許されません。これはpハッキングとやっていることが変わりませんので。

情報量規準にはAIC以外にもBICやAICcなどいくつかが知られています。しかし、自分がほしい結果が得られるまで指標を変え続けるというのはやめてください。

本書の方針としては、まず第8部では、検定とAICによるモデル選択を併記して解説します。両方の解釈になじんでおくと、他の教科書や論文を読む際に便利だからです。しかし、検定は手法の使い分けが難しいこと、また検定の非対称性のため解釈もやや煩雑であるという課題があります。

本書ではAICによるモデル選択に軸を移していきます。第9部ではほぼすべてAICによるモデル選択の結果のみを採用します。

第 8 部

正規線形モデル

第1章 連続型の説明変数を1つ持つモデル（単回帰）

正規線形モデルをPythonで推定します。本章では連続型の説明変数が1つだけある正規線形モデルを対象とします。単回帰分析とも呼ばれます。
最初に定義通り最小二乗法を用いて係数を推定します。続いてstatsmodelsを用いて推定値を得る方法を解説します。そしてAICを使って変数選択を実施し、得られたモデルを使って予測する方法を解説します。最後に回帰直線を描きます。

1-1 実装 分析の準備

必要なライブラリの読み込みなどを行います。第8部からは画面上に表示されるアレイとデータフレームの要素を、一括で小数点以下第3位に丸める設定をしています。

```
# 数値計算に使うライブラリ
import numpy as np
import pandas as pd
from scipy import stats
# 表示桁数の設定
pd.set_option('display.precision', 3)
np.set_printoptions(precision=3)

# グラフを描画するライブラリ
from matplotlib import pyplot as plt
```

```
import seaborn as sns
sns.set()

# 統計モデルを推定するライブラリ
import statsmodels.formula.api as smf
import statsmodels.api as sm
```

1-2 (実装) データの読み込みと図示

分析のためのデータを読み込みます。架空のビールの売り上げデータです。

```
beer = pd.read_csv('8-1-1-beer.csv')
print(beer.head(n=3))
```

```
   beer  temperature
0  45.3         20.5
1  59.3         25.0
2  40.4         10.0
```

データを読み込んで、最初に行うことは図示です。グラフを描くことで、データの特徴をつかめます。X軸が気温で、Y軸がビールの売り上げとなっている散布図を描きます（図8-1-1）。これを見ると、気温が高くなると売り上げも増えるように見えます。

```
sns.scatterplot(x='temperature', y='beer',
                data=beer, color='black')
```

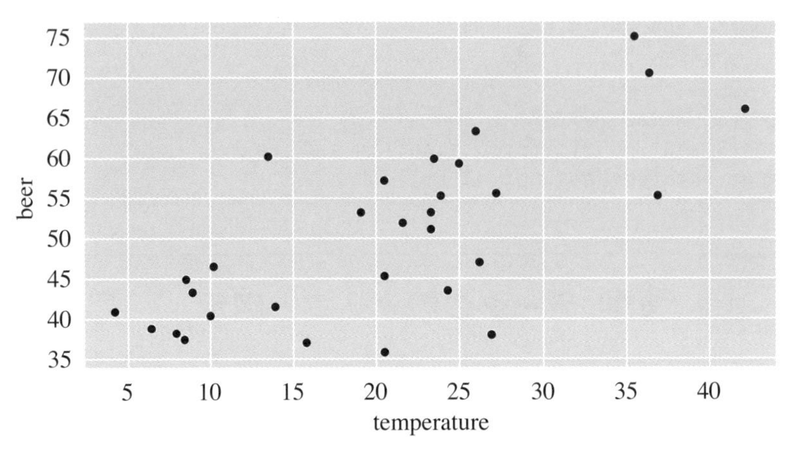

図 8-1-1 気温とビールの売り上げの関係

1-3 今回構築するモデル

以下のビールの売り上げモデルを構築します。

$$ビールの売り上げ \sim \mathcal{N}(\beta_0+\beta_1 \times 気温, \sigma^2) \quad (8\text{-}1)$$

応答変数にビールの売り上げを、説明変数として気温を用いた正規線形モデルです。この場合は説明変数が1つしかありませんので、モデルの特定は「気温がモデルに入るかどうか」を判断するだけです。パラメータ推定としては式にある係数β_0, β_1を推定します。σ^2は局外パラメータなので最初は無視します。

第7部のおさらいもかねて、モデルを構築することで得られるメリットを整理します。

◎現象の解釈ができる

- 係数β_1が0でないと判断できれば、「ビールの売り上げは気温の影響を受けている」と判断できる
  - 係数の検定の代わりにAICによるモデル選択を用いてもよい。

この場合は「ビールの売り上げ予測において気温は必要」だという解釈になる

- 係数β_1の正負がわかれば「気温が上がることによって、ビールの売り上げが上がるのか下がるのか」が判断できる

◎予測ができる

- 係数の値β_0, β_1と気温がわかれば、ビールの売り上げの期待値を計算できるようになる
  - 気温が●度のときは、ビールの売り上げは「$\beta_0+\beta_1\times$気温」円になるでしょう、と予測する

1-4 最小二乗法による係数の推定

第7部第5章で解説したように、母集団分布に正規分布を仮定したときの最尤法は、最小二乗法の結果と一致します。ここでは最小二乗法を用いて、係数β_0, β_1を求める手続きを解説します。なお、パラメータの推定をPythonに任せると割り切ってしまうならば、本節と次節は飛ばしても大丈夫です。

最小二乗法では、下記で計算される残差平方和RSSを最小にします。

$$RSS=\sum_{i=1}^{n}(y_i-\hat{y}_i)^2 \tag{8-2}$$

ただし応答変数（今回はビールの売り上げ）がy_iです。$\hat{y}_i$はモデルによる当てはめ値です。$\hat{y}_i$は以下のように計算されます。ただしx_iは説明変数（今回は気温）です。

$$\hat{y}_i=\beta_0+\beta_1\cdot x_i \tag{8-3}$$

データが与えられている場合、RSSはβ_0とβ_1の関数です。β_0とβ_1を変化させるとRSSが大きくなったり小さくなったりします。RSSが最小とな

るβ_0とβ_1を調べます。

$$\mathrm{RSS}(\beta_0 \cdot \beta_1)=\sum_{i=1}^{n}(y_i-\beta_0-\beta_1 \cdot x_i)^2 \tag{8-4}$$

最大や最小を求める場合は、微分してそれが0になるときのパラメータを求めるのが定跡です。最終的に下記のような結果になります。

$$\hat{\beta}_0=\bar{y}-\hat{\beta}_1\bar{x} \tag{8-5}$$

$$\hat{\beta}_1=\frac{\mathrm{Cov}(x,y)}{s_x^2} \tag{8-6}$$

ここで$\bar{x}$はxの平均値、$\bar{y}$はyの平均値、$\mathrm{Cov}(x,y)$はx,yの共分散、s_x^2はxの標本分散です。なお、$\hat{\beta}_1$の計算において$\mathrm{Cov}(x,y)$でもs_x^2でもサンプルサイズnで除する処理が入ります。分子分母で同じnで除する計算が入るので、これを省略した形で以下のように表記することもしばしばあります。結果は変わりません。

$$\hat{\beta}_1=\frac{\mathrm{SS}_{xy}}{\mathrm{SS}_{xx}} \tag{8-7}$$

ただしSS_{xy}は共分散の分子です。

$$\mathrm{SS}_{xy}=\sum_{i=1}^{n}(x_i-\bar{x})(y_i-\bar{y}) \tag{8-8}$$

またSS_{xx}はxの標本分散の分子です。

$$\mathrm{SS}_{xx}=\sum_{i=1}^{n}(x_i-\bar{x})^2 \tag{8-9}$$

1-5 (実装) 係数の推定

式(8-5)と式(8-6)に従って、係数を推定します。まずはデータを整理します。

```
x = beer['temperature']
y = beer['beer']
```

分散共分散行列を得ます。第3部第5章の復習ですが、分散共分散行列は下記の結果をまとめた行列です。

$$\boldsymbol{\Sigma} = \begin{bmatrix} s_x^2 & \mathrm{Cov}(x,y) \\ \mathrm{Cov}(x,y) & s_y^2 \end{bmatrix} \tag{8-10}$$

```
cov_mat = np.cov(x, y, ddof=0)
cov_mat
```

```
array([[ 93.963,  71.922],
       [ 71.922, 109.237]])
```

係数を推定します。

```
# 平均値
x_bar = np.mean(x)
y_bar = np.mean(y)

# 共分散と分散
cov_xy =  cov_mat[0, 1]
s2_x = cov_mat[0, 0]

# 係数の推定
beta_1 = cov_xy / s2_x
beta_0 = y_bar - beta_1 * x_bar

print('切片    : ', round(beta_0, 3))
print('気温の係数: ', round(beta_1, 3))
```

```
切片      :  34.61
気温の係数:  0.765
```

1-6 推定された係数の期待値・分散

推定された回帰係数$\hat{\beta}_0, \hat{\beta}_1$の期待値と分散を紹介します。難しいと感じたら、最初は飛ばしても大丈夫です。

6-A◆推定された係数の期待値

係数の期待値は以下のようになります。

$$E(\hat{\beta}_0)=\beta_0 \tag{8-11}$$

$$E(\hat{\beta}_1)=\beta_1 \tag{8-12}$$

上記の結果から、$\hat{\beta}_0, \hat{\beta}_1$は不偏推定量であることがわかります。いくつかの仮定を置くことで一致推定量であることも示せます。

6-B◆推定された係数の分散

係数の分散は以下のようになります。

$$V(\hat{\beta}_0)=\sigma^2\left(\frac{1}{n}+\frac{(\bar{x})^2}{\mathrm{SS}_{xx}}\right) \tag{8-13}$$

$$V(\hat{\beta}_1)=\frac{\sigma^2}{\mathrm{SS}_{xx}} \tag{8-14}$$

上記の結果から、誤差の分散σ^2が大きければ、推定量の分散も大きいことがわかります。これは自然なことです。

推定量の分散の分母にSS_{xx}が入っていることも大きな特徴です。SS_{xx}は説明変数xのばらつきの大きさだと言えます。説明変数がさまざま変化しているときに、推定量の分散は小さくなります。ビールの売り上げと気温の例では、とても寒い日だけのデータを使うよりも、暖かい日や寒い日などいろいろなデータを使う方が精度よく推定できることになります。これは直観的にも受け入れやすい結果だと思います。

6-C◆分散についての補足

上記の結果では、誤差の分散σ^2が利用されています。しかし、この正確な値はわからないので、残差から計算します。以下で残差e_iを取得します。

$$e_i = y_i - \hat{y}_i \tag{8-15}$$

なおe_iの平均値を$\bar{e}$と置くと$\bar{e}=0$となることが知られています。

誤差の分散σ^2は以下のようにして推定されます。不偏分散の計算と同様に、nで割ると過小評価してしまうため、$n-2$で割ることに注意が必要です。推定量は$\hat{\sigma}^2$と表記します。$\hat{\sigma}^2$はσ^2の不偏推定量であることが知られています。

$$\hat{\sigma}^2 = \frac{\sum_{i=1}^{n}(e_i - \bar{e})^2}{n-2} = \frac{\sum_{i=1}^{n} e_i^2}{n-2} \tag{8-16}$$

推定量の分散の値$V(\hat{\beta}_0), V(\hat{\beta}_1)$の平方根をとることで、標準偏差が得られます。標準偏差の計算のとき、$V(\hat{\beta}_0), V(\hat{\beta}_1)$の計算式において$\sigma^2=\hat{\sigma}^2$を代入したものが、推定量の標準誤差となります。

1-7 (実装) statsmodelsによるモデル化

続いて、ライブラリを用いて、簡単に正規線形モデルを構築する方法を解説します。統計モデルを推定するために`import statsmodels.formula.api as smf`として`statsmodels`を読み込みました。これを使うことで簡単にモデルを構築できます。`smf.ols`関数を使います。OLSとは通常の最小二乗法(Ordinary Least Squares)の略です。

```
lm_model = smf.ols(formula='beer ~ temperature',
                   data=beer).fit()
```

モデルの構造を指定するのがformulaです。'beer ~ temperature'と指定することで、応答変数がbeer、説明変数がtemperatureであるモデルを指定できます。formulaを変えることでさまざまなモデルを推定できます。より複雑なモデルを推定するときに、再度説明します。

formulaと対象となるデータフレームを指定することでモデルの指定が終わります。データフレームの列名と、formulaの変数名は一致している必要があります。最後に.fit()とつけるのを忘れないようにします。これでパラメータ推定までが自動的に終わります。

1-8 実装 推定結果の表示と係数の検定

summary関数を用いて推定結果を表示させます。

```
lm_model.summary()
```

OLS Regression Results

Dep.Variable:	beer	R-squared:	0.504
Model:	OLS	Adj.R-squared:	0.486
Method:	Least Squares	F-statistic:	28.45
Date:	Wed, 29 Sep 2021	Prob(F-statistic):	1.11e-05
Time:	15:51:16	Log-Likelihood:	-102.45
No.Observations:	30	AIC:	208.9
Df Residuals:	28	BIC:	211.7
Df Model:	1		
Covariance Type:	nonrobust		

	coef	std err	t	P>|t|	[0.025	0.975]
Intercept	34.6102	3.235	10.699	0.000	27.984	41.237
temperature	0.7654	0.144	5.334	0.000	0.471	1.059

Omnibus:	0.587	Durbin-Watson:	1.960
Prob(Omnibus):	0.746	Jarque-Bera(JB):	0.290
Skew:	-0.240	Prob(JB):	0.865
Kurtosis:	2.951	Condo. No.	52.5

かなり多くの出力が表示されますが、まずは中央部分のInterceptやtemperatureと書かれた箇所に注目します。

	coef	std err	t	P>|t|	[0.025	0.975]
Intercept	34.6102	3.235	10.699	0.000	27.984	41.237
temperature	0.7654	0.144	5.334	0.000	0.471	1.059

Interceptとtemperatureが、以下のモデルにおけるβ_0, β_1に当たります。Interceptは切片、β_1に当たる係数は傾きとも呼ばれます。今回の結果では$\beta_0 = 34.6102, \beta_1 = 0.7654$となりました。定義通り計算した結果と一致します。

$$\text{ビールの売り上げ} \sim \mathcal{N}(\beta_0 + \beta_1 \times \text{気温}, \sigma^2) \tag{8-17}$$

coefと書かれた列が係数の値そのものです。そのあと、左から順に、係数の標準誤差（std err）、t値（t）、帰無仮説を「係数の値が0である」としたときのp値（P>|t|）、95%信頼区間における下側信頼限界と上側信頼限界（[0.025 0.975]）となっています。t値は推定値を標準誤差で除すことで得られます。p値や信頼区間における解釈は第5部および第6部と同様です。

p値はあまりにも小さすぎて、桁落ちで0となっています。気温にかかる係数は有意に0とは異なると判断できるようです。

気温がビールの売り上げに影響を与えることはわかりました。気温が売り上げに与える大きさは、係数の値「0.7654」という数値を見ればわかります。ここがプラスの値になっているので「気温が上がるとビールの売り上げが増える」と判断できます。

1-9 実装 summary関数の出力

summary関数の出力の意味を確認します。最下段は後ほどモデルの評価の際に確認することとして、ここでは最上段を解説します。

Dep.Variable:	beer	R-squared:	0.504
Model:	OLS	Adj.R-squared:	0.486
Method:	Least Squares	F-statistic:	28.45
Date:	Wed, 29 Sep 2021	Prob(F-statistic):	1.11e-05
Time:	15:51:16	Log-Likelihood:	-102.45
No.Observations:	30	AIC:	208.9
Df Residuals:	28	BIC:	211.7
Df Model:	1		
Covariance Type:	nonrobust		

Dep. Variable：応答変数の名称。DepはDependedで従属変数という意味

Model・Method：通常の最小二乗法を使ったという説明

Date・Time：モデルが推定された日時

No.Observations：サンプルサイズ

Df Residuals：サンプルサイズから「推定されたパラメータの数」を引いたもの

Df Model：用いられた説明変数の数

Covariance Type：共分散のタイプ。特に指定しなければnonrobustになる

R-squared：決定係数（第8部第2章で解説）
Adj.R-squared：自由度調整済み決定係数（第8部第2章で解説）
F-statistic・Prob(F-statistic)：分散分析の結果（第8部第3章で解説）
Log-Likelihood：最大化対数尤度
AIC：赤池の情報量規準
BIC：ベイズ情報量規準。情報量規準の一種だが、本書では使わない

細かい部分は使用するライブラリやそのバージョンによって変わることもあるでしょう。サンプルサイズと決定係数、AICあたりがしばしば参照されます。

1-10 実装 AICによるモデル選択

続いて、AICによるモデル選択を行います。説明変数が1つしかないため、NullモデルのAICと、気温という説明変数が入ったモデルのAICを比較する作業になります。

10-A◆AICによるモデル選択の実装

Nullモデルを構築します。説明変数がないときは`beer ~ 1`と指定します。

```
null_model = smf.ols(formula='beer ~ 1', data=beer).fit()
```

続いてAICを表示させます。まずはNullモデルから確認します。

```
round(null_model.aic, 3)
```

```
227.942
```

続いて説明変数入りのモデルのAICです。

```
round(lm_model.aic, 3)
```

```
208.909
```

説明変数入りモデルの方が小さなAICとなったので、「気温という説明変数があった方が、予測精度が高くなる」と判断されます。ビールの売り上げ予測モデルには、気温という説明変数が必要なようです。

10-B◆AICの計算方法

勉強のために、AICの計算方法を復習します。AICは以下のようにして計算されます。

$$\mathrm{AIC} = -2 \times (\text{最大化対数尤度} - \text{推定されたパラメータの個数}) \qquad (8\text{-}18)$$

推定されたモデルの対数尤度を取得します。

```
round(lm_model.llf, 3)
```

```
-102.455
```

続いて推定されたパラメータの数がわかればよいのですが、この情報はモデルに含まれていません。しかし、用いられた説明変数の数ならば、以下のようにして取得できます。

```
lm_model.df_model
```

```
1.0
```

実際のところは切片（β_0）も推定されているので、これに1を足せば「推定されたパラメータの数」が求められます。

最終的に、AICは以下のように計算されます。

```
round(-2 * (lm_model.llf - (lm_model.df_model + 1)), 3)
```

```
208.909
```

ところで、「推定されたパラメータの数」にはいくつか流儀があります。今回は局外パラメータをパラメータの個数に含みませんでしたが、これを含めてAICを求める場合もあります（この場合はAICが210.909となります）。R言語など別のソフトでは局外パラメータの数が含まれていることもあります。

AICはその値の大小に興味がある指標です。言い換えるとAICの絶対値に意味はありません。同じ流儀で計算されている限り、AICの大小関係は崩れないので、モデル選択において悪影響はありません。ただし、他のソフトやライブラリ間でAICを比較する際には注意が必要です。

1-11 実装 単回帰による予測

単回帰の結果を使って予測する方法を解説します。

11-A◆当てはめ値

推定されたモデルにpredict関数を適用することでさまざまな結果を計算できます。引数に何も指定しなかった場合は、訓練データへの当てはめ値がそのまま出力されます。

```
lm_model.predict()
```

```
array([50.301, 53.746, 42.264, 55.2  , 46.704, 37.825,
・・・中略・・・
       66.911, 52.904, 62.854, 41.423, 62.472, 39.509])
```

なお、当てはめ値を得る場合は、lm_model.fittedvaluesと実行しても同じ結果が得られます。

11-B◆気温が0度のときの予測値

気温の値を指定して予測を行うこともできます。引数にデータフレームを指定します。今回は気温が0度のときのビールの売り上げの期待値を計算しました。

```
lm_model.predict(pd.DataFrame({'temperature':[0]}))
```

```
0    34.61
dtype: float64
```

ところで、今回推定したモデルは以下の通りです。

$$ビールの売り上げ \sim \mathcal{N}(\beta_0+\beta_1\times 気温, \sigma^2) \quad (8\text{-}19)$$

モデルの予測値、すなわち正規分布における期待値は「$\beta_0+\beta_1\times$気温」で計算されます。よって、気温が0度のときの予測値はβ_0と等しくなるはずです。

確認します。`lm_model.params`で推定されたパラメータを表示させます。

```
lm_model.params
```

```
Intercept      34.610
temperature     0.765
dtype: float64
```

`Intercept`がβ_0です。予測値と一致しています。

11-C◆気温が20度のときの予測値

次は気温が20℃のときのビールの売り上げの期待値を計算します。

```
lm_model.predict(pd.DataFrame({'temperature':[20]}))
```

```
0    49.919
dtype: float64
```

これは「$\beta_0+\beta_1\times 20$」の結果と等しくなります。

```
beta0 = lm_model.params[0]
beta1 = lm_model.params[1]
temperature = 20

round(beta0 + beta1 * temperature, 3)
```

```
49.919
```

1-12 (実装) 信頼区間・予測区間

予測値を点推定値として得るだけでなく、区間推定もできます。その方法を解説します。ここでは信頼区間と予測区間を計算します。

12-A◆信頼区間と予測区間の直観的な説明

今回は、区間として信頼区間と予測区間の2つを利用します。信頼区間は第5部で解説したように、平均値の推定誤差を加味した区間です。一方の**予測区間**はデータのばらつきをさらに加味した区間です。詳細は1-15節で解説しますが、これは後ほど回帰直線を描くことでより明確になるでしょう。

12-B◆信頼区間と予測区間の計算

気温が20度のときのビールの売り上げを予測します。predict関数の代わりにget_prediction関数を使い、その結果に対してさらにsummary_frame関数を適用します。alpha=0.05を指定することで予測値の95%信頼区間と95%予測区間が得られます。

```
pred_interval = lm_model.get_prediction(
    pd.DataFrame({'temperature':[20]}))
pred_frame = pred_interval.summary_frame(alpha=0.05)
print(pred_frame)
```

```
     mean  mean_se  mean_ci_lower  mean_ci_upper  \
0  49.919    1.392         47.067          52.77

   obs_ci_lower  obs_ci_upper
0        34.053        65.785
```

結果は以下の通りです。

mean：点予測

mean_se：予測値の標準誤差

mean_ci_lowerからmean_ci_upperの範囲：信頼区間

obs_ci_lowerからobs_ci_upperの範囲：予測区間

予測区間は、平均値の推定誤差に加えてデータのばらつきを加味しているため、信頼区間よりも広くなります。

1-13 用語 回帰直線

回帰直線とは、モデルによる応答変数の当てはめ値を直線で示したものです。非線形なモデルの場合は**回帰曲線**と呼ばれることもあります。

1-14 実装 seabornによる回帰直線の図示

回帰直線を図示します。実を言うと、statsmodelsを使わなくても回帰直線を図示できます。いくつか方法がありますが、ここではseabornのlmplot関数を使います(**図8-1-2**)。

```
sns.lmplot(x='temperature', y='beer', data=beer,
           scatter_kws={'color': 'black'},
           line_kws   ={'color': 'black'},
           ci=None, height=4, aspect=2)
```

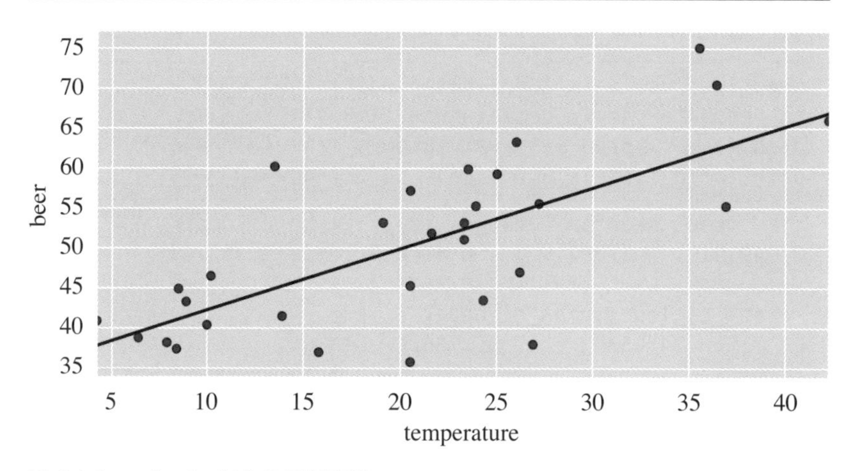

図 8-1-2 sns.lmplotによる回帰直線

なお、lmplotはfigure-level関数です。axis-level関数としてはregplot関数が用意されています。こちらを使っても、ほぼ同様のグラフが描けます。ただしlmplotの方が高機能なので、回帰直線を描く場合、本書では

lmplot関数を中心に使います。

図8-1-2はX軸に気温を、Y軸にビールの売り上げを置いた散布図に、回帰直線を加えたグラフです。散布図のデザインの指定はscatter_kwsで、回帰直線のデザインの指定はline_kwsで行います。

ci=Noneと設定することで、信頼区間を描画させないようにしています。信頼区間は後ほどget_prediction関数の結果を使って描画します。

1-15 実装 信頼区間と予測区間の図示

回帰直線の信頼区間と予測区間は、図示するとその特徴がはっきりわかります。lmplot関数を使わずに、より詳細な回帰直線を描画します。

まずはすべての当てはめ値における、信頼区間と予測区間を求めます。

```
pred_all = lm_model.get_prediction()
pred_frame_all = pred_all.summary_frame(alpha=0.05)
```

続いて、グラフのX軸の値となる気温データを付け加えます。次に、折れ線グラフの見た目を良くするために、気温の昇順で並び替えます。

```
# 説明変数を付け加える
pred_graph = pd.concat(
    [beer.temperature, pred_frame_all], axis = 1)
# 図示のためにソートする
pred_graph = pred_graph.sort_values("temperature")
```

beerデータを対象にして元データの散布図を描いたあと、pred_graphデータを対象にして折れ線グラフを描きます。

```
# 散布図
sns.scatterplot(x='temperature', y='beer',
                data=beer, color='black')
# 回帰直線
sns.lineplot(x='temperature', y='mean',
```

```
              data=pred_graph, color='black')
# 信頼区間
sns.lineplot(x='temperature', y='mean_ci_lower',
              data=pred_graph, color='black',
              linestyle='dashed')
sns.lineplot(x='temperature', y='mean_ci_upper',
              data=pred_graph, color='black',
              linestyle='dashed')
# 予測区間
sns.lineplot(x='temperature', y='obs_ci_lower',
              data=pred_graph, color='black',
              linestyle='dotted')
sns.lineplot(x='temperature', y='obs_ci_upper',
              data=pred_graph, color='black',
              linestyle='dotted')
```

図8-1-3において、破線が95%信頼区間を、点線が95%予測区間を示しています。95%信頼区間からは多くのデータがはみ出ていますが、予測区間をはみ出るデータはほとんどありません。データのばらつきも加味した予測を行う場合は、予測区間を使うことをおすすめします。

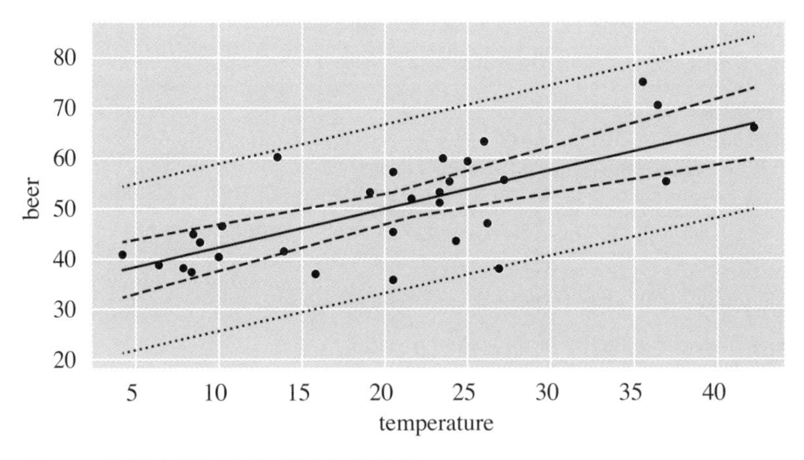

図 8-1-3 回帰直線の信頼区間と予測区間

1-16　回帰直線の分散

回帰直線の信頼区間と予測区間を見ると、その幅が気温によって変化しているのがわかります。これは示唆的な結果ですので、簡単にその解釈を紹介します。

16-A◆直観的な説明

説明変数の値が平均値と比べて極端に小さいときと大きいとき、回帰直線の信頼区間・予測区間は広くなります。信頼区間が広いということは、平たく言えば、推定の精度が悪いということです。

ビールの売り上げと気温の事例で見ます。平均的な気温であるときの売り上げを予測するのは容易ですが、極端に寒かったり極端に暑かったりする日の売り上げを予測するのは難しくなります。

16-B◆回帰直線は応答変数と説明変数の平均値を通る

説明変数がちょうど平均値と一致するとき、すなわち$x_i=\bar{x}$であるときには、回帰直線の信頼区間は狭くなり、精度よく推定できます。これは回帰直線が応答変数と説明変数の平均値を必ず通るという性質から推察できます。

ここで「回帰直線が応答変数と説明変数の平均値を必ず通る」ということは推定量の計算式$\hat{\beta}_0=\bar{y}-\hat{\beta}_1\bar{x}$を変形することで示せます。

$$
\begin{aligned}
\hat{\beta}_0 &= \bar{y}-\hat{\beta}_1\bar{x} \\
\hat{\beta}_0+\hat{\beta}_1\bar{x} &= \bar{y}
\end{aligned}
\tag{8-20}
$$

回帰直線は、説明変数が$\bar{x}$であるときに、$\bar{y}$と一致することがわかります。

16-C◆信頼区間の計算に使われる分散

応答変数の当てはめ値は$\hat{y}_i=\hat{\beta}_0+\hat{\beta}_1x_i$で計算されます。このときの分散の値は以下のように計算されます。

$$V(\hat{y}_i)=\sigma^2\left\{\frac{1}{n}+\frac{(x_i-\bar{x})^2}{\mathrm{SS}_{xx}}\right\} \tag{8-21}$$

上記の結果を見ると、まず誤差の分散σ^2が大きいときに、回帰直線の分散が大きくなることがわかります。それに加えて、$(x_i-\bar{x})^2$すなわち「説明変数と、説明変数の平均値との離れ具合」が大きいほど、やはり回帰直線の分散は大きくなります。

信頼区間の計算には、$\sigma^2=\hat{\sigma}^2$を代入してから平方根をとった標準誤差が利用されますが、解釈は同じです。

16-D◆予測区間の計算に使われる分散

予測区間を得るための分散は、応答変数の当てはめ値に対してさらにデータが持つ誤差の分散を加えることで計算されます。

$$V(\hat{y}_i)+\sigma^2=\sigma^2\left\{1+\frac{1}{n}+\frac{(x_i-\bar{x})^2}{\mathrm{SS}_{xx}}\right\} \tag{8-22}$$

このため、予測区間は信頼区間よりも広くなります。

第2章 正規線形モデルの評価

第8部第1章で構築した単回帰モデルを対象にして、モデルの評価を行う方法を解説します。予測を行う前にモデルを評価することをおすすめします。モデルの評価として主に**残差診断**と呼ばれる、モデルの残差についての評価を行います。
残差を取得したあと、決定係数、自由度調整済み決定係数を計算します。続いてグラフを用いた評価について解説します。

2-1 実装 分析の準備

必要なライブラリの読み込みなどを行います。

```
# 数値計算に使うライブラリ
import numpy as np
import pandas as pd
from scipy import stats
# 表示桁数の設定
pd.set_option('display.precision', 3)
np.set_printoptions(precision=3)

# グラフを描画するライブラリ
from matplotlib import pyplot as plt
import seaborn as sns
sns.set()

# 統計モデルを推定するライブラリ
```

```
import statsmodels.formula.api as smf
import statsmodels.api as sm
```

第8部第1章と同じデータを用いて、単回帰モデルを推定するところまで実装します。このモデルがデータに適合しているかどうかをこれから判断します。

```
# データの読み込み
beer = pd.read_csv('8-1-1-beer.csv')

# モデル化
lm_model = smf.ols(formula='beer ~ temperature',
                   data=beer).fit()
```

2-2 実装 残差の取得

モデルの評価は主に残差のチェックを通して行われます。ここでは残差を取得します。

2-A◆残差の取得

残差は以下のようにして取得します。

```
e = lm_model.resid
e.head(3)
```

```
0   -5.001
1    5.554
2   -1.864
dtype: float64
```

2-B◆当てはめ値から残差を計算する

実務上はこれだけでよいのですが、勉強のため、残差を別途計算します。残差e_iの計算式を再掲します。

$$e_i = y_i - \hat{y}_i \tag{8-23}$$

ただし、$\hat{y}_i = \beta_0 + \beta_1 \times$気温です。

Pythonで当てはめ値$\hat{y}_i$を計算します。

```
beta0 = lm_model.params[0] # 切片
beta1 = lm_model.params[1] # 傾き

y_hat = beta0 + beta1 * beer.temperature # 当てはめ値
y_hat.head(3)
```

```
0    50.301
1    53.746
2    42.264
Name: temperature, dtype: float64
```

なお、当てはめ値は`lm_model.fittedvalues`や`lm_model.predict()`としても取得できます。

実測値から当てはめ値を引けば残差になります。

```
(beer.beer - y_hat).head(3)
```

```
0   -5.001
1    5.554
2   -1.864
dtype: float64
```


2-3 用語 決定係数

`summary`関数の出力にあるR-Squaredは**決定係数**と呼ばれる指標です。決定係数は手持ちのデータへのモデルの当てはまりの度合いを評価した指標です。

決定係数は以下のようにして計算します。ただしy_iは応答変数で、$\hat{y}_i$はモデルによる当てはめ値、$\bar{y}$はyの平均値です。

$$R^2 = \frac{\sum_{i=1}^{n}(\hat{y}_i - \bar{y})^2}{\sum_{i=1}^{n}(y_i - \bar{y})^2} \tag{8-24}$$

モデルによる当てはめ値がすべて応答変数の実際の値と一致していれば、R^2は1になります。

2-4 実装 決定係数

決定係数をPythonで計算します。

4-A◆決定係数の計算

定義通りに決定係数を計算します。

```
y = beer.beer                  # 応答変数y
y_bar = np.mean(y)             # yの平均値
y_hat = lm_model.predict() # yの当てはめ値

round(np.sum((y_hat - y_bar)**2) / np.sum((y - y_bar)**2), 3)
```

```
0.504
```

以下のようにすると、簡単に取得できます。

```
round(lm_model.rsquared, 3)
```

```
0.504
```

4-B◆決定係数の別の計算方法

決定係数を別の方法で計算します。複数の計算方法を知っていると、決定係数に関する理解が深まると思います。

残差は「$e_i = y_i - \hat{y}_i$」で計算されます。式変形すると「$y_i = \hat{y}_i + e_i$」です。これを利用すると$\sum_{i=1}^{n}(y_i - \bar{y})^2$は以下のように分解できます。

$$\sum_{i=1}^{n}(y_i - \bar{y})^2 = \sum_{i=1}^{n}(\hat{y}_i - \bar{y})^2 + \sum_{i=1}^{n} e_i^2 \tag{8-25}$$

ところで左辺の$\sum_{i=1}^{n}(y_i - \bar{y})^2$は、分散の分子ですね。そのため$\sum_{i=1}^{n}(y_i - \bar{y})^2$は応答変数の変動の大きさを表します。そして応答変数の変動の大きさ$\sum_{i=1}^{n}(y_i - \bar{y})^2$は、モデルで説明できた変動$\sum_{i=1}^{n}(\hat{y}_i - \bar{y})^2$と、モデルで説明できなかった残差平方和$\sum_{i=1}^{n} e_i^2$に分けられます。このため、決定係数は「全体の変動の大きさに占める、モデルで説明できた変動の割合」と解釈されます。

上式のように分解できることをPythonで確かめます。まずは、モデルで説明できた変動と、モデルで説明できなかった残差平方和の合計値（式(8-25)の右辺）を求めます。

```
round(np.sum((y_hat - y_bar)**2) + sum(e**2), 3)
```

```
3277.115
```

これはデータ全体の変動（式(8-25)の左辺）に等しくなります。

```
round(np.sum((y - y_bar)**2), 3)
```

```
3277.115
```

よって、式変形すると以下が成り立つことがわかります。

$$\sum_{i=1}^{n}(\hat{y}_i - \bar{y})^2 = \sum_{i=1}^{n}(y_i - \bar{y})^2 - \sum_{i=1}^{n} e_i^2 \tag{8-26}$$

この関係があるため、決定係数は以下のようにしても計算できます。

第8部 第2章

$$
\begin{aligned}
R^2 &= \frac{\sum_{i=1}^{n}(\hat{y}_i - \bar{y})^2}{\sum_{i=1}^{n}(y_i - \bar{y})^2} \\
&= \frac{\sum_{i=1}^{n}(y_i - \bar{y})^2 - \sum_{i=1}^{n}e_i^2}{\sum_{i=1}^{n}(y_i - \bar{y})^2} \\
&= 1 - \frac{\sum_{i=1}^{n}e_i^2}{\sum_{i=1}^{n}(y_i - \bar{y})^2}
\end{aligned}
\tag{8-27}
$$

Pythonで確認します。

```
round(1 - np.sum(e**2) / np.sum((y - y_bar)**2), 3)
```

```
0.504
```

今回の単回帰モデルは、ビールの売り上げの変動のほぼ半分を説明できていることがわかります。

2-5 用語 自由度調整済み決定係数

説明変数の数が増えるという罰則を組み込んだ決定係数を**自由度調整済み決定係数**と呼びます。決定係数は説明変数の数を増やせば増やすほど大きな値になります。決定係数を高めることにこだわると、過学習を起こすため、調整が必要となります。

自由度調整済み決定係数R^2_{adj}は以下のように計算されます。ただしnはサンプルサイズで、dは説明変数の数です。

$$
R^2_{\mathrm{adj}} = 1 - \frac{\sum_{i=1}^{n}e_i^2 \Big/ (n-d-1)}{\sum_{i=1}^{n}(y - \bar{y})^2 \Big/ (n-1)}
\tag{8-28}
$$

残差平方和の大きさ$\sum_{i=1}^{n} e_i^2$が変わらなければ、説明変数の数dが増えるほど、R_{adj}^2は小さくなることがわかります。

2-6 (実装) 自由度調整済み決定係数

Pythonで自由度調整済み決定係数を実装します。

```
n = len(beer.beer) # サンプルサイズ
d = 1              # 説明変数の数
r2_adj = 1 - ((np.sum(e**2) / (n - d - 1)) /
    (np.sum((y - y_bar)**2) / (n - 1)))
round(r2_adj, 3)
```

```
0.486
```

以下のようにしても取得できます。

```
round(lm_model.rsquared_adj, 3)
```

```
0.486
```

2-7 (実装) 残差の可視化

残差の特徴を、グラフを使って確認します。

7-A◆残差のヒストグラム

残差の特徴をつかむ最も簡単な方法は、残差のヒストグラムを描くことです。このヒストグラムを見て、正規分布の特徴を持っているかどうかを目視で確認します（図8-2-1）。

```
sns.histplot(e, color='gray')
```

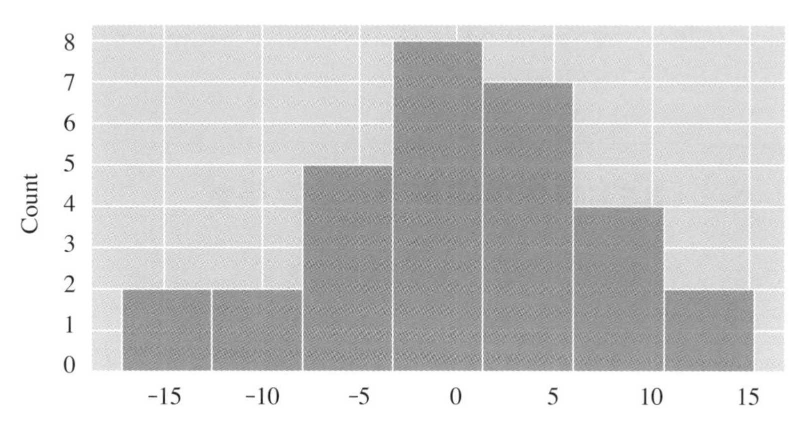

図 8-2-1 残差のヒストグラム

ヒストグラムは左右対称で、正規分布から大きく逸脱しているようには見えません。

7-B◆残差の散布図

次に、X軸に当てはめ値、Y軸に残差を置いた散布図を描きます。今回はresidplot関数を使いました（**図8-2-2**）。

```
sns.residplot(x=lm_model.fittedvalues, y=e, color='black')
```

図8-2-2は単なる散布図とほとんど同じですが、基準値である0がわかりやすくなっています。残差の散布図がランダムであり、相関もないことを確認します。また、ものすごく大きな残差が出ていないことも確認します。

細かい検定の手順を覚えなくても、こういったグラフを見ることで「明らかな問題点」に気が付くこともあります。

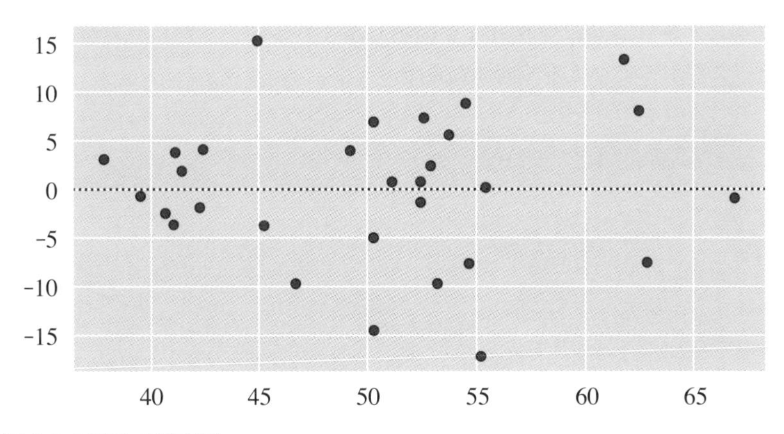

図 8-2-2 残差の散布図

2-8 用語 Q-Qプロット

理論上の分位点と実際のデータの分位点を散布図としてプロットしたグラフを**Q-Qプロット**と呼びます。QはQuantileの略です。

四分位点はデータを小さいものから順番に並べて25%、75%に位置するデータ点のことです。今回はすべてのデータに対する分位点を求めます。データが101個あれば、1%点、2%点、3%点、……と1%ずつ分位点が得られます。

一方、正規分布のパーセント点を使えば、理論上の分位点が得られます。正規分布を仮定した場合の理論上の分位点と、実際のデータの分位点を比較することで、残差が正規分布に近いかどうかを視覚的に判断できます。

2-9 実装 Q-Qプロット

Q-Qプロットを実装します。

9-A◆Q-Qプロットの実装

Q-Qプロットは`sm.qqplot`関数を用いることで作成できます（**図8-2-3**）。`line = 's'`と指定すると「残差が正規分布に従っていればこの線上にポイントされる」という目安を図示してくれます。今回はきれいに線上にデータが乗っているので問題なさそうです。

```
fig = sm.qqplot(e, line='s')
```

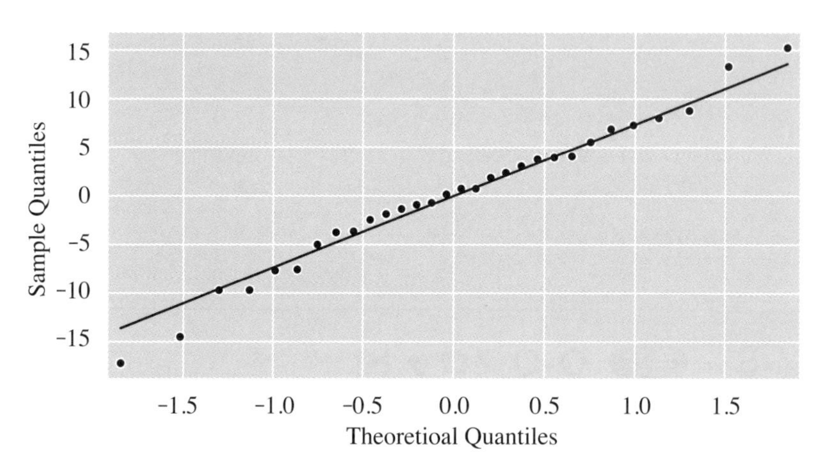

図 8-2-3 Q-Qプロット

9-B◆statsmodelsの関数を使わないQ-Qプロット

勉強のために、便利なsm.qqplotを使わないでQ-Qプロットを自作します。まずはデータを小さいものから順番に並び替えます。

```
e_sort = e.sort_values()
e_sort.head(n=3)
```

```
3    -17.200
21   -14.501
12    -9.710
dtype: float64
```

ところで、今回のサンプルサイズは30でしたね。最も小さなデータは下位何％に位置するでしょうか。これは1÷31と計算されます。1からスタートになる点に注意してください。

```
round(1 / 31, 3)
```

```
0.032
```

30サンプルのデータすべてで上記の計算を行います。これが理論上の累積確率です。

```
nobs = len(e_sort)
cdf = np.arange(1, nobs + 1) / (nobs + 1)
cdf
```

```
array([0.032, 0.065, 0.097, 0.129, 0.161, 0.194, 0.226,
・・・中略・・・
       0.935, 0.968])
```


理論上の分位点は、正規分布のパーセント点を使えば計算できます。

```
ppf = stats.norm.ppf(cdf)
ppf
```

```
array([-1.849, -1.518, -1.3  , -1.131, -0.989, -0.865,
・・・中略・・・
        0.865,  0.989,  1.131,  1.3  ,  1.518,  1.849])
```

あとは、X軸に理論上の分位点（ppf）、Y軸にソートされたデータ（e_sort）を指定して散布図を描けばQ-Qプロットとなります。結果は**図8-2-3**と同じであるため略します。

```
sns.scatterplot(x=ppf, y=e_sort,  color='black')
```

2-10 実装 summary関数の出力で見る残差のチェック

残差のチェック結果はsummary関数で出力されています。結果の最下段の表に注目します。

Omnibus:	0.587	Durbin-Watson:	1.960
Prob(Omnibus):	0.746	Jarque-Bera(JB):	0.290
Skew:	-0.240	Prob(JB):	0.865
Kurtosis:	2.951	Condo. No.	52.5

それなりに多くの情報が載っているのですが、ごく簡単に解説します。

Prob(Omnibus)とProb(JB)は残差の正規性の検定の結果です。

帰無仮説：残差は正規分布に従っている

対立仮説：残差は正規分布に従っていない

このp値が0.05よりも大きいことを確認します。検定の非対称性があるのでp値が0.05よりも大きかったとしても「正規分布である」と主張ができないことに注意してください。こういった検定は「明らかな問題があるかどうか」を判断する一助にすぎません。

正規分布と異なっているか否かを判断する際にSkew（歪度）やKurtosis（尖度）といった指標を用いています。

歪度はヒストグラムの左右非対称さの方向とその程度を測る指標です。歪度が0よりも大きければ右の裾が長くなります。正規分布は左右対称であるためこの値が0となります。歪度は以下のようにして計算されます。ただし$E(\ )$は期待値をとる関数であり、Xは確率変数（今回の場合は残差）、μはXの平均値、σはXの標準偏差です。

$$\text{Skew}=E\left(\frac{(X-\mu)^3}{\sigma^3}\right) \tag{8-29}$$

尖度はヒストグラムの中心の周囲の部分の尖り度合いを測る指標です。値が大きいほど尖っていることになります。正規分布の尖度は3となっています。

尖度は以下のようにして計算されます。

$$\mathrm{Kurtosis} = E\left(\frac{(X-\mu)^4}{\sigma^4}\right) \tag{8-30}$$

Durbin-Watsonは残差の自己相関をチェックする指標です。およそ2前後であれば問題ないと判断されます。特に時系列データを対象として分析をする場合は、必ずDurbin-Watsonが2前後であることをチェックします。

残差に自己相関があると、係数のt検定の結果などが信用できなくなってしまいます。この問題を**見せかけの回帰**と呼びます。Durbin-Watson統計量が2よりも大きくずれていれば、一般化最小二乗法などの使用を検討する必要があります。詳細は馬場(2018)などを参照してください。

第3章 分散分析

本章では、分散分析の理論とPythonを用いた実装方法を解説します。分散分析は正規線形モデルで幅広く用いられる検定手法です。古典的な一元配置分散分析の解説のあと、正規線形モデルにおける分散分析の位置づけを解説します。

3-1 本章の例題

応答変数としては売り上げを、説明変数としては天気のみを用います。天気は曇り・雨・晴れという3つの水準を持ちます。古典的な用語で言うと一元配置分散分析と呼ばれる手法です。

天気によって、売り上げが変化すると言えるのかどうかを、これから検定によって調べます。

3-2 分散分析が必要になるタイミング

分散分析は水準間における平均値の差を検定する手法です。**水準**とは例えば天気であったり、魚の種類であったりするカテゴリー型の変数を指します。

平均値の差の検定として第6部で解説したt検定を用いるのが簡単ですが、単純なt検定を使えない場面があります。

分散分析を使うべき場面は「3つ以上の水準間の平均値」に差があるかど

うかを検定したいときです。例えば天気が曇り・雨・晴れの3種類あるとしましょう。ビールの売り上げが天気によって有意に異なるかどうかを判断したい場合に分散分析を使います。

*t*検定について解説したときには「薬を飲む前と飲んだ後」といったような2つの水準間における平均値の差を検定しました。今回扱う問題は「"曇り・雨・晴れ"と天気が変わることによって売り上げが変化すると言えるかどうか」といったように3つ以上の水準を持つデータが対象となります。ただし3-22節で解説するように、正規線形モデルの枠組みで見ると、幅広い対象に適用できます。

分散分析は、正規線形モデルで利用される検定手法です。そのため、正規分布に従うデータに対してのみ適用できます。また、水準の間で分散の値が異ならないという条件も満たしていなければなりません。これらをまとめて等分散正規分布の仮定と呼ぶことがあります。本章の議論ではこれらの仮定が満たされていることを前提とします。

3-3 用語 検定の多重性

検定を繰り返すことによって有意な結果が得られやすくなってしまう問題を**検定の多重性**と呼びます。

有意水準を0.05と定めて検定を行ったとします。第一種の過誤を犯す確率は5%です。

検定を2回続けて行ったとします。各々の検定における有意水準は0.05だったとします。このとき「少なくともどちらか片方の検定において帰無仮説を棄却できれば対立仮説を採用する」というルールで検定を行ったとしましょう。すると、第一種の過誤を犯す確率は「1−(0.95×0.95)=0.0975」となり、ほぼ10%となります。検定を繰り返すことによって、帰無仮説が棄却されやすくなり、第一種の過誤を犯す確率が増えてしまうのです。

例えば、曇り・雨・晴れという3つの水準で売り上げが異なるかを検定する際に「曇りと雨」「曇りと晴れ」「雨と晴れ」の3つの組み合わせで*t*検定を行うと、検定の多重性の問題が生じます。
一方の分散分析では、雨や晴れという個別のカテゴリーを見るのではなく「天気によってビールの売り上げが異なるかどうか」を1回の検定で判断できます。

3-4 分散分析の直観的な考え方：F比

分散分析の帰無仮説と対立仮説は以下の通りです。
帰無仮説：水準間で平均値に差はない
対立仮説：水準間で平均値に差がある

分散分析では、データの変動を「誤差」と「効果」に分離します。そのうえで***F*比**と呼ばれる検定統計量を利用します。F比の概念式を示します。

$$F\text{比} = \frac{\text{効果の分散の大きさ}}{\text{誤差の分散の大きさ}} \tag{8-31}$$

このときの効果とは「天気がもたらす売り上げの変動」のことです。誤差とは「天気という変数を用いて説明できなかった、ビールの売り上げの変動」のことです。
影響の大きさは分散を用いて定量化します。「天気がもたらす売り上げの変動」は「天気が変わることによるデータのばらつきの大きさ」として表現されます。誤差の影響の大きさも同様に、残差の分散を計算することによって求められます。F比が大きければ、誤差に比べて効果の影響が大きいと判断されます。
分散の比をとって統計量として検定を行うため、分散分析と呼ばれます。分散分析はANalysis Of VArianceの略称としてANOVAとも呼ばれます。

3-5 有意差がありそうなとき・なさそうなときのバイオリンプロット

分散分析という検定手法のイメージをつかんでいただくために、有意差がありそうなときと、なさそうなときのデータの特徴を確認します。1つ目は「有意差がありそうなとき」のバイオリンプロットです(**図8-3-1**)。

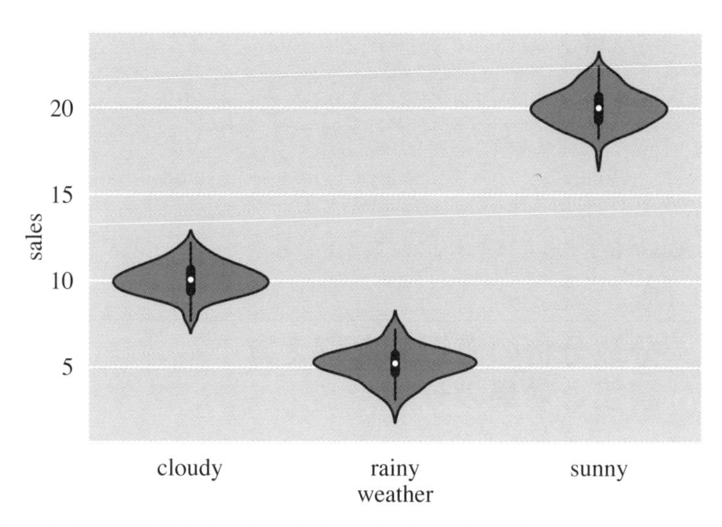

図 8-3-1 有意差がありそうなバイオリンプロットの例

このとき、天気が変わることで売り上げの平均値は大きく変わります。一方で、天気が等しいときには、売り上げのばらつきは小さいです。

2つ目は、有意差が得られなさそうなデータのバイオリンプロットです(**図8-3-2**)。こちらは、天気が変わっても売り上げの平均値はほとんど変わりません。また、天気が等しくても売り上げは大きくばらつきます。

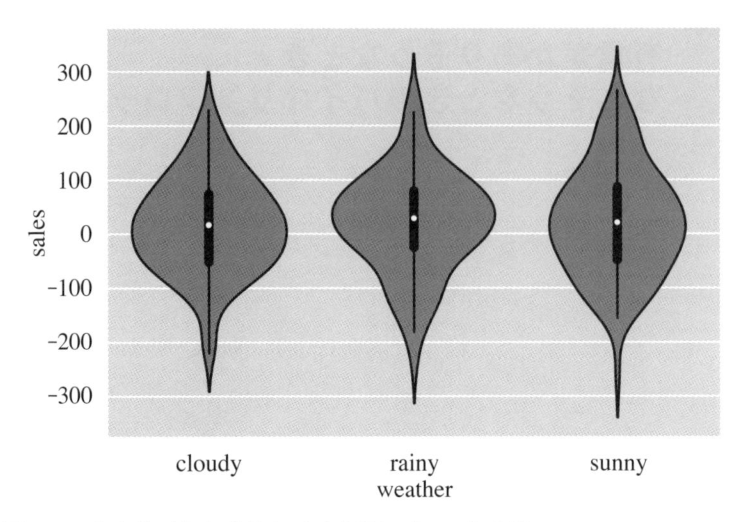

図 8-3-2 有意差がなさそうなバイオリンプロットの例

3-6 分散分析の直観的な考え方：誤差と効果の分離

ここでは誤差の大きさ、効果の大きさに対して、図を用いた直観的な解釈を試みます。厳密な表現ではありませんので、実際の計算手順と併用して理解の助けとしてください。

図8-3-3における、バイオリン同士の距離が効果の大きさです。そして各々のバイオリンの幅が誤差の大きさです。

各々のバイオリンは天気という水準ごとに分かれています。バイオリン同士が離れているということは「天気によって売り上げが大きく変わる」ということを表しています。だからこれが天気の効果の大きさです。

同じ天気であったとしても、売り上げはある程度ばらつきます。天気で説明できないばらつきの大きさを誤差の大きさと表現しています。

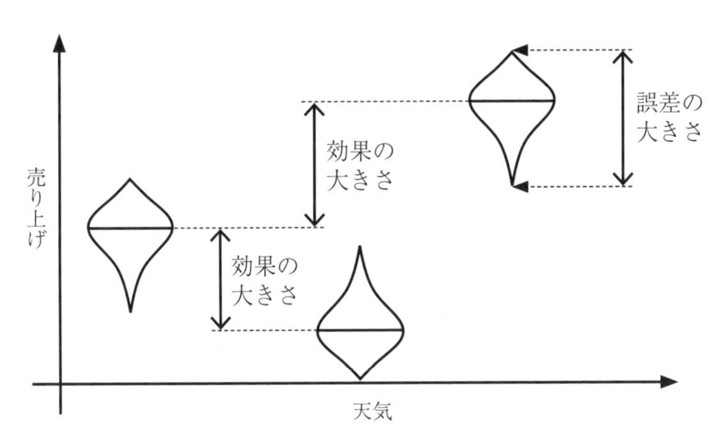

図 8-3-3 分散分析の直観的な説明

3-7 (用語) 群間変動・群内変動

バイオリン同士の距離、すなわち効果の大きさのことを**群間変動**と呼びます。

各々のバイオリンの幅、すなわち誤差の大きさのことを**群内変動**と呼びます。

分散分析では、データの分散を群間変動と群内変動の2つに分けたうえで、その比をとり、統計量として検定を行います。

3-8 (実装) 分析の準備

Pythonを使って分散分析を実装します。必要なライブラリの読み込みなどを行います。

```
# 数値計算に使うライブラリ
import numpy as np
import pandas as pd
from scipy import stats
# 表示桁数の設定
pd.set_option('display.precision', 3)
np.set_printoptions(precision=3)

# グラフを描画するライブラリ
from matplotlib import pyplot as plt
import seaborn as sns
sns.set()

# 統計モデルを推定するライブラリ
import statsmodels.formula.api as smf
import statsmodels.api as sm
```

3-9 (実装) データの作成と可視化

今回は計算結果を見やすくするために、あえて小さなデータを対象とします。本来は正規分布に従うと考えられるデータに適用することに注意してください。

```
# サンプルデータの作成
weather = [
    'cloudy','cloudy',
    'rainy','rainy',
    'sunny','sunny'
]
beer = [6,8,2,4,10,12]

# データフレームにまとめる
weather_beer = pd.DataFrame({
    'beer'   : beer,
    'weather': weather
})
print(weather_beer)
```

```
   beer weather
0     6  cloudy
```

```
1     8  cloudy
2     2   rainy
3     4   rainy
4    10   sunny
5    12   sunny
```

サンプルサイズが小さいので、バイオリンプロットではなく箱ひげ図を描きます(図8-3-4)。

```
sns.boxplot(x='weather',y='beer',
            data=weather_beer, color='gray')
```

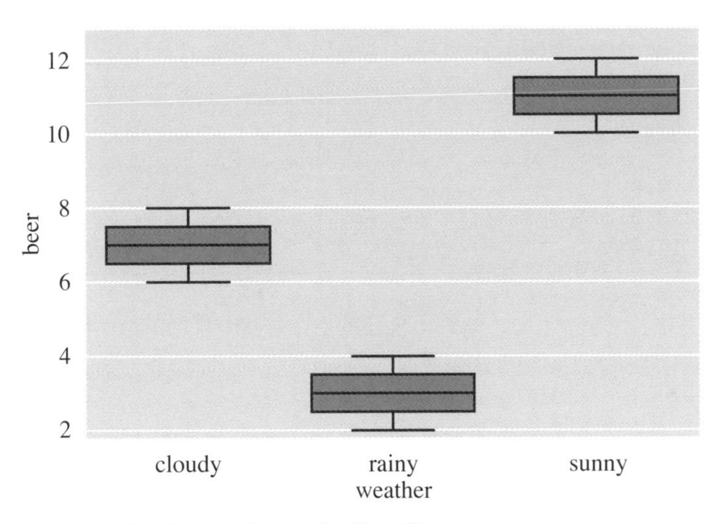

図 8-3-4 天気別に見た売り上げの箱ひげ図

3-10 （実装） 水準別平均と総平均の計算

ビールの売り上げデータを扱いやすくするために切り出します。

```
y = weather_beer.beer.to_numpy()
y
```

```
array([ 6,  8,  2,  4, 10, 12], dtype=int64)
```

データの総平均は7です。

```
y_bar = np.mean(y)
y_bar
```

```
7.0
```

天気ごとの売り上げの平均値を計算します。データのインデックスは添え字iで表記することが多いです。水準のインデックスは添え字をjとします。水準jごとの売り上げyの平均値なので`y_bar_j`という変数名にしました。

```
y_bar_j = weather_beer.groupby('weather').mean()
print(y_bar_j)
```

```
         beer
weather
cloudy    7.0
rainy     3.0
sunny    11.0
```

雨の日は売り上げが少なく、晴れの日は多く、曇りの日はその中間であることがわかります。

3-11 実装 分散分析① 群間・群内平方和の計算

最初はstatsmodelsの関数を使わないで一元配置分散分析を実装します。そのための計算を3ステップに分けて解説します。まずは分散の分子である偏差平方和を計算します。

11-A◆群間の偏差平方和

まずは効果の大きさ、すなわち群間変動から計算します。天気ごとの売り上げの平均値は`y_bar_j`として得られています。例えば曇りの日の売り上げの平均値は7です。ここで「天気が曇りになることによって、売り上げは7万円になると期待できる」と考えます。同じく雨の日は3万円、晴れの日は11万円になると考えます。

すると、曇りの日も雨の日も晴れの日も2日ずつあるので、天気による影響だけを考えた場合の売り上げは以下のようになると期待されます。

```
# 水準ごとのサンプルサイズ
n_j = 2
# 天気による影響だけを考えた場合の売り上げ
effect = np.repeat(y_bar_j.beer, n_j)
effect
```

```
weather
cloudy     7.0
cloudy     7.0
rainy      3.0
rainy      3.0
sunny     11.0
sunny     11.0
Name: beer, dtype: float64
```

このeffectのばらつきの大きさを求めることで、群間変動が得られます。群間変動の分子に当たる群間の偏差平方和を計算します。平方和はSum of Squaresなので略してSSです。群間はBetweenの頭文字としてBと表記することが多いです。そのため群間の偏差平方和の変数名はss_bとしました。

```
ss_b = np.sum((effect - y_bar) ** 2 )
ss_b
```

```
64.0
```

11-B◆群内の偏差平方和

一方の誤差は、元データから効果を引くことで計算されます。

```
resid = y - effect
resid
```

```
weather
cloudy   -1.0
cloudy    1.0
rainy    -1.0
```

```
rainy     1.0
sunny    -1.0
sunny     1.0
Name: beer, dtype: float64
```

こちらも同じく群内の偏差平方和を求めます。誤差の平均値は0であることに注意します。群内はWithinの頭文字としてWと表記することが多いです。そのため群内の偏差平方和の変数名は`ss_w`としました。

```
ss_w = np.sum(resid ** 2)
ss_w
```

```
6.0
```

3-12 実装 分散分析②群間・群内分散の計算

群間・群内における分散の大きさを計算します。

12-A◆計算の考え方

標本分散を計算する場合は、偏差平方和をサンプルサイズで割ることで求めました。しかし不偏分散を計算する場合は、サンプルサイズから1を引いたもので割る必要がありました。

これと同じように、分散分析でも、群間・群内の分散を計算する際の分母は、単なるサンプルサイズにはなりません。自由度と呼ぶ値で割ります。ここで計算される分散は、平均平方と呼ぶこともあります。

群間変動の自由度は、水準の種類数に左右されます。今回は曇り・雨・晴れの3種類の水準がありました。そこから1を引いて、群間変動の自由度は2となります。

群内変動の自由度は、サンプルサイズと水準の種類数に左右されます。今回はサンプルサイズが6でした。ここで、水準が3種類あるので6-3=3が群内変動の自由度となります。

12-B◆Pythonによる実装

群間変動の自由度をdf_b、群内変動の自由度をdf_wという変数名で用意します。dfはDegree of Freedomの頭文字を意図しています。

```
df_b = 2 # 群間変動の自由度
df_w = 3 # 群内変動の自由度
```

群間の分散は以下のように計算されます。

```
sigma_b = ss_b / df_b
sigma_b
```

```
32.0
```

群内の分散は以下のように計算されます。

```
sigma_w = ss_w / df_w
sigma_w
```

```
2.0
```

3-13 実装 分散分析③p値の計算

最後にF比とp値を計算します。F比は群間の分散と群内の分散の比として計算されます。

```
f_ratio = sigma_b / sigma_w
f_ratio
```

```
16.0
```

F比が大きければ、「誤差の大きさ」よりも「効果の大きさ」の方が大きいので有意差ありと主張できそうです。では、どれほどの大きさのF比であれば「F比が大きい」と主張できるのでしょうか。ここでp値を利用します。

今回の方法で計算されたF比はF分布に従うことが知られています。F分布を使うことでp値、すなわち「帰無仮説が正しいと仮定したときに、検定統計量F比が、実現値と同じかそれよりも極端な値になる確率」を計算できます。

p値はF分布の累積分布関数から計算できます。stats.f.cdf関数を使います。引数にはF比と2つの自由度を指定します。

```
p_value = 1 - stats.f.cdf(x=f_ratio, dfn=df_b, dfd=df_w)
round(p_value, 3)
```

```
0.025
```

p値が0.05以下となったので、天気によって売り上げは有意に変化すると判断できます。

3-14 一元配置分散分析の計算のまとめ

一元配置分散分析の計算をまとめます。

14-A◆計算の流れ

分散分析では、データを「効果の大きさ」と「誤差の大きさ」に分離します。そして各々の大きさを分散として定量化します。前者を群間変動、後者を群内変動と呼びます。

群間の分散と群内の分散の比、すなわちF比を検定統計量として用います。母集団が等分散の正規分布に従うなら、帰無仮説を仮定した場合のF比はF分布に従います。そこでF分布の累積分布関数からp値を計算し、そのp値が0.05以下か否かを判定します。

14-B◆数式によるまとめ

Pythonコードで解説してきた計算の過程を数式で復習します。難しいと感じたら飛ばしても大丈夫です。

検定の対象となるデータをy_{ij}と表記します。添え字は、水準jにおけるi番目のデータであることを意味しています。水準jごとの平均値を$\bar{y}_j$と表記します。水準の総数はJとします。

ここで、水準ごとのデータの数をn_jと表記することにします。今回の事例では$n_1=n_2=n_3=2$です。全体のサンプルサイズnは以下のように計算されます。

$$n=\sum_{j=1}^{J} n_j \tag{8-32}$$

水準jごとの平均値$\bar{y}_j$は以下のように計算されます。

$$\bar{y}_j=\frac{1}{n_j}\sum_{i=1}^{n_j} y_{ij} \tag{8-33}$$

今回の事例では以下のようなデータになります。なお、J=3です。

表8-1　分散分析のデータ

	曇り$j=1$	雨$j=2$	晴れ$j=3$
$i=1$	$y_{11}=6$	$y_{12}=2$	$y_{13}=10$
$i=2$	$y_{21}=8$	$y_{22}=4$	$y_{23}=12$
平均	$\bar{y}_1=7$	$\bar{y}_2=3$	$\bar{y}_3=11$

すべてのデータの平均値$\bar{y}$は、以下のように計算されます。Σ記号が2つ並んで読みづらいですが、**表8-1**において、列ごとに合計値をとってから「列の合計値の合計」をとることで2重Σ部分が計算できます。

$$\bar{y}=\frac{1}{n}\sum_{j=1}^{J}\sum_{i=1}^{n_j} y_{ij} \tag{8-34}$$

水準間の平方和は以下のように計算されます。

$$SS_B=\sum_{j=1}^{J} n_j(\bar{y}_j-\bar{y})^2 \tag{8-35}$$

水準の効果でとらえきれなかった残差は以下のように計算されます。

$$e_{ij}=y_{ij}-\bar{y}_j \tag{8-36}$$

水準内の平方和は以下のように計算されます。

$$SS_W=\sum_{j=1}^{J}\sum_{i=1}^{n_j} e_{ij}^2 \tag{8-37}$$

平均平方の計算のための自由度を計算します。水準間の自由度df_Bと水準内の自由度df_Wは以下の通りです。

$$\begin{aligned} df_B &= J-1 \\ df_W &= n-J \end{aligned} \tag{8-38}$$

水準間の平均平方σ_Bと水準内の平均平方σ_Wは以下のように計算されます。

$$\begin{aligned} \sigma_B &= \frac{SS_B}{df_B} \\ \sigma_W &= \frac{SS_W}{df_W} \end{aligned} \tag{8-39}$$

F比は下記のように計算されます。

$$F比=\frac{\sigma_B}{\sigma_W} \tag{8-40}$$

y_{ij}が等分散である正規母集団からの無作為標本であるならば、帰無仮説を仮定した場合のF比は$F(\mathrm{df}_B, \mathrm{df}_W)$に従います。そこで$F$分布を使って$p$値を計算します。

3-15 用語 平方和の分解

すべてのデータを対象として計算された平方和を総平方和と呼んでSS_Tと表記することにします。TはTotalの頭文字を意図しています。

$$\mathrm{SS}_T = \sum_{j=1}^{J} \sum_{i=1}^{n_j} (y_{ij} - \bar{y})^2 \tag{8-41}$$

総平方和SS_Tは、水準間の平方和SS_Bと水準内の平方和SS_Wの和として計算されます。これを**平方和の分解**と呼びます。第8部第2章で紹介した決定係数で登場した計算とよく似た結果です。

$$\mathrm{SS}_T = \mathrm{SS}_B + \mathrm{SS}_W \tag{8-42}$$

3-16 説明変数がカテゴリー型である正規線形モデル

続いて、正規線形モデルという枠組みから分散分析を解釈します。

天気から売り上げを予測する正規線形モデルは以下のようになります。

$$\text{ビールの売り上げ} \sim \mathcal{N}(\beta_0 + \beta_1 \times \text{雨} + \beta_2 \times \text{晴}, \sigma^2) \tag{8-43}$$

ここで「雨」とは天気が雨だったときに1を、それ以外の日には0をとる変数とします。「晴」も同様です。β_1は雨の影響を表すパラメータで、β_2は晴れの影響を表すパラメータとなります。

曇りがないように思われるかもしれません。雨でもなく晴れでもない場合は、β_0だけが残るので、これが曇りのときの係数と解釈されます。

3-17 用語 ダミー変数

カテゴリー型の変数をモデルに組み込む際に用いられるのが**ダミー変数**です。先ほどの例だと、雨のときに1を、それ以外の天気では0をとる変数がダミー変数です。天気というカテゴリー型の変数をそのままモデルに組み込むことは難しいので、ダミー変数を用います。

ただしstatsmodelsを用いてモデル化を行う場合、ダミー変数の存在を意識することはあまりないかもしれません。単回帰モデルと同じ手順でモデル化できます。

3-18 実装 statsmodelsによる分散分析

先ほど一元配置分散分析を行ったデータを、正規線形モデルの枠組みでモデル化します。説明変数が連続型の変数であってもカテゴリー型の変数であっても、smf.olsを用いてモデル化するのは変わりません。

```
anova_model = smf.ols(formula='beer ~ weather',
                      data = weather_beer).fit()
```

一度モデル化すると、簡単に分散分析を実行できます。sm.stats.anova_lm関数を用います。引数にtyp=2と指定をしましたが、この意味は次章で解説します。3-13節の結果と一致しているのを確認してください。

```
print(sm.stats.anova_lm(anova_model, typ=2))
```

```
          sum_sq   df     F  PR(>F)
weather     64.0  2.0  16.0   0.025
Residual     6.0  3.0   NaN     NaN
```

また、総平方和SS_Tが、$SS_B=64$と$SS_W=6$の和（64+6=70）になっていることが確認できます。

```
# 総平方和
np.sum((y - y_bar)**2)
```

```
70.0
```


3-19 用語 分散分析表

sm.stats.anova_lm関数で出力された形式の表を**分散分析表**と呼びます。

分散分析表には、群間・群内の偏差平方和sum_sq、自由度df、そしてF比とp値がまとめられています。この表を見るだけで、サンプルサイズや水準の数もわかるので、見方を覚えておくのをおすすめします。

3-20 モデルの係数の解釈

推定されたモデルの係数を表示させます。

```
anova_model.params
```

```
Intercept             7.0
weather[T.rainy]     -4.0
weather[T.sunny]      4.0
dtype: float64
```

モデルの式との対応を確認します。

$$\text{ビールの売り上げ} \sim \mathcal{N}(\beta_0 + \beta_1 \times \text{雨} + \beta_2 \times \text{晴}, \sigma^2) \tag{8-44}$$

Interceptはβ_0に対応します。そのため、曇りの日の売り上げの平均は7になります。雨の日には係数weather[T.rainy]が加わるので

7-4=3です。晴れの日は逆に4を足すので、晴れの日の売り上げの期待値は11です。

3-21 実装 モデルを用いて、誤差と効果を分離する

推定されたモデルの係数を用いて、訓練データに対する当てはめ結果を見てみましょう。

```
fitted = anova_model.fittedvalues
fitted
```

```
0     7.0
1     7.0
2     3.0
3     3.0
4    11.0
5    11.0
dtype: float64
```

この当てはめ結果は、各水準の平均値と一致します。説明変数をカテゴリー型の変数にした正規線形モデルの当てはめ値は、各水準の平均値と一致します。

当てはめ値と実際のデータの値の差が残差です。第8部第2章で解説したようにanova_model.residとすることで取得できます。

```
anova_model.resid
```

```
0   -1.0
1    1.0
2   -1.0
3    1.0
4   -1.0
5    1.0
dtype: float64
```

以降の計算は3-11節と重複するので省略します。統計モデルにおける当

てはめ値と、残差を用いることで、分散分析という検定を実行できることがわかりました。

3-22 (実装) 回帰モデルにおける分散分析

分散分析という検定手法は、正規線形モデルにおいて一般的に利用できます。これは説明変数が連続型のデータであっても同様です。

22-A◆モデルの推定

第8部第1章と同じモデルを再度計算します。

```
# データの読み込み
beer = pd.read_csv('8-1-1-beer.csv')
# モデルの推定
lm_model = smf.ols(formula='beer ~ temperature',
                   data = beer).fit()
```


説明変数がカテゴリー型の変数であった場合と同様に、モデルの当てはめ値と残差を用いてF比を計算できます。

22-B◆F比の計算

F比を求める前に、自由度を定義します。説明変数が連続型のデータの場合は、群間変動や群内変動といった用語はあまり使われません。群間変動の自由度を**モデルの自由度**、群内変動の自由度を**残差の自由度**と呼ぶことにします。

モデルの自由度は、推定されたパラメータの数から1を引いたものです。説明変数がカテゴリー型だった場合は水準数から1を引いていましたが、これも同じ意味ですね。単回帰モデルの係数は切片と傾きの2つだけなので、モデルの自由度は1となります。

残差の自由度は、サンプルサイズから推定されたパラメータの数を引いたものです。サンプルサイズは30ですので、2を引いて28となります。これらの自由度は推定結果`lm_model`から取得できます。

```
print('モデルの自由度：', lm_model.df_model)
print('残差の自由度  ：', lm_model.df_resid)
```

```
モデルの自由度： 1.0
残差の自由度  ： 28.0
```

F比を計算します。以下のコードではSS_Bをss_model、SS_wをss_residという変数で表しています。σ_Bはsigma_model、σ_Wはsigma_residという変数で表しています。

```
# 応答変数
y = beer.beer
# 当てはめ値
effect = lm_model.fittedvalues
# 残差
resid = lm_model.resid
# 気温の持つ効果の大きさ
y_bar = np.mean(y)
ss_model = np.sum((effect - y_bar) ** 2)
sigma_model = ss_model / lm_model.df_model
# 残差の大きさ
ss_resid = np.sum((resid) ** 2)
sigma_resid = ss_resid /  lm_model.df_resid
# F比
f_value_lm = sigma_model / sigma_resid
round(f_value_lm, 3)
```

```
28.447
```

このF比を用いてp値を計算すると、桁落ちでほぼ0となってしまいます。

22-C◆分散分析の実行

分散分析表を出力します。F比の計算結果が一致していることを確認してください。

```
print(sm.stats.anova_lm(lm_model, typ=2))
```

```
                 sum_sq    df       F     PR(>F)
temperature  1651.532   1.0  28.447  1.115e-05
Residual     1625.582  28.0     NaN        NaN
```

この結果の一部は、モデルのsummaryにも出力されています。

```
lm_model.summary()
```

（一部出力省略）

Dep.Variable:	beer	R-squared:	0.504
Model:	OLS	Adj.R-squared:	0.486
Method:	Least Squares	F-statistic:	28.45
Date:	Fri, 01 Oct 2021	Prob(F-statistic):	1.11e-05

出力の上段にある**F-statistic**がF比です。その下には**Prob (F-statistic)**とあり、分散分析のp値が出力されています。

なお、説明変数が1つだけの場合は、係数のt検定の結果と分散分析の結果は一致します。説明変数が増えると通常一致しません。

22-D◆平方和の分解

回帰分析でも平方和の分解の公式すなわち$SS_T = SS_B + SS_W$が成り立ちます。これを確認します。回帰分析ではSS_Bをss_modelと、SS_Wをss_residと表記していることに注意します。

```
print('総平方和      :', round(np.sum((y - y_bar)**2), 3))
print('SS_B + SS_W:', round(ss_model + ss_resid, 3))
```

```
総平方和      : 3277.115
SS_B + SS_W: 3277.115
```

このため、群間の平方和SS_Bに当たるss_modelは、総変動から残差の平方和を差し引くことで計算できます。分散分析表におけるtemperature行のsum_sq列の値1651.532がss_modelに当たります。総平方和np.sum((y - y_bar)**2)から残差平方和np.sum((resid) ** 2)を差し引くことで同じ結果が得られることがわかります。

```
# ss_modelの異なる求め方
round(np.sum((y - y_bar)**2) - np.sum((resid) ** 2), 3)
```

```
1651.532
```

群間の平方和SS_Bに当たるss_modelの求め方は、説明変数が増えると少し複雑になります。詳細は第8部第4章でType II 検定を導入する際に解説します。

第4章

複数の説明変数を持つモデル

本章では、複数の説明変数を持つ正規線形モデルを扱います。特に2本の回帰直線を比較する、共分散分析と呼ばれる手法を中心に扱います。共変量の解説とともに、交互作用項とその利用法についても解説します。最後に、statsmodelsにおけるformula構文について整理して、複雑なモデルを利用する際の補助的な情報を提供します。

4-1 実装 分析の準備

必要なライブラリの読み込みなどを行います。

```
# 数値計算に使うライブラリ
import numpy as np
import pandas as pd
from scipy import stats
# 表示桁数の設定
pd.set_option('display.precision', 3)
np.set_printoptions(precision=3)

# グラフを描画するライブラリ
from matplotlib import pyplot as plt
import seaborn as sns
sns.set()

# 統計モデルを推定するライブラリ
import statsmodels.formula.api as smf
import statsmodels.api as sm
```

データを読み込みます。ブランド別に記録された、架空の売り上げデータです。brand_1という名称で保存します。

```
brand_1 = pd.read_csv('8-4-1-brand-1.csv')
print(brand_1.head(n=3))
```

```
   sales brand  local_population
0  348.0     A             215.1
1  169.7     A             152.0
2  143.7     A             107.7
```

salesが売り上げ、brandがお店のブランドであり、local_populationはお店が立地している地区の人口（単位：1000人）です。

ブランドはAとBの2種類あります。

```
brand_1.brand.value_counts()
```

```
A    15
B    15
Name: brand, dtype: int64
```

4-2 実装 （悪い分析例）単純な平均値の比較

比較対象として悪い分析例をあえて紹介します。

2-A◆平均値の比較

ここで、例えばマーケティングの担当者がブランドごとに売り上げを比較したいと思ったとします。どのような方法で比較するのが好ましいでしょうか。最初に、悪い分析例として、単純にブランド別の平均値の差を比較します。

```
print(brand_1.groupby('brand').mean())
```

```
          sales  local_population
brand
A       283.707           268.973
B       403.927           437.933
```

結果のsales列を見ると、ブランドBの売り上げの方が大きいように見えます。しかし、local_populationを見ると、出店している地域人口もブランドBの方が大きいようです。

ブランドごとに売り上げの箱ひげ図を描きます。**図8-4-1**を見ると、ブランドBの売り上げの方がブランドAよりも大きいように見えます。

```
sns.boxplot(x='brand', y='sales', data=brand_1, color='gray')
```


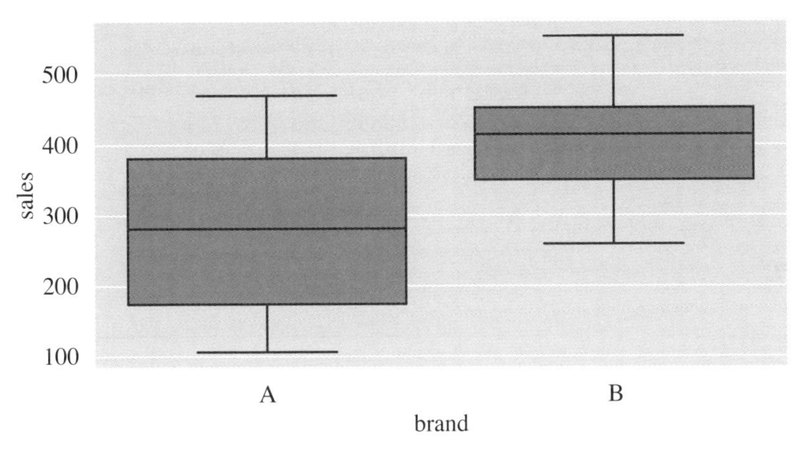

図 8-4-1 売り上げをブランドだけで説明した箱ひげ図

2-B◆説明変数を1つだけ使ったモデル

続いてブランドという説明変数だけを使って正規線形モデルを構築します。悪い分析事例ですのでモデル名はlm_dame_1としました。推定された係数とp値の表だけを確認します。

```
lm_dame_1 = smf.ols('sales ~ brand', brand_1).fit()
lm_dame_1.summary().tables[1]
```

	coef	std err	t	P>|t|	[0.025	0.975]
Intercept	283.7067	26.602	10.665	0.000	229.214	338.199
brand[T.B]	120.2200	37.622	3.196	0.003	43.156	197.284

係数**brand[T.B]**を見ると、ブランドBはブランドAと比べて売り上げが平均120万円ほど増加するという結果になりました。p値は0.003であり、0.05を下回っています。

分散分析を実行しても、p値は0に近い値となり、ブランドによって売り上げが有意に異なるという結果が出力されます。

```
print(sm.stats.anova_lm(lm_dame_1, typ=1).round(3))
```

```
            df      sum_sq     mean_sq       F  PR(>F)
brand      1.0  108396.363  108396.363  10.211   0.003
Residual  28.0  297230.019   10615.358     NaN     NaN
```

一見するとブランドAとBでは、ブランドBの方が優れているように見えます。しかし、これは明らかな分析上の誤りであることがすぐにわかります。

4-3 用語 共変量

直接の関心はないけれども、何らかの効果を持つような変量を**共変量**と呼びます。先ほどの事例では、ブランドが売り上げにもたらす影響が直接の関心事でした。しかし、売り上げは地域人口という共変量によっても変化するはずです。

共変量がある場合は、共変量がもたらす影響を補正したうえで比較を行うのが望ましいです。可能であれば、データを取得する段階で、なるべく地域人口が同じであるお店のデータを収集するといった工夫をします。「比較したいもの（今回はブランド）以外はすべて同じ」という条件でデータを取得できれば、共変量の影響は気になりません。

しかし、共変量の影響を受けないようにデータを取得できないこともあります。今回の事例だと、ブランドの出店先を「なるべく地域人口が等しい場所」に設定しなければいけません。現実的にはブランドの出店先を自由に設定することは困難でしょう。この場合、統計モデルが役立ちます。

4-4 （実装）回帰直線の切片の比較

共変量の影響を調整したうえでブランドの影響を評価する考え方を紹介します。

4-A◆基本的な考え方

ブランドの違いがもたらす売り上げの違いを評価したいならば、地域人口という共変量の影響を取り除く必要があります。このために、興味の対象（今回はブランド）だけでなく、共変量もあわせてモデルに組み込みます。

ここでは2本の回帰直線を比較するという方法で共変量の影響を調整します。第8部第1章で解説したように、回帰分析を利用すると、応答変数の予測値を得ることができます。ここで以下の2つの単回帰分析を実行します。

$$\text{ブランドAの売り上げ} \sim \mathcal{N}(\beta_0 + \beta_1 \times \text{地域人口}, \sigma^2) \tag{8-45}$$

$$\text{ブランドBの売り上げ} \sim \mathcal{N}(\beta_2 + \beta_1 \times \text{地域人口}, \sigma^2) \tag{8-46}$$

上記2つのモデルでは、切片の値が、ブランドAモデルではβ_0に、ブランドBモデルではβ_2になっています。一方で地域人口の係数はともにβ_1となり、両ブランドで等しいと仮定しています。

ここで、地域人口が仮に400であるとした場合の、ブランドAとブランドBの売り上げの平均値は、以下のように計算されます。

$$\text{ブランドAの売り上げ平均} = \beta_0 + \beta_1 \times 400 \tag{8-47}$$

$$\text{ブランドBの売り上げ平均} = \beta_2 + \beta_1 \times 400 \tag{8-48}$$

ブランドBからブランドAを差し引いた売り上げ平均の差は$\beta_2 - \beta_0$となります。すなわち2つの回帰モデルの切片を比較することで、地域人口が等しい状況での売り上げ平均の差を評価できます。

回帰直線を比較することで共変量の影響を調整するという方法は利用頻度が高いので、覚えておくと役立ちます。

4-B◆説明変数が2つあるモデル

ブランドの影響と地域人口の影響の両方を加味したモデルlm_model_1を作ります。説明変数同士を「+」記号で連結することで、複数の説明変数をモデルに組み込むことができます。そのためformulaはsales ~ brand + local_populationとなります。

連続型の説明変数（今回の事例ではlocal_population）と、カテゴリー型の説明変数（今回の事例ではbrand）の両方を組み込んだモデルを、共分散分析と呼びます。とはいえ、statsmodelsを利用して正規線形モデルを構築する場合、このような呼び方を覚える必要性は薄いでしょう。

```
lm_model_1 = smf.ols('sales ~ brand + local_population',
                     data=brand_1).fit()
lm_model_1.summary().tables[1]
```

	coef	std err	t	P>|t|	[0.025	0.975]
Intercept	101.0946	31.535	3.206	0.003	36.389	165.800
brand[T.B]	5.5093	28.768	0.192	0.850	-53.518	64.537
local_population	0.6789	0.100	6.790	0.000	0.474	0.884

先のモデル式におけるβ_0は係数Interceptに対応します。β_2はIntercept + brand[T.B]で計算されます。係数brand[T.B]は、（切片そのものではなく）

切片の変化量であることに注意してください。係数β_1はlocal_population に対応します。

係数brand[T.B]を見ると、ブランドBはブランドAと比べて売り上げが平均5.5万円だけ増加するという結果になりました。共変量を入れないモデルとは大きな違いです。p値は0.850であり、有意水準を0.05とするなら、ブランドによって売り上げが有意に変わるとは言えないという結果となりました。なお、本来は残差診断などをしてモデルを評価すべきですが、ページ数の関係で省略します。

4-C◆回帰直線の比較

ブランドごとに、地域人口と売り上げの回帰直線を描きます（図8-4-2）。なお、この回帰直線では地域人口の係数もブランド別に推定されていることに注意してください。


```
sns.lmplot(x='local_population', y='sales', data=brand_1,
           col='brand',
           scatter_kws = {'color': 'black'},
           line_kws    = {'color': 'black'},
           ci=None, height=4, aspect=1)
```

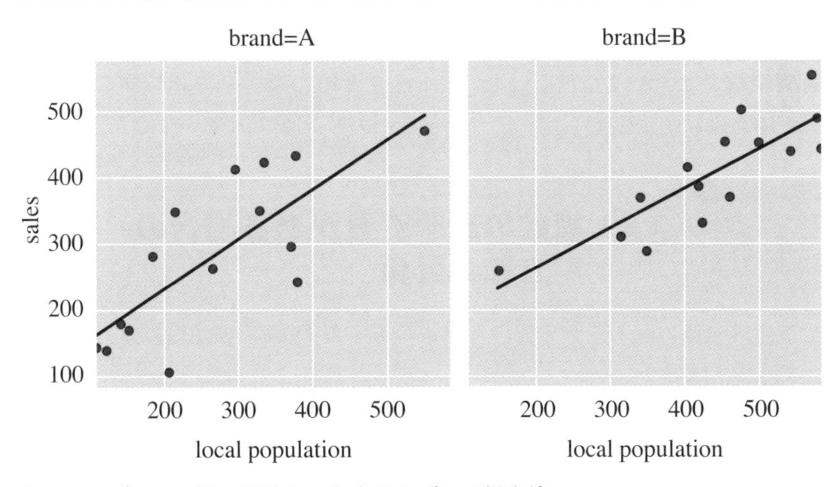

図 8-4-2 ブランド別の地域人口と売り上げの回帰直線

図8-4-2を見ると、ブランドAは人口規模が小さな地域に多く出店しており、ブランドBは人口規模が大きな地域に多く出店していることがわかります。もしも地域人口が同じであれば、ブランドAとブランドBで売り上げに差が出るという根拠をデータから見出すことはできません。

4-5 実装 素朴な分散分析による検定

説明変数が複数ある場合、素朴な分散分析を行うとしばしば直観にあわない結果が得られます。まずは素朴な分散分析を行います。typ=1と指定すると素朴な分散分析となります。Type I ANOVAあるいはType I検定とも呼ばれます(Dobson(2008))。

```
print(sm.stats.anova_lm(lm_model_1, typ=1).round(3))
```

```
                    df      sum_sq     mean_sq       F  PR(>F)
brand              1.0  108396.363  108396.363  26.658     0.0
local_population   1.0  187442.822  187442.822  46.098     0.0
Residual          27.0  109787.197    4066.192     NaN     NaN
```

この検定結果を見ると、すべての説明変数が有意となりました。ところで、brand行のsum_sq列を見ると、108396.363となっていますが、これは説明変数が1つだけしかないlm_dame_1と同じ偏差平方和です。説明変数が増えたにもかかわらず、それを加味した検定ができていません。

4-6 実装 複数の説明変数がある場合の平方和の計算

まずは複数の説明変数を持つモデルに対するType I 検定の計算方法について説明します。

6-A◆「Nullモデル」の作成

説明変数のないNullモデルを作り、このときの残差平方和の大きさを求めます。

```
# Nullモデルの残差平方和
mod_null = smf.ols('sales ~ 1', brand_1).fit()
resid_sq_null = np.sum(mod_null.resid ** 2)
round(resid_sq_null, 3)
```

```
405626.382
```

6-B◆「Nullモデル」と「ブランドモデル」の比較

次は説明変数にブランドだけを入れたモデルlm_dame_1の残差平方和を求めます。


```
# ブランドだけを入れたモデルの残差平方和
resid_sq_brand = np.sum(lm_dame_1.resid ** 2)
round(resid_sq_brand, 3)
```

```
297230.019
```


残差平方和の差を求めます。

```
round(resid_sq_null - resid_sq_brand, 3)
```

```
108396.363
```

この値は分散分析表にも登場します。目立つように、該当箇所は太字で下線を引いています。

```
print(sm.stats.anova_lm(lm_dame_1, typ=1).round(3))
```

```
            df      sum_sq      mean_sq        F  PR(>F)
brand      1.0  108396.363  108396.363   10.211   0.003
Residual  28.0  297230.019   10615.358      NaN     NaN
```

ブランドが変わることによる“群間の偏差平方和”は、「モデルにブランドという説明変数を加えることによって減少する残差平方和」と一致するということです。

6-C◆「ブランドモデル」と「ブランド＋地域人口モデル」の比較

2つの説明変数を用いたモデル lm_model_1の残差平方和を求めます。

```
# ブランド+地域人口モデルの残差平方和
resid_sq_all = np.sum(lm_model_1.resid ** 2)
round(resid_sq_all, 3)
```

```
109787.197
```

ブランドだけが入ったモデルの残差平方和から「ブランド＋地域人口」が入ったモデルの残差平方和を引きます。

```
round(resid_sq_brand - resid_sq_all, 3)
```

```
187442.822
```

残差平方和の差は、分散分析表にも表れます。

```
print(sm.stats.anova_lm(lm_model_1, typ=1).round(3))
```

```
                    df      sum_sq     mean_sq       F  PR(>F)
brand              1.0  108396.363  108396.363  26.658     0.0
local_population   1.0  187442.822  187442.822  46.098     0.0
Residual          27.0  109787.197    4066.192     NaN     NaN
```

すなわちType Iの分散分析は、説明変数を1つずつ増やしていき、「説明変数を増やすことによって減少する残差平方和の大きさ」に基づいて「説明変数の持つ効果の大きさ（分散分析表における sum_sq）」を計算します。この方法ですと「説明変数を増やしていく順番」によって sum_sqの値が大きく変わる可能性があります。有意になるかならないかという判断も変わることがあります。

この検定の方法はType I 検定とも呼ばれます。本書ではこれとは異なる方法であるType II 検定あるいは後述するType III 検定(Dobson(2008))についても解説します。どの検定手法を用いるかは難しい問題ですが、少なくともType Iの検定の特徴について理解することは重要です。

4-7 用語 調整平方和

Type I 検定は以下のように残差平方和を比較します。

モデル0：応答変数～ ＋残差平方和
モデル1：応答変数～変数α ＋残差平方和
モデル2：応答変数～変数α＋変数β ＋残差平方和
モデル3：応答変数～変数α＋変数β＋変数γ＋残差平方和

モデル0と1の残差平方和の比較、モデル1と2の残差平方和の比較……を通して各々の説明変数の有意性を検定します。

Type II 検定は以下のように残差平方和を比較します。

モデル0：応答変数～変数α＋変数β＋変数γ＋残差平方和
モデル1：応答変数～ ＋変数β＋変数γ＋残差平方和
モデル2：応答変数～変数α＋ ＋変数γ＋残差平方和
モデル3：応答変数～変数α＋変数β＋ ＋残差平方和

モデル0と1、モデル0と2といったように、すべてモデル0の残差平方和と比較をします。

Type II 検定は「説明変数を減らすことによって増加する残差平方和の大きさ」に基づいて「説明変数の持つ効果の大きさ」を定量化していると言えます。このやり方ならば、変数を入れる順番を変えても、検定の結果は変わりません。この方法で計算された“群間の偏差平方和”を**調整平方和**と呼ぶことにします。

4-8 (実装) Type II 検定

Type II 検定を実行します。

8-A◆調整平方和の計算

brandの調整平方和を計算します。これは「ブランド＋地域人口モデル」

から説明変数ブランドを取り除くことによって増加する残差平方和の大きさとみなせます。これを計算するため、地域人口だけを入れたモデルを作り、残差平方和を計算します。

```
# 地域人口だけを入れたモデルの残差平方和
lm_model_pop = smf.ols('sales ~ local_population',
                       data=brand_1).fit()
resid_sq_pop = np.sum(lm_model_pop.resid ** 2)
round(resid_sq_pop, 3)
```

```
109936.322
```

「ブランド＋地域人口モデル」の残差平方和`resid_sq_all`と、「地域人口だけ入れたモデル」の残差平方和`resid_sq_pop`の差を求めます。

```
round(resid_sq_pop - resid_sq_all, 3)
```

```
149.125
```

ブランドという説明変数を除いても、残差平方和はそれほど増えませんね。調整平方和を使うと、ブランドの影響力は大きく下がります。

8-B◆Type II 検定の実行

調整平方和を用いた分散分析であるType II 検定は`typ=2`という引数をつけることによって実行できます。`sum_sq`が149.125になりました。

```
print(sm.stats.anova_lm(lm_model_1, typ=2).round(3))
```

```
                      sum_sq    df       F  PR(>F)
brand                149.125   1.0   0.037    0.85
local_population  187442.822   1.0  46.098    0.00
Residual          109787.197  27.0     NaN     NaN
```

p値が0.85ですので、ブランドは売り上げに対して有意な影響を持っているとは言えないという結果となりました。説明変数が1つしかない場合は、Type I 検定の結果とType II 検定の結果は一致します。

なお、2つのモデルを直接比較する関数も用意されています。

```
np.round(lm_model_1.compare_f_test(lm_model_pop), 3)
```

```
array([0.037, 0.85 , 1.   ])
```

出力の3つの数値は順番に、F比、p値、2つのモデルの自由度の差、です。

4-9 実装 新たなデータの読み込み

続いてさらに複雑な構造を持つデータを読み込みます。

```
brand_2 = pd.read_csv('8-4-2-brand-2.csv')
print(brand_2.head(n=3))
```

```
   sales brand  local_population
0  385.8     A             265.6
1  473.0     A             386.1
2  451.6     A             522.7
```


brand_2は一見するとbrand_1と同じように見えますが、交互作用と呼ばれる影響を加味しなければ正しくモデル化できないようなデータとなっています。

4-10 用語 交互作用

説明変数同士が交互に影響を及ぼしあっている場合、**交互作用**と呼ばれる項を導入する必要があります。交互作用項を導入することで、説明変数の影響の単純な和では表現できないような複雑な状況をモデル化できます。

交互作用ではない、今まで想定していた説明変数の効果は、**主効果**と呼びます。

4-11 実装 (悪い分析例) 交互作用を入れないでモデルを作る

比較のために、交互作用を入れないでモデルを構築し、Type II 検定を実行します。

```
lm_dame_2 = smf.ols('sales ~ brand + local_population',
                    brand_2).fit()
print(sm.stats.anova_lm(lm_dame_2, typ=2).round(3))
```

```
                      sum_sq    df        F  PR(>F)
brand                 34.275   1.0    0.007   0.933
local_population  484195.711   1.0  100.427   0.000
Residual          226604.693  47.0      NaN     NaN
```

brandに関する分散分析の結果が、p 値=0.933となったことから、ブランドが売り上げに有意な影響を与えているとは言えないという結果になりました。しかし、回帰直線を比較する図（**図8-4-3**）を描くと、上記の分析に違和感を覚えるはずです。

```
sns.lmplot(x='local_population', y='sales', data=brand_2,
           col='brand',
           scatter_kws = {'color': 'black'},
           line_kws    = {'color': 'black'},
           ci=None, height=4, aspect=1)
```

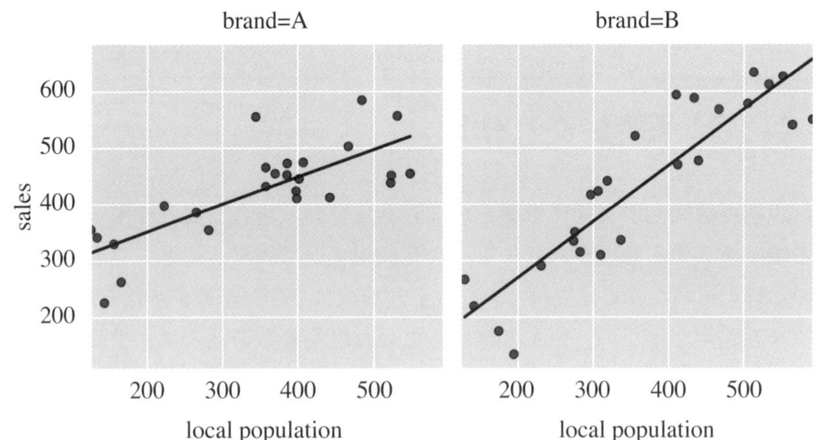

図 8-4-3 ブランド別の地域人口と売り上げの回帰直線（交互作用あり）

図8-4-3を見ると、回帰直線の傾きが、ブランドごとに異なっているように見えます。このような状況だと、ブランドの影響と、地域人口の影響を、単なる和で表現することが難しいように思えます。ブランドごとに回帰直線の傾きが異なっていることを想定したモデルを構築する必要があります。交互作用項を利用することで、回帰直線の傾きが異なるモデルを作ることができます。

4-12 (実装) 交互作用を入れたモデルの作成

交互作用を組み込んだモデルを構築し、推定されたパラメータを確認します。交互作用を入れる場合は、モデルのformulaにおいて、+記号の代わりに*記号を使います。


```
lm_model_2 = smf.ols('sales ~ brand * local_population',
                     data=brand_2).fit()
lm_model_2.params
```

```
Intercept                         254.524
brand[T.B]                       -182.924
local_population                    0.486
brand[T.B]:local_population         0.508
dtype: float64
```

切片（Intercept）、ブランドの影響（brand[T.B]）、地域人口の影響（local_population）に加えてさらにコロン（:）マークで組み合わされた交互作用項（brand[T.B]:local_population）の係数が出力されています。

なお、以下の2つのformulaは同じ結果をもたらします。

```
sales ~ brand * local_population
sales ~ brand + local_population + brand:local_population
```

brandとlocal_populationの交互作用項は、brand:local_

populationで表されます。そのため単純に + 記号で変数を加えてから、最後に交互作用項も + 記号で加えることで、交互作用を含むモデルを構築できます。

4-13 実装 Type III 検定

交互作用項が含まれるモデルでは、しばしばType III 検定が利用されます。

13-A◆Type II 検定の実行

Type II 検定を用いて検定を行うと、ブランドの平方和（sum_sq）の値が、交互作用を用いないモデルから変化しません（34.275）。

```
print(sm.stats.anova_lm(lm_model_2, typ=2).round(3))
```

```
                              sum_sq    df        F  PR(>F)
brand                         34.275   1.0    0.009   0.924
local_population          484195.711   1.0  130.689   0.000
brand:local_population     56176.608   1.0   15.163   0.000
Residual                  170428.085  46.0      NaN     NaN
```

交互作用を加味したうえで検定する場合はType III 検定を行います。

13-B◆調整平方和の計算

4-8節と同様に調整平方和を求めます。まずは、交互作用項を含めてすべての要因が加味されたlm_model_2の残差平方和を求めます。

```
resid_sq_full = np.sum(lm_model_2.resid ** 2)
round(resid_sq_full, 3)
```

```
170428.085
```

続いて、ブランドの効果だけを除いたモデルを構築し、残差平方和を求めます。

```
mod_non_brand = smf.ols(
    'sales ~ local_population + brand:local_population',
    data=brand_2).fit()
resid_sq_non_brand = np.sum(mod_non_brand.resid ** 2)
round(resid_sq_non_brand, 3)
```

```
220745.808
```

残差平方和を比較すると、ブランドをモデルから取り除くことで、50317ほど残差平方和が増えてしまうようです。これが変数brandの調整平方和です。


```
round(resid_sq_non_brand - resid_sq_full, 3)
```

```
50317.723
```

13-C◆Type III 検定の実行

交互作用項がある中でも調整平方和を用いた分散分析を実行するならば、Type III 検定を用います。調整平方和を用いると、brandはp値が0.05を下回りました。Type III 検定の結果を見ると、すべての変数が有意な影響を持つと出力されました。

```
print(sm.stats.anova_lm(lm_model_2, typ=3).round(3))
```

```
                           sum_sq    df       F  PR(>F)
Intercept              195523.067   1.0  52.773   0.000
brand                   50317.723   1.0  13.581   0.001
local_population       100639.827   1.0  27.164   0.000
brand:local_population  56176.608   1.0  15.163   0.000
Residual               170428.085  46.0     NaN     NaN
```

Type III検定の結果からは、ブランド（brand）も地域人口（local_population）も売り上げに有意な影響を与えていると判断できます。また、交互作用項（brand:local_population）も有意であるため、ブランドごとに回帰直線の傾きが異なっていると判断されます。

4-14 実装 AICによる変数選択

AICを用いて変数選択を行います。やり方は単回帰分析とほぼ変わりません。複数の変数の組み合わせでモデルを作り、AICを比較するだけです。交互作用がないモデルとあるモデルでAICを比較します。

```
print('交互作用なしモデルのAIC', round(lm_dame_2.aic, 3))
print('交互作用ありモデルのAIC', round(lm_model_2.aic, 3))
```

```
交互作用なしモデルのAIC 568.841
交互作用ありモデルのAIC 556.596
```

交互作用を入れたモデルのAICの方が低くなりました。このため、やはり交互作用は売り上げ予測モデルに必要だという結果となります。本来はすべての変数の組み合わせでAICを比較するべきですが、ページ数の関係で省略します。

AICは、分散分析のような使い分けをしなくても実行できました。昨今のデータ分析においてAICが重要な役割を果たす大きな理由として、使い勝手の良さが挙げられます。本書ではAICを中心に利用します。

ただし、統計的仮説検定のp値を過剰に信じ込むのと同様に、AICへ過剰な信頼を寄せることにも問題があります。得られた係数の解釈や、変数選択の結果の解釈、残差のチェックなど、包括的な評価を行うことが望ましいでしょう。

4-15 実装 交互作用項の解釈

交互作用項があるモデルにおける係数の解釈について解説します。

15-A◆係数の取得

係数を取得します。

```
lm_model_2.params
```

```
Intercept                          254.524
brand[T.B]                        -182.924
local_population                     0.486
brand[T.B]:local_population          0.508
dtype: float64
```

利用しやすくするため、係数を個別に取得します。


```
Intercept = lm_model_2.params[0]
coef_brand_B = lm_model_2.params[1]
coef_local_population = lm_model_2.params[2]
Interaction = lm_model_2.params[3]
```

15-B◆local_population=0のときの予測値

ブランドの影響と地域人口の影響との交互作用がある場合、係数の解釈をすることは容易ではありません。そこで、地域人口、すなわちlocal_populationが0であるときの予測値を計算します。

まずは、ブランドがAであり、かつ、local_populationが0のときの予測値を計算します。

```
lm_model_2.predict(
    pd.DataFrame({'brand':['A'], 'local_population':[0]}))
```

```
0    254.524
dtype: float64
```

上記の結果は、切片の値と一致します。

```
pred_1 = Intercept
round(pred_1, 3)
```

```
254.524
```

続いて、ブランドがBであり、かつ、local_populationが0のときの予測値を計算します。

```
lm_model_2.predict(
    pd.DataFrame({'brand':['B'], 'local_population':[0]}))
```

```
0    71.599
dtype: float64
```

これは、切片に、ブランドBの影響を表す係数を足した結果と一致します。

```
pred_2 = Intercept + coef_brand_B
round(pred_2, 3)
```

```
71.599
```

ここまでは、直観的に受け入れやすい結果ではないでしょうか。

15-C◆local_population=150のときの予測値

続いて、local_populationが0でない場合の予測値の計算を試みます。この結果を、係数を用いて再現するのはやや難しいので、注意して読み進めてください。

まずは、ブランドがAであり、かつ、local_populationが150のときの予測値を計算します。**図8-4-3**の回帰直線も参照しながら読み進めてください（**図8-4-3**の各グラフの左端において、local_populationがほぼ150となっています）。

```
lm_model_2.predict(
    pd.DataFrame({'brand':['A'], 'local_population':[150]}))
```

```
0    327.413
dtype: float64
```

上記の結果は、切片と、local_populationの係数の2つで再現できます。

```
pred_3 = Intercept + coef_local_population * 150
round(pred_3, 3)
```

```
327.413
```

難しいのはブランドがBのときです。ブランドがBであり、かつ、local_populationが150のときの予測値を計算します。

```
lm_model_2.predict(
    pd.DataFrame({'brand':['B'], 'local_population':[150]}))
```

```
0    220.679
dtype: float64
```

この結果を再現するためには、切片と、ブランドBの影響を表す係数、local_populationの係数、そして交互作用項の係数のすべてを参照する必要があります。

```
pred_4 = Intercept + coef_brand_B + \
   (coef_local_population + Interaction) * 150
round(pred_4, 3)
```

```
220.679
```

ブランドAとブランドBでは、回帰直線の傾きが異なります。すなわちlocal_populationがもたらす影響が、ブランドごとに異なります。そのため、local_populationがもたらす影響は単にlocal_populationの係数だけでは表現できず、(coef_local_population + Interaction)のように交互作用項が加味されます。

交互作用項は、ブランドの違いがもたらす、回帰直線の傾きの差異の大きさです。ブランドAの回帰直線の傾きはcoef_local_populationですが、ブランドBの回帰直線の傾きは(coef_local_population + Interaction)になります。

そのため、交互作用項が有意に0と異なるならば、ブランドの違いによって回帰直線の傾きが有意に異なると主張できます。

15-D◆交互作用項の一般的な解釈

本章ではカテゴリー型の変数と連続型の変数の組み合わせとして交互作用を導入しましたが、カテゴリー型の変数同士や、連続型の変数同士で交互作用を定義することもできます。

一般的に交互作用項は説明変数同士の積を説明変数に用いたものと解釈できます。

今回の事例では、ブランドがカテゴリーデータです。第8部第3章で解説したように、ブランドは「ブランドAならば0を、ブランドBならば1をとるダミー変数」として扱っています。

交互作用項を組み込んだモデルは以下のように表記されます。

$$\begin{aligned}売り上げ \sim \mathcal{N}(&\beta_0+\beta_1\times ブランドダミー+\beta_2\times 人口 \\ &+\beta_3\times ブランドダミー\times 人口, \sigma^2)\end{aligned} \tag{8-49}$$

ここでβ_0は`Intercept`、β_1は`coef_brand_B`、β_2は`coef_local_population`、β_3は`Interaction`と対応します。

ブランドAの場合は、ブランドのダミー変数が0となるので、売り上げの期待値は以下のように計算されます。

$$\begin{aligned}売り上げ期待値 &=\beta_0+\beta_1\times 0+\beta_2\times 人口+\beta_3\times 0\times 人口 \\ &=\beta_0+\beta_2\times 人口\end{aligned} \tag{8-50}$$

一方、ブランドBの場合は、ブランドのダミー変数が1となるので、売り上げの期待値は以下のように計算されます。

$$\begin{aligned}売り上げ期待値 &=\beta_0+\beta_1\times 1+\beta_2\times 人口+\beta_3\times 1\times 人口 \\ &=\beta_0+\beta_1+\beta_2\times 人口+\beta_3\times 人口 \\ &=\beta_0+\beta_1+(\beta_2+\beta_3)\times 人口\end{aligned} \tag{8-51}$$

上記の結果と、Python実装の結果が一致していることを確認してください。

4-16 (実装) formula構文の機能

statsmodelsにおけるformula構文についてその機能を整理します。formula構文の機能を使いこなせるようになると、構築できるモデルのバリエーションが増えるはずです。

16-A◆数量型をカテゴリー型に変換する

頻繁に用いる機能として、数量型の説明変数をカテゴリー型に変換する方法を紹介します。brand_3という別のデータを利用します。

```
brand_3 = pd.read_csv('8-4-3-brand-3.csv')
print(brand_3.head(n=3))
```

```
   sales  brand  local_population
0  385.8    0.0             265.6
1  473.0    0.0             386.1
2  451.6    0.0             522.7
```

brand_3は、ブランドを最初からダミー変数として扱っています。しかし、数値は0と1ではなく、0と99で区別しています。

```
brand_3.brand.value_counts()
```

```
0.0     25
99.0    25
Name: brand, dtype: int64
```

ここで、brand_3を対象にして正規線形モデルを構築すると、ブランドを数量データだと勘違いしたまま分析するため、推定された係数の解釈が困難となります。

```
# ブランドが数値扱いになっているので係数が変わる
lm_model_3 = smf.ols(
    'sales ~ brand * local_population',
    data=brand_3).fit()
lm_model_3.params
```

```
Intercept                     254.524
brand                          -1.848
local_population                0.486
brand:local_population          0.005
dtype: float64
```

そこでformula構文を下記のように工夫することで、変数brandをカテゴリーに変換します。

通常：sales ~ brand * local_population

変換：sales ~ C(brand) * local_population

これで問題なくモデルが推定できます。

```
# ブランドをカテゴリーとして扱う
lm_model_3_2 = smf.ols(
    'sales ~ C(brand) * local_population',
    data=brand_3).fit()
lm_model_3_2.params
```

```
Intercept                              254.524
C(brand)[T.99.0]                      -182.924
local_population                         0.486
C(brand)[T.99.0]:local_population        0.508
dtype: float64
```

16-B◆formula構文のまとめ

本章で利用したformula構文を整理します。応答変数はsalesとします。

●切片のみのモデル（Nullモデル）

```
sales ~ 1
```

●売り上げをブランドで表現したモデル

```
sales ~ brand
```

●売り上げをブランドと地域人口で表現したモデル

```
sales ~ brand + local_population
```

●売り上げをブランドと地域人口と交互作用項で表現したモデル

```
sales ~ brand * local_population
sales ~ brand + local_population + brand:local_population
```

●ブランドをカテゴリー変数に変換したモデル

```
sales ~ C(brand) * local_population
```

formula構文についてはpatsyライブラリのマニュアルに詳細な記述があります[URL: https://patsy.readthedocs.io/en/latest/]。

4-17 (実装) デザイン行列

formula構文は魔法のように見えるかもしれません。しかし、実際のところは、ダミー変数を作ったり、交互作用項（説明変数同士の積）を作ったりしているだけです。formula構文の理解を深めるために、**デザイン行列**と呼ばれる、モデルの推定に利用されるデータを作成します。

patsyライブラリからdmatrix関数を読み込み、交互作用項を含むデザイン行列を作成します。

```
from patsy import dmatrix
dmatrix('brand * local_population', brand_2)
```

```
DesignMatrix with shape (50, 4)
Intercept  brand[T.B]  local_population  brand[T.B]:local_population
        1           0             265.6                          0.0
        1           0             386.1                          0.0
・・・中略・・・
        1           1             505.1                        505.1
        1           1             355.1                        355.1
・・・以下略
```

ブランドのダミー変数はbrand[T.B]として用意されており、0または1をとる変数になっていることがわかります。

また、交互作用brand[T.B]:local_populationは、ダミー変数が1の場合のみ、地域人口local_populationと同じ値が格納されています。「ダミー変数×地域人口」の値が交互作用項の推定のために格納されていることがわかります。

第9部

一般化線形モデル

第1章 一般化線形モデルの基本

本章ではPythonでの分析を行う前段階として、一般化線形モデルの基本を説明します。
例えば「有る・無い」という2つの値しかとらないデータであったり、「0個、1個、2個、……」という0以上の整数しかとらないデータであったりした場合に、母集団分布に正規分布を仮定するのには違和感があります。そこで登場するのが一般化線形モデル（Generalized Linear Models: GLM）です。一般化線形モデルを使うことで、分類の問題も回帰の問題も統一的に取り扱うことができるようになりました。古典的な統計処理からの大きな進歩です。
本章では、一般化線形モデルについて理解するための用語を導入します。そのあと、パラメータ推定の考え方など応用的な内容を扱います。

1-1 一般化線形モデルの構成要素

一般化線形モデルは以下の3つを構成要素として持ちます。

1. 応答変数が従う確率分布
2. 線形予測子
3. リンク関数

構成要素が3つあるということは、これらの要素をデータにあわせて柔軟に変えられるということです。適用できるデータが増えるのは大きなメリットです。これらの構成要素が持つ意味と、モデル選択の手順などについて、これから説明します。

1-2 本書で利用する確率分布

一般化線形モデルは正規分布以外の確率分布も利用できます。本書では、正規分布以外だと二項分布とポアソン分布を中心に利用します。二項分布については第4部第3章で解説しています。

1-3 用語 ポアソン分布

ポアソン分布は0個1個2個や、0回1回2回といった**カウントデータ**が従う離散型の確率分布です。カウントデータは0以上の整数しか実現値として得られないという特徴があります。これは-∞から+∞の実数をとりうる正規分布とは大きな違いです。

ポアソン分布の確率質量関数は以下のようになります。ポアソン分布の母数は強度λのみです。ポアソン分布に従う確率変数は、その期待値も分散もλと等しくなります。

$$\mathrm{Pois}(x \mid \lambda) = \frac{e^{-\lambda}\lambda^{x}}{x!} \tag{9-1}$$

ポアソン分布については、第9部第4章で詳細に解説します。

1-4 用語 指数型分布族

本節の内容はやや技巧的なので、難しければ飛ばしても大丈夫です。

一般化線形モデルは正規分布以外の確率分布も母集団分布として仮定できる線形モデルです。「正規分布以外の確率分布」として用いられるのが**指数型分布族**と呼ばれるクラスの分布です。指数型分布族は正規分布以外の分布を含みますが、正規分布の持つ多くの便利な性質を持っているため、モデルの推定や解釈が容易となります。具体的な性質はDobson(2008)を参照してください。本節では指数型分布族の形式的な定義を紹介します。

指数型分布族は以下の形式で確率分布を記述できるものを指します。ただしxは確率変数でθは確率分布のパラメータです。

$$f(x|\theta)=\exp[a(x)b(\theta)+c(\theta)+d(x)] \tag{9-2}$$

ここで、特に$a(x)=x$である分布を正準形と呼び、$b(\theta)$を分布の自然パラメータと呼びます。

例えばポアソン分布は指数型分布族に含まれ、正準形とみなされます。ポアソン分布の確率質量関数を再掲します。

$$\mathrm{Pois}(x|\lambda)=\frac{e^{-\lambda}\lambda^{x}}{x!} \tag{9-3}$$

上記の式は、以下のように変形できます。

$$\mathrm{Pois}(x|\lambda)=\exp[x\log\lambda-\lambda-\log x!] \tag{9-4}$$

$a(x)=x$であるため正準形であり、自然パラメータは$\log\lambda$となります。

1-5 指数型分布族に属する確率分布の例

本書では正規分布以外だと二項分布とポアソン分布を中心に利用します。しかし、一般化線形モデルで利用できる確率分布はほかにもあります。利用頻度が高いものをいくつか紹介します。

5-A◆ガンマ分布

ガンマ分布は0以上の値をとる連続型の確率変数が従う確率分布です。正規分布と異なり0以上の値しかとらず、分散の値も平均値によって変わります（等分散ではないということです）。

5-B◆負の二項分布

負の二項分布はポアソン分布と同じくカウントデータが従う確率分布です。ポアソン分布よりも分散が大きいことが特徴です。例えば“群れる”ことのある生物の個体数だと、ポアソン分布では想定できないような大きな分散となることがあります。この問題を**過分散**と呼び、このようなときには負の二項分布を使うと、うまくモデル化できることがあります。

5-C◆statsmodelsが扱う確率分布

statsmodelsが提供するそのほかの確率分布については、下記のドキュメントも参照してください。

[URL: https://www.statsmodels.org/stable/glm.html#technical-documentation]

1-6 用語 線形予測子

線形予測子とは、説明変数を線形の関係式で表現したものです。例えば、ビールの売り上げという応答変数を気温という説明変数から予測する場合は以下のようになります。

$$\beta_0+\beta_1\times 気温(℃) \tag{9-5}$$

例えば、テストの合格・不合格を予測することを考えます。勉強時間が長ければテストで合格しやすい、という構造で数理モデルにすると、線形予測子は以下のようになります。

$$\beta_0+\beta_1\times\text{勉強時間} \tag{9-6}$$

例えば、ビールの販売個数（売り上げではなく）を気温という説明変数から予測する場合は以下のようになります。

$$\beta_0+\beta_1\times\text{気温(℃)} \tag{9-7}$$

どれも似たような構造ですね。式(9-5)と式(9-7)にいたってはまったく同じです。しかし、この線形予測子をそのまま予測に使うのには問題があります。

1-7 用語 リンク関数

リンク関数は応答変数と線形予測子の対応をとるために使われます。応答変数にリンク関数を適用します。

ビールの販売個数を求めることを考えます。シンプルに以下のように予測したとしましょう。

$$\text{ビールの販売個数}=\beta_0+\beta_1\times\text{気温(℃)} \tag{9-8}$$

ビールの販売個数がマイナスになることは絶対にあり得ません。それなのに式(9-8)は気温や回帰係数の設定によってはマイナスとなる可能性があります。それでは困ります。そこでリンク関数の出番です。

個数などのカウントデータを対象とするときは、リンク関数として対数関数がしばしば使われます。応答変数に対数関数を適用します。

$$\log[\text{ビールの販売個数}]=\beta_0+\beta_1\times\text{気温(℃)} \tag{9-9}$$

これは両辺のexpをとることで以下のように変形できます。

$$ビールの販売個数=\exp[\beta_0+\beta_1\times気温(℃)] \tag{9-10}$$

指数関数の出力がマイナスになることはあり得ないので、式(9-10)で予測されたビールの販売個数がマイナスになることはありません。

このように応答変数にリンク関数を適用することで、0以上のカウントデータや、[0,1]の範囲をとる成功確率といったものを対象にとって予測をできます。

1-8　リンク関数と確率分布の対応

確率分布とリンク関数は、以下のようにセットで使われることが多いです。

確率分布	リンク関数	モデル名
正規分布	恒等関数	正規線形モデル
二項分布	ロジット関数	ロジスティック回帰
ポアソン分布	対数関数	ポアソン回帰

恒等関数とは$f(x)=x$となる関数です。平たく言うと「なんの変換も行われない関数」が恒等関数です。正規線形モデルでは変換は行われなかったですね。一般化線形モデルの枠組みでそれを恒等関数と呼ぶだけです。ロジット関数については次章で解説します。

ほかにも、正規分布において、リンク関数を対数関数とすることで、応答変数が負の値にならないようにしたモデルもあります。負の二項分布でもリンク関数として対数関数がしばしば使われます。ガンマ分布に関しては、対数関数を用いることもあれば、逆数$(1/x)$などが使われることもあります。

1-9 一般化線形モデルのパラメータ推定

一般化線形モデルでは、正規分布以外の確率分布が使われることもあるため、最尤法によるパラメータ推定が行われます。尤度関数がどのような形になるかは、個別のモデルを扱う際に解説します。

パラメータ推定のためのアルゴリズムとしては、反復重み付き最小二乗法が用いられることが多いです。

1-10 一般化線形モデルにおける検定手法

本書では、一般化線形モデルのモデル選択では、AICを用いた方法で統一します。AICは最大化対数尤度とパラメータ数から即座に計算できるので、計算が容易です。

本節では補足的に一般化線形モデルにおいて、しばしば利用される検定手法を解説します。

正規分布以外の確率分布を利用する一般化線形モデルでは、回帰係数のt検定ができません。そこで用いられるのが**Wald検定**です。Wald検定は、サンプルサイズが大きいときに、最尤推定量が漸近的に正規分布に従うことを利用した検定手法です。`statsmodels`の出力にも現れます。

一般化線形モデルにおいて、分散分析と同様の解釈を行うことができる検定手法として**尤度比検定**があります。尤度比検定はモデルの当てはまりの度合いを比較する手法です。第8部第4章で紹介したType II 検定と同様に解釈できる手法も提案されています。

第2章 ロジスティック回帰

本章ではロジスティック回帰の解説をします。最初にロジスティック回帰の理論について解説したあと、Pythonを用いた実践的な分析の方法を解説します。

2-1 用語 ロジスティック回帰

ロジスティック回帰とは、確率分布に二項分布を用い、リンク関数にロジット関数を用いた一般化線形モデルのことです。説明変数は複数あっても構いませんし、連続型・カテゴリー型が混在していても支障ありません。

2-2 本章の例題

テストの合格・不合格を予測することを考えます。勉強時間によってテストの合否が変わる、という構造で数理モデルにすると、線形予測子は以下のようになります。

$$\beta_0 + \beta_1 \times \text{勉強時間} \qquad (9\text{-}11)$$

2-3 二値判別の問題

応答変数を「合格ならば1、不合格ならば0をとる二値確率変数」だと考えます。このとき、テストの合否を以下のように予測するのは明らかに誤りです。

$$\text{テストの合否} = \beta_0 + \beta_1 \times \text{勉強時間} \tag{9-12}$$

勉強時間は連続型の変数ですので、予測値であるテストの合否が小数点以下の値をとることもあるでしょう。マイナスの値になるかもしれません。「$\beta_0 + \beta_1 \times$勉強時間」という計算式で0か1かを判別するのは困難です。

テストの合格率を勉強時間で説明する数理モデルを考えます。

$$\text{テストの合格率} = \beta_0 + \beta_1 \times \text{勉強時間} \tag{9-13}$$

0か1かを線形予測子で判別するのと比べると改善していますが、まだ問題があります。合格率はその定義上0以上1以下のはずです。式(9-13)では負の値になったり、1を超える値になったりする可能性があります。この問題はリンク関数としてロジット関数を適用することにより解決されます。

2-4 用語 ロジット関数

ロジット関数は以下のような関数を指します。対数の底はeです。

$$f(x) = \log\left(\frac{x}{1-x}\right) \tag{9-14}$$

2-5 用語 逆関数

ある関数を$f(a)=b$とします。このときaとbを逆にして、$g(b)=a$となる関数$g(\ )$を、$f(x)$に対する**逆関数**と呼びます。

例えば指数関数の逆関数は対数関数です。

2-6 用語 ロジスティック関数

ロジスティック関数はロジット関数の逆関数です。ロジット関数を$f(x)$として、ロジスティック関数を$g(x)$とすると、$g(f(x))=x$となります。逆関数を適用することで変換前の値に戻ります。

ロジスティック関数は以下のように定義されます。

$$g(y)=\frac{1}{1+\exp(-y)} \tag{9-15}$$

2-7 ロジスティック関数の特徴

指数関数である$\exp(-y)$は負になることがありません。そのためロジスティック関数の分母は1以下になることがありません。$\exp(-y)$はyが小さくなれば小さくなるほど大きな値になります。分母が大きな値になると、ロジスティック関数の出力はほぼ0となります。

すなわち、ロジスティック関数は以下の性質を持ちます。

$y \to \infty$のときに$g(y) \to 1$となります。

$y \to -\infty$のときに$g(y) \to 0$となります。

このため、ロジスティック関数の出力が0未満になったり1を超えたりすることはありません。

2-8 ロジスティック回帰の構造

ロジスティック回帰とは、確率分布に二項分布を用い、リンク関数にロジット関数を用いた一般化線形モデルのことです。この意味を再確認します。

成功確率（今回の場合はテストに合格する確率）をpとします。リンク関数にロジット関数を使うと、テストの合格率と勉強時間の関係は以下のようになります。

$$\log\left(\frac{p}{1-p}\right)=\beta_0+\beta_1\times\text{勉強時間} \tag{9-16}$$

両辺にロジスティック関数を適用すると、以下のように変形されます。この式を使って合格率を予測します。

$$p=\frac{1}{1+\exp[-(\beta_0+\beta_1\times\text{勉強時間})]} \tag{9-17}$$

さて、実際にテストの合否データが得られたとしましょう。このデータから勉強時間がテストの合格率に影響を与えるかどうかを調べます。

勉強時間が5時間だった生徒が10人いたとします。このときの合格者人数mは、成功確率が式(9-17)で試行回数が10の二項分布に従うと想定されます。

$$m\sim\text{Bin}\left(m\mid 10,\frac{1}{1+\exp[-(\beta_0+\beta_1\times 5)]}\right) \tag{9-18}$$

ただし、二項分布の確率質量関数は以下の通りです（第4部3章より）。

$$\text{Bin}(m\mid n,p)={}_n\mathrm{C}_m\cdot p^m\cdot(1-p)^{n-m} \tag{9-19}$$

式(9-18)のような確率分布に従って標本が得られたのだ、と考えているのがロジスティック回帰です。

2-9　ロジスティック回帰の尤度関数

係数β_0,β_1と勉強時間がわかっているときに、テストの合格率と合格者数の分布を推測する方法を学びました。次は係数β_0,β_1の推定に移ります。一般化線形モデルでは第7部第4章で解説した最尤法によりパラメータを推定します。

以下のようなデータが得られたとします。
勉強時間が3時間だった生徒9人のうち、4人が合格しました。
勉強時間が5時間だった生徒8人のうち、6人が合格しました。
勉強時間が8時間だった生徒1人のうち、1人が合格しました。

このときの尤度関数を$\mathcal{L}(\beta_0,\beta_1;n,m)$と書きます。セミコロン記号の右側は条件を表します。試行回数nと合格者数mはすでにデータとして与えられているということです。係数を変えることによって尤度が変わります。

尤度関数は以下のようになります。

$$
\begin{aligned}
\mathcal{L}(\beta_0,\beta_1;n,m)= &\ \mathrm{Bin}\left(4\,|\,9,\frac{1}{1+\exp[-(\beta_0+\beta_1\times 3)]}\right)\\
&\times \mathrm{Bin}\left(6\,|\,8,\frac{1}{1+\exp[-(\beta_0+\beta_1\times 5)]}\right)\\
&\times \mathrm{Bin}\left(1\,|\,1,\frac{1}{1+\exp[-(\beta_0+\beta_1\times 8)]}\right)
\end{aligned}
\tag{9-20}
$$

受験者数などが増えていくと複雑な数式にはなりますが、仕組みは変わりません。一般化線形モデルでは、尤度の対数をとった対数尤度を最大にするパラメータを採用します。

2-10 実装 分析の準備

続いて、Pythonを用いて実際にロジスティック回帰を実装します。必要なライブラリの読み込みなどを行います。

```
# 数値計算に使うライブラリ
import numpy as np
import pandas as pd
from scipy import stats
# 表示桁数の設定
pd.set_option('display.precision', 3)
np.set_printoptions(precision=3)

# グラフを描画するライブラリ
from matplotlib import pyplot as plt
import seaborn as sns
sns.set()

# 統計モデルを推定するライブラリ
import statsmodels.formula.api as smf
import statsmodels.api as sm
```

2-11 実装 データの読み込みと可視化

分析のためのデータを読み込みます。架空のテスト合否データです。hoursが勉強時間でresultがテストの合否(合格したら1、不合格ならば0)です。

```
# データの読み込み
test_result = pd.read_csv('9-2-1-logistic-regression.csv')
print(test_result.head(3))
```

```
   hours  result
0      0       0
1      0       0
2      0       0
```

続いて、勉強時間と合格率の関係を可視化します。今回はX軸に勉強時間を、Y軸に合格率を置いた棒グラフを作成します。棒グラフは平均値がY軸の値となります。合格したら1、不合格ならば0のデータですので、平均値はそのまま合格率とみなせます。**図9-2-1**を見ると、勉強時間が長くなると合格率が高くなるように見えます。

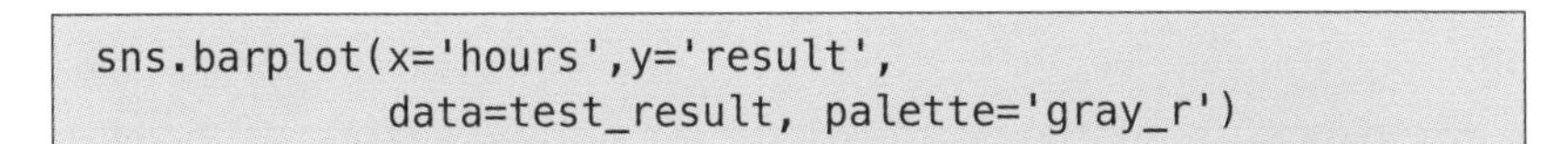

```
sns.barplot(x='hours',y='result',
            data=test_result, palette='gray_r')
```

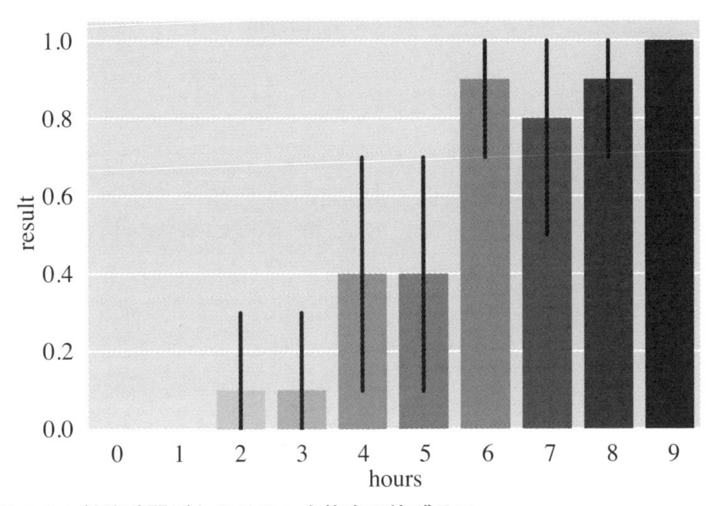

図 9-2-1 勉強時間ごとのテスト合格率の棒グラフ

勉強時間ごとの合格率を計算します。

```
print(test_result.groupby('hours').mean())
```

```
       result
hours
0         0.0
1         0.0
2         0.1
3         0.1
4         0.4
5         0.4
6         0.9
```

```
7         0.8
8         0.9
9         1.0
```

勉強を1時間以下しかしていない人は誰も合格できていないようです。逆に9時間勉強した人はすべて合格していることがわかります。

2-12 実装 ロジスティック回帰

ロジスティック回帰モデルを推定します。

```
mod_glm = smf.glm(formula='result ~ hours',
                  data=test_result,
                  family=sm.families.Binomial()).fit()
```

ロジスティック回帰にかかわらず、一般化線形モデルを推定する場合はsmf.glm関数を使います。この関数の引数の指定について解説します。

1つ目の引数でformulaを指定します。正規線形モデルと同じように設定します。今回は応答変数がresultで説明変数がhoursと指定したことになります。複数の説明変数がある場合は、第8部第4章で説明したように+記号でつなげます。

2つ目の引数には対象となるデータをpandasデータフレームで指定します。

3つ目の引数には、確率分布を指定します。今回は二項分布でしたのでsm.families.Binomial()となります。ポアソン分布を指定する場合にはsm.families.Poisson()となります。

リンク関数が指定されていません。二項分布を指定した場合、何も指定しなければ自動的にリンク関数がロジットになります。これは確率分布を指定したら自動で変わります。ポアソン分布を指定すると、自動で対数関数となります。family=sm.families.Binomial(link=sm.families.links.logit())とすることで明示的にロジット関数を指定することもできます。

2-13 (実装) ロジスティック回帰の結果の出力

推定結果を出力します。

```
mod_glm.summary()
```

Generalized Linear Model Regression Results

Dep.Variable:	result	No.Observations:	100
Model:	GLM	Df Residuals:	98
Model Family:	Binomial	Df Model:	1
Link Function:	logit	Scale:	1.0000
Method:	IRLS	Log-Likelihood:	-34.014
Date:	Wed, 06 Oct 2021	Deviance:	68.028
Time:	16:17:34	Pearson chi2:	84.9
No.Iterations:	6		
Covariance Type:	nonrobust		

	coef	std err	z	P>|z|	[0.025	0.975]
Intercept	-4.5587	0.901	-5.061	0.000	-6.324	-2.793
hours	0.9289	0.174	5.345	0.000	0.588	1.270

一部に正規線形モデルと異なる出力があるので補足しておきます。

MethodのIRLSは反復重み付き最小二乗法(Iterative Reweighted Least Squares)の略です。内部での計算の繰り返し数がNo. Iterationsとして出力されています。一般化線形モデルはモデルがやや複雑であるため、パラメータの推定には工夫が必要です。最尤推定値を得るためには反復計算が必要になります。最尤推定値を得るためのアルゴリズムと、実際の推定に要した繰り返し数がこちらに出力されています。

Devianceと Pearson chi2という2つの指標は初めて出てきました。これはモデルの当てはまりの度合いを示す指標です。次章でモデルの評価を行う際に説明します。

係数に関しては、t検定の代わりにWald検定の結果が出力されている点を除けば、正規線形モデルと解釈は変わりません。勉強時間の係数は正の値となっているようです。

2-14 (実装) ロジスティック回帰のモデル選択

AICを使ってNullモデルと「勉強時間という説明変数が入ったモデル」とでどちらの方が"良い"モデルなのかを比較します。

まずはNullモデルを推定します。

```
mod_glm_null = smf.glm(
    'result ~ 1', data=test_result,
    family=sm.families.Binomial()).fit()
```

AICを比較します。

```
print('Nullモデル  :', round(mod_glm_null.aic, 3))
print('変数入りモデル:', round(mod_glm.aic, 3))
```

```
Nullモデル  : 139.989
変数入りモデル: 72.028
```

勉強時間を説明変数に用いたモデルのAICの方が小さくなりました。勉強時間という変数は、合格率を予測するのに役立つようです。勉強時間の係数が正の値だったことも踏まえると「勉強時間を増やせば、合格率が上がる」と判断できます。

2-15 (実装) ロジスティック回帰による予測

合格率の予測値を計算します。

15-A◆predict関数を使った予測

予測の方法は正規線形モデルと変わりません。predict関数に説明変数のデータフレームを指定します。

```
# 0~9まで1ずつ増える等差数列
exp_val = pd.DataFrame({
    'hours': np.arange(0, 10, 1)
})
# 成功確率の予測値
pred = mod_glm.predict(exp_val)
pred
```

```
0    0.010
1    0.026
2    0.063
3    0.145
4    0.301
5    0.521
6    0.734
7    0.875
8    0.946
9    0.978
dtype: float64
```

まったく勉強しないで合格できるのは1%ほどだけですが、9時間勉強すると98%近くは合格ができるようです。仮に0か1かで予測したいという場合は、小数第1位で四捨五入して、0.5を超えれば合格とします。

15-B◆推定された係数を使った予測

単回帰モデルのように、推定された係数$\beta_0+\beta_1$を使って予測することもできます。今回のモデルにおける成功確率の計算式を再掲します。

$$p=\frac{1}{1+\exp[-(\beta_0+\beta_1\times\text{勉強時間})]} \tag{9-21}$$

Pythonで確認します。9時間勉強したときの合格率を予測します。predict関数の結果と一致します。

```
beta0 = mod_glm.params[0]
beta1 = mod_glm.params[1]
hour = 9

round(1 / (1 + np.exp(-(beta0 + beta1 * hour))), 3)
```

```
0.978
```

2-16 実装 ロジスティック回帰の回帰曲線の図示

ロジスティック回帰で求められた理論上の合格率を図示します。X軸に勉強時間を、Y軸に合否の二値確率変数を指定した散布図を描き、そのうえにロジスティック回帰の当てはめ値である理論上の合格率を重ねます。このグラフはsns.lmplot関数の引数にlogistic = Trueと指定することで作成できます。

```
sns.lmplot(x='hours', y='result',
           data=test_result, logistic=True,
           scatter_kws = {'color': 'black'},
           line_kws    = {'color': 'black'},
           x_jitter=0.1, y_jitter=0.02,
           ci=None, height=4, aspect=2)
```

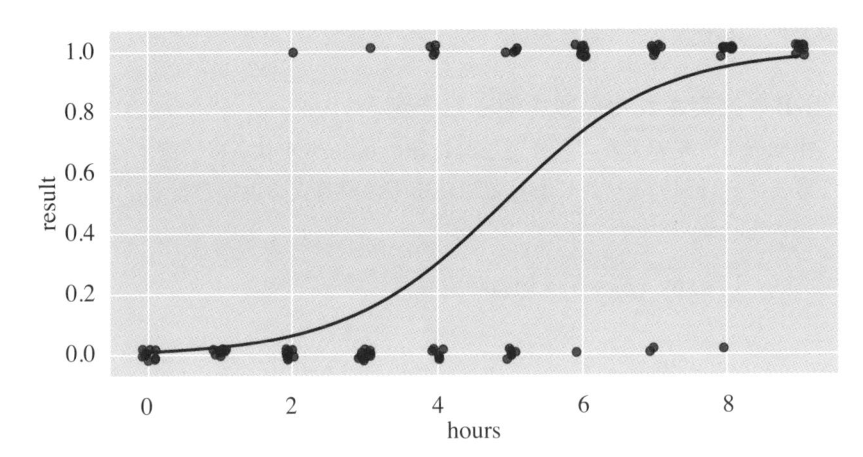

図 9-2-2 ロジスティック回帰の回帰曲線

x_jitterとy_jitterは、散布図のデータ点を少し上下にばらつかせるという指定です。合否データは0か1しかとらず、データが重なってしまうため指定しました（図9-2-2）。

2-17 用語 オッズ・対数オッズ

最後に、ロジスティック回帰で推定された係数を解釈するために必要となる用語を解説します。

オッズとは「失敗するよりも何倍成功しやすいか」を表したもので、以下のように計算されます。ただしpは成功確率です。

$$\text{オッズ} = \frac{p}{1-p} \tag{9-22}$$

$p=0.5$のときは、オッズが1となり、成功しやすさも失敗しやすさも変わらないことになります。$p=0.75$のときはオッズが3となり、失敗するよりも3倍成功しやすいことになります。

オッズの対数をとったものは**対数オッズ**と呼ばれます。ロジット関数は成功確率を対数オッズに変換する関数だとみなすこともできます。

2-18 用語 オッズ比・対数オッズ比

オッズの比をとったものを**オッズ比**と呼びます。オッズ比の対数をとったものは**対数オッズ比**と呼びます。

2-19 (実装) ロジスティック回帰の係数とオッズ比の関係

リンク関数がロジットであることから想像がつくように、ロジスティック回帰の係数とオッズには密接な関係があります。具体的には、回帰係数は、説明変数を1単位変化させたときの対数オッズ比だと解釈できます。

勉強時間が1時間である場合の合格率と2時間である場合の合格率をそれぞれ求めます。

```
# 勉強時間が1時間である場合の合格率
exp_val_1 = pd.DataFrame({'hours': [1]})
pred_1 = mod_glm.predict(exp_val_1)

# 勉強時間が2時間である場合の合格率
exp_val_2 = pd.DataFrame({'hours': [2]})
pred_2 = mod_glm.predict(exp_val_2)
```

合格率を用いて、対数オッズ比を計算します。

```
# オッズ
odds_1 = pred_1 / (1 - pred_1)
odds_2 = pred_2 / (1 - pred_2)

# 対数オッズ比
log_odds_ratio = np.log(odds_2 / odds_1)
log_odds_ratio
```

```
0    0.929
dtype: float64
```

対数オッズ比は勉強時間の係数と一致します。

```
round(mod_glm.params['hours'], 3)
```

```
0.929
```

すなわち、係数のexpをとったものがオッズ比となります。

```
round(np.exp(mod_glm.params['hours']), 3)
```

```
2.532
```

ロジスティック回帰モデルの係数のexpをとったものは「説明変数が1単位増えると、オッズが何倍になるか」を表していると解釈できます。

第3章

一般化線形モデルの評価

正規線形モデルで学んだように、モデルの評価を行う際に残差のチェックは欠かせません。ただし、母集団分布が正規分布以外の分布になると、残差の取り扱いが大きく変わります。本章では一般化線形モデルにおける残差の取り扱いを説明します。
残差は「データとモデルとの乖離」を表現する重要な指標です。モデルにおける損失のとらえ方もあわせて解説します。

3-1 実装 分析の準備

必要なライブラリの読み込みなどを行います。

```
# 数値計算に使うライブラリ
import numpy as np
import pandas as pd
from scipy import stats
# 表示桁数の設定
pd.set_option('display.precision', 3)
np.set_printoptions(precision=3)

# 統計モデルを推定するライブラリ
import statsmodels.formula.api as smf
import statsmodels.api as sm
```

第9部第2章と同じデータを用いて、ロジスティック回帰モデルを推定するところまで実装します。このモデルがデータに適合しているかどうかをこれから判断します。

```
# データの読み込み
test_result = pd.read_csv('9-2-1-logistic-regression.csv')

# モデル化
mod_glm = smf.glm(formula = 'result ~ hours',
                  data = test_result,
                  family=sm.families.Binomial()).fit()
```

3-2 用語 ピアソン残差

一般化線形モデルでしばしば参照されるピアソン残差を導入します。

2-A◆ピアソン残差の定義

二項分布における**ピアソン残差**は以下のように計算されます。ただしyは応答変数であり、nは試行回数で、$\hat{p}$は成功確率の当てはめ値（すなわち`mod_glm.predict()`で計算される値）です。

$$Pearson\ residuals = \frac{y - n\hat{p}}{\sqrt{n\hat{p}(1-\hat{p})}} \tag{9-23}$$

ここで、今回の事例では、1つ1つの予測結果において、試行回数が1になるため、ピアソン残差は実質以下のように計算されます。このときyは0または1をとります。

$$Pearson\ residuals = \frac{y - \hat{p}}{\sqrt{\hat{p}(1-\hat{p})}} \tag{9-24}$$

2-B◆ピアソン残差の解釈

ピアソン残差の分母に現れる$n\hat{p}(1-\hat{p})$は、二項分布における分散の値と一致します。その平方根をとったものなので、分母は二項分布の標準偏差だとみなせます。

正規線形モデルでは応答変数と`predict()`関数で求められた予測値の差を残差として使っていました。イメージとしては$y-\hat{p}$をそのまま残差として使っていたと言えます。ピアソン残差は「普通の残差を分布の標準偏差で割ったもの」と解釈されます。

nを固定としたとき、二項分布の分散$np(1-p)$が最も大きくなるのは、$p=0.5$のときです。合格するか不合格になるかが半々のときは、データが大きくばらつくというのは想像がつきますね。このときのずれの大きさは、想定の範囲内の「小さなずれ」だとみなされます。

逆に$p=0.9$といったように「ほぼ合格間違いなし」と予測されたとき、分散は小さくなります。このときに予測を外すと「大きなずれ」だとみなされます。これがピアソン残差です。

ピアソン残差の平方和は**ピアソンχ^2統計量**とも呼ばれ、モデルの適合度の指標となります。ピアソン残差をピアソンχ^2統計量の符号付き平方根として導出する教科書もあります。

3-3 (実装) ピアソン残差

ピアソン残差を計算します。

```
# 予測された成功確率
pred = mod_glm.predict()
# 応答変数(テストの合否)
y = test_result.result
# ピアソン残差
peason_resid = (y - pred) / np.sqrt(pred * (1 - pred))
peason_resid.head(3)
```

```
0   -0.102
1   -0.102
2   -0.102
Name: result, dtype: float64
```

ピアソン残差はモデルから直接取得することもできます。

```
mod_glm.resid_pearson.head(3)
```

```
0   -0.102
1   -0.102
2   -0.102
dtype: float64
```

ピアソン残差の平方和はピアソンχ^2統計量となります。

```
round(np.sum(mod_glm.resid_pearson**2), 3)
```

```
84.911
```

この結果はsummary関数にも出力されていますし（第9部第2章2-13節参照)、以下のようにして取り出すこともできます。

```
round(mod_glm.pearson_chi2, 3)
```

```
84.911
```

3-4 用語 deviance

モデルの適合度を評価するための別の指標としてdevianceを導入します。

4-A◆devianceの定義

devianceとは、モデルの適合度を評価する指標です。**逸脱度**とも呼ばれます。devianceが大きいとモデルの当てはまりが悪いとみなされます。

ロジスティック回帰の対数尤度関数を$\log \mathcal{L}(\beta_0, \beta_1; n, m)$とします。係数$\beta_0, \beta_1$を変えると尤度が変わります。ここで、最尤法により推定された、ロジスティック回帰の係数に基づく対数尤度を$\log \mathcal{L}(\boldsymbol{\beta}_{glm}; \boldsymbol{y})$とします。すべての合否を完全に予測できたときの対数尤度を$\log \mathcal{L}(\boldsymbol{\beta}_{max}; \boldsymbol{y})$とします。このときdevianceは以下のように計算されます。

$$\text{deviance} = 2[\log \mathcal{L}(\boldsymbol{\beta}_{max}; \boldsymbol{y}) - \log \mathcal{L}(\boldsymbol{\beta}_{glm}; \boldsymbol{y})] \tag{9-25}$$

4-B◆devianceの解釈

devianceは残差平方和を尤度の考え方で表現したものです。ちなみに、最尤法の結果と「devianceという損失を最小にするようにパラメータを推定した結果」は一致します。

$\log \mathcal{L}(\boldsymbol{\beta}_{max}; \boldsymbol{y})$は応答変数を完全に予測できたときの対数尤度です。すなわち、合格(1)だったら成功確率100%、不合格だったら成功確率0%と予測していたときの対数尤度です。この値よりも対数尤度を高くすることはできません。ここからの差異を測ったものがdevianceです。

4-C◆devianceと尤度比検定のかかわり

devianceを計算する際、対数尤度の差を2倍していました。2倍する理由は、尤度比検定という検定を行う際に便利だからです。

devianceは一般化線形モデルにおける「残差平方和と同じように利用できる指標」です。そのため、モデルのdevianceの差を統計量とした検定は、分散分析と同じように解釈できます。このとき、devianceを先のように定義しておくと、いくつかの仮定を置いたとき、devianceの差がχ^2分布に漸近的に従うことが証明されています。

devianceの差の検定は尤度比検定とも呼ばれます。devianceと尤度比検定の関係は馬場(2015)なども参照してください。R言語では分散分析も尤度比検定も同じanova関数で実装されています。

3-5 用語 deviance残差

二項分布における**deviance残差**は「deviance残差の平方和がdevianceになる」ように計算されます。計算式は少々煩雑なので、Pythonでの実装を通して確認します。

3-6 実装 deviance残差

deviance残差を計算します。

6-A◆deviance残差の計算

deviance残差を計算するコードは以下のようになります。

```
# 成功確率の当てはめ値
pred = mod_glm.predict()
# 応答変数(テストの合否)
y = test_result.result

# 合否を完全に予測できたときの対数尤度との差異
resid_tmp = 0 - np.log(stats.binom.pmf(k = y, n = 1,
                                      p = pred))
# deviance残差
deviance_resid = np.sqrt(
    2 * resid_tmp) * np.sign(y - pred)
# 結果の確認
deviance_resid.head(3)
```

```
0   -0.144
1   -0.144
2   -0.144
Name: result, dtype: float64
```

deviance残差の実際の計算は6行目からです。devianceは「合否を完全に予測できたときの対数尤度」との差異だったことに注目します。成功確率100%のときに合格する確率は1です。成功確率0%のときに失敗する確率も1です。そのため「合否を完全に予測できたときの対数尤度」はlog(1)=0です。そのため`resid_tmp`のようにまずは計算されます。

`resid_tmp`を2倍して平方根をとったものがdeviance残差です。こうすることで平方和がdevianceと一致しますね。`np.sign`関数はプラスマイナスの符号を返す関数です。`y - pred`が0より大きければプラスに、小さければマイナスの符号がつくことになります。定義上`resid_tmp`は常にプラスとなってしまうため、ひと手間かけました。

deviance残差はモデルから直接取得することもできます。

```
mod_glm.resid_deviance.head(3)
```

```
0    -0.144
1    -0.144
2    -0.144
dtype: float64
```

6-B◆devianceの計算

deviance残差の平方和はdevianceとなります。これはsummary関数でも出力されています（第9部第2章2-13節参照）。


```
deviance = np.sum(mod_glm.resid_deviance ** 2)
round(deviance, 3)
```

```
68.028
```


6-C◆最大化対数尤度からdevianceを計算

最大化対数尤度から、定義通りdevianceを計算します。当てはめ値predと実際の応答変数yを用いて、二項分布の確率質量関数から以下のように最大化対数尤度を計算できます。

```
loglik = sum(np.log(stats.binom.pmf(k=y, n=1, p=pred)))
round(loglik, 3)
```

```
-34.014
```

最大化対数尤度はモデルから直接取得することもできます。

```
round(mod_glm.llf, 3)
```

```
-34.014
```

$\log \mathcal{L}(\boldsymbol{\beta}_{max}; \boldsymbol{y})$が0であり、$\log \mathcal{L}(\boldsymbol{\beta}_{glm}; \boldsymbol{y})$は最大化対数尤度であるため、devianceは以下のようにして計算できます。

```
round(2 * (0 - mod_glm.llf), 3)
```

```
68.028
```

devianceはモデルから直接取得することもできます。

```
round(mod_glm.deviance, 3)
```

```
68.028
```

3-7 用語 交差エントロピー誤差

機械学習の文脈では、ロジスティック回帰を**交差エントロピー誤差**の最小化という観点から説明されることがしばしばあります。

二項分布の確率質量関数を再掲します。

$$\mathrm{Bin}(m \mid n,p) = {}_nC_m \cdot p^m \cdot (1-p)^{n-m} \tag{9-26}$$

ここで、1つ1つのデータでは、試行回数nは常に1になるので、以下のようになります。mは0か1しかとらないことに注意します。

$$\mathrm{Bin}(m \mid 1,p) = p^m \cdot (1-p)^{1-m} \tag{9-27}$$

分析例にあわせて、0か1の合否をy、予測された合格率を$\hat{p}$とします。

$$\mathrm{Bin}(y \mid 1,\hat{p}) = \hat{p}^y \cdot (1-\hat{p})^{1-y} \tag{9-28}$$

尤度関数は以下のようになります。ただしTはサンプルサイズです。

$$\prod_{i=1}^{T} \hat{p}_i^{y_i} \cdot (1-\hat{p}_i)^{1-y_i} \tag{9-29}$$

対数尤度に-1を掛けたものは以下のようになります。

$$
-\sum_{i=1}^{T}[y_i \log \hat{p}_i+(1-y_i)\log(1-\hat{p}_i)] \tag{9-30}
$$

式(9-30)で計算される指標を交差エントロピー誤差と呼びます。母集団分布に二項分布を仮定した場合は、devianceと同様の意味を持ちます。交差エントロピー誤差を最小にする行為は、devianceを最小にする行為と等しく、ロジスティック回帰の対数尤度を最大にする行為と同じです。

第7部第4章と第5章で解説したように、尤度の最大化と損失の最小化は裏表の関係にあります。二項分布を仮定したうえで（対数）尤度を最大にすることと、損失関数である交差エントロピー誤差を最小化することの対応関係をぜひ理解してください。機械学習はしばしば統計学と異なる解説の仕方がなされることもありますが、統計学の基礎を学んでから機械学習について学ぶと、より理解が深まると思います。

第4章

ポアソン回帰

本章では、ポアソン分布について解説したあと、ポアソン回帰の解説とPythonを用いた実践的な分析方法を解説します。分析の手順はロジスティック回帰とほとんど変わりません。

4-1 ポアソン分布の復習

ポアソン分布は1個2個や、1回2回といった**カウントデータ**が従う離散型の確率分布です。カウントデータは0以上の整数しか実現値として得られないという特徴があります。

ポアソン分布の確率質量関数は以下の通りです。ポアソン分布のパラメータは強度λのみです。ポアソン分布に従う確率変数は、その期待値も分散もλと等しくなります。

$$\mathrm{Pois}(x \mid \lambda) = \frac{e^{-\lambda}\lambda^{x}}{x!} \qquad (9\text{-}31)$$

ポアソン分布は例えば、釣り道具を変えることによって釣獲尾数が変わるのか、周囲の環境によって調査区画の中にいる生物の個体数が変わるのか、天気によって商品の販売個数がどれほど変わるのか、といったことを調べる際に使われます。本章ではビールの販売個数データがポアソン分布に従っていることを仮定して分析を行います。

4-2 ポアソン分布と二項分布の関係

ポアソン分布は二項分布から導出できます。ここでは両者の関係を簡単に整理します。

ポアソン分布は、$p \to 0, n \to \infty$という条件下の二項分布で$np=\lambda$とした結果だとみなせます。日本語で書くと「成功確率が限りなく0に近いが、試行回数が限りなく大きい二項分布」です。

例えば、ある一日の交通事故死傷者数というカウントデータがあったとします。このとき、事故に巻き込まれる可能性のある人の数は、道を歩いているすべての人の数なので、nはとても大きな値になります。一方、事故に巻き込まれる確率pはとても小さいはずです。「起こりにくい事象$(p \to 0)$だが、対象となる人数がすごく多い$(n \to \infty)$」ときの発生件数がポアソン分布に従います。

釣獲尾数に関しても同じです。釣られる対象となる魚は海の中にたくさんいるはずです。しかし、それらが釣られる確率はとても小さいです。そんな状況下で何尾の魚が釣れるかを数えたら、その結果はポアソン分布に従うと想定できます。

離散型のデータにはポアソン分布と暗記するのではなく「このようなプロセスでデータが得られると考えられるからポアソン分布」と選ぶことができると、統計分析手法の誤用をする危険性は大きく減るはずです。

4-3 実装 分析の準備

必要なライブラリの読み込みなどを行います。

```
# 数値計算に使うライブラリ
import numpy as np
import pandas as pd
from scipy import stats
```

```
# 表示桁数の設定
pd.set_option('display.precision', 3)
np.set_printoptions(precision=3)

# グラフを描画するライブラリ
from matplotlib import pyplot as plt
import seaborn as sns
sns.set()
# グラフの日本語表記
from matplotlib import rcParams
rcParams['font.family'] = 'sans-serif'
rcParams['font.sans-serif'] = 'Meiryo'

# 統計モデルを推定するライブラリ
import statsmodels.formula.api as smf
import statsmodels.api as sm
```

4-4 実装 ポアソン分布

Pythonを用いて、ポアソン分布についての理解を深めます。

4-A◆ポアソン分布の確率質量関数

ポアソン分布の確率質量関数はstats.poisson.pmfで得られます。強度λが2のポアソン分布において、1という結果が得られる確率は以下の通りです。

```
round(stats.poisson.pmf(k=1, mu=2), 3)
```

```
0.271
```

強度λが2のポアソン分布に従う乱数を5つ生成します。結果は0以上の整数値になります。

```
np.random.seed(1)
stats.poisson.rvs(mu=2, size=5)
```

```
array([2, 1, 0, 1, 2])
```

強度λを1，2，5と3パターンに変化させたうえで、ポアソン分布の確率質量関数の折れ線グラフを描きます（**図9-4-1**）。なお、`sns.lineplot`の引数`linestyle`で線の種類を指定します。また引数`label`を指定することで、凡例をグラフに追加できます。`label`において`$\lambda=1$`のようにドルマークで囲った数式を指定することで、数式のデザインをきれいに整えて出力できます。

```
# λを変化させたポアソン分布の確率質量関数
x = np.arange(0,15,1)
poisson_lambda1 = stats.poisson.pmf(mu=1, k=x)
poisson_lambda2 = stats.poisson.pmf(mu=2, k=x)
poisson_lambda5 = stats.poisson.pmf(mu=5, k=x)

# ポアソン分布の確率質量関数の折れ線グラフ
sns.lineplot(x=x, y=poisson_lambda1, color='black',
             linestyle='dashed', label='$\lambda=1$')
sns.lineplot(x=x, y=poisson_lambda2, color='black',
             linestyle='dotted', label='$\lambda=2$')
sns.lineplot(x=x, y=poisson_lambda5, color='black',
             linestyle='solid', label='$\lambda=5$')
```

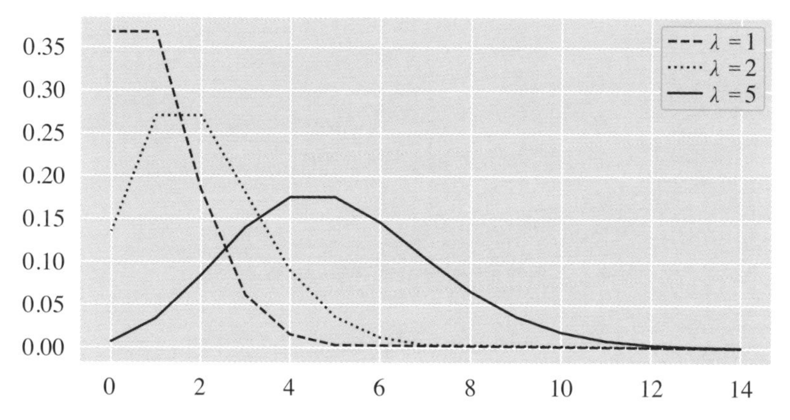

図 9-4-1 ポアソン分布の確率質量関数の折れ線グラフ

4-B◆ポアソン分布と二項分布の関係

ポアソン分布は「成功確率が限りなく0に近い（$p \to 0$）が、試行回数が限りなく大きい（$n \to \infty$）二項分布」とみなせます。これを確認するために、$p=0.00000002, n=100000000$ の二項分布の確率質量関数と、$\lambda=2$ のポアソン分布の確率質量関数を比較します（図9-4-2）。

```
# pが小さくnが大きい二項分布
p = 0.00000002
n = 100000000
binomial = stats.binom.pmf(n=n, p=p, k=x)

# 二項分布とポアソン分布の比較
sns.lineplot(x=x, y=binomial, color='black',
             linestyle = 'dotted',
             label='$np=2$の二項分布')
sns.lineplot(x=x, y=poisson_lambda2, color='gray',
             linestyle='solid',
             label='$\lambda=2$のポアソン分布')
```

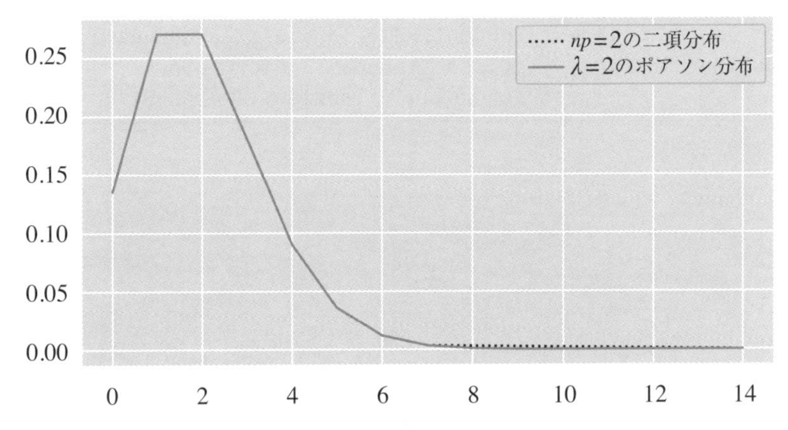

図 9-4-2 ポアソン分布と二項分布の確率質量関数の比較

4-5 用語 ポアソン回帰

ポアソン回帰とは、確率分布にポアソン分布を用い、リンク関数に対数関数を用いた一般化線形モデルのことです。説明変数は複数あっても構いませんし、連続型・カテゴリー型が混在していても支障ありません。

4-6 本章の例題

ビールの販売個数を予測することを考えます。気温によって販売個数が変わるという構造で数理モデルにすると、線形予測子は以下のようになります。

$$\beta_0 + \beta_1 \times \text{気温(℃)} \tag{9-32}$$

4-7 ポアソン回帰の構造

リンク関数に対数関数を使うと、ビールの販売個数と気温の関係は以下のようになります。

$$\log(\text{ビールの販売個数}) = \beta_0 + \beta_1 \times \text{気温} \tag{9-33}$$

両辺のexpをとると、以下のように変形されます。指数関数の出力は負の値にならないため、カウントデータを扱うのに都合が良いですね。この式を使って販売個数の平均値を予測します。

$$\text{ビールの販売個数} = \exp(\beta_0 + \beta_1 \times \text{気温}) \tag{9-34}$$

さて、実際にビールの販売個数データが得られたとしましょう。このデータから気温がビールの販売個数に影響を与えるかどうかを調べます。

ビールの販売個数yは、強度λすなわち平均値が式(9-34)のポアソン分布に従うと想定されます。

$$\text{ビールの販売個数}: y \sim \mathrm{Pois}(y \mid \exp(\beta_0 + \beta_1 \times \text{気温})) \tag{9-35}$$

ただし、ポアソン分布の確率質量関数は以下の通りです。

$$\mathrm{Pois}(y \mid \lambda)=\frac{e^{-\lambda}\lambda^{y}}{y!} \tag{9-36}$$

式(9-35)のような確率分布に従って手持ちのデータが得られたのだ、と考えているのがポアソン回帰です。

4-8 実装 データの読み込み

ポアソン回帰を適用する対象となるデータを読み込みます。

```
beer = pd.read_csv('9-4-1-poisson-regression.csv')
print(beer.head(3))
```

```
   beer_number  temperature
0            6         17.5
1           11         26.6
2            2          5.0
```

4-9 実装 ポアソン回帰

ポアソン回帰モデルを推定します。気温の係数を見ると正の値となっていました。気温が上がると販売個数も増えるようです。

```
mod_pois = smf.glm('beer_number ~ temperature', beer,
                   family=sm.families.Poisson()).fit()
mod_pois.summary()
```

Generalized Linear Model Regression Results

Dep.Variable:	beer_number	No.Observations:	30
Model:	GLM	Df Residuals:	28
Model Family:	Poisson	Df Model:	1
Link Function:	log	Scale:	1.0000
Method:	IRLS	Log-Likelihood:	-57.672
Date:	Tue, 15 Feb 2022	Deviance:	5.1373
Time:	14:38:06	Pearson Chi2:	5.40
No.Iterations:	4		
Covariance Type:	nonrobust		

	coef	std err	z	P>|z|	[0.025	0.975]
Intercept	0.4476	0.199	2.253	0.024	0.058	0.837
temperature	0.0761	0.008	9.784	0.000	0.061	0.091

4-10 実装 ポアソン回帰のモデル選択

AICを用いたモデル選択を行います。まずはNullモデルを推定します。

```
mod_pois_null = smf.glm(
    'beer_number ~ 1', data=beer,
    family=sm.families.Poisson()).fit()
```

AICを比較すると、気温という説明変数が入ったモデルの方が小さなAICとなりました。気温という説明変数は必要だと判断されます。

```
print('Nullモデル  :', round(mod_pois_null.aic, 3))
print('変数入りモデル:', round(mod_pois.aic, 3))
```

```
Nullモデル  : 223.363
変数入りモデル: 119.343
```

4-11 実装 ポアソン回帰による予測

売り上げ個数の予測値を計算します。

11-A◆predict関数を使った予測

予測の方法は正規線形モデルと変わりません。predict関数に説明変数のデータフレームを指定します。

```
# 説明変数
exp_val_20 = pd.DataFrame({'temperature': [20]})
# 売り上げ個数の予測値
mod_pois.predict(exp_val_20)
```

```
0    7.164
dtype: float64
```

11-B◆推定された係数を使った予測

単回帰モデルのように、推定された係数β_0, β_1を使って予測することもできます。勉強のために解説します。気温が20度であるときの売り上げを予測します。リンク関数がlogであるので、その逆関数である指数関数を適用することに注意します。以下の計算はpredict関数の結果と一致します。

```
beta0 = mod_pois.params[0]
beta1 = mod_pois.params[1]
temperature = 20

round(np.exp(beta0 + beta1 * temperature), 3)
```

```
7.164
```

4-12 実装 ポアソン回帰の回帰曲線

回帰曲線を描きます（図9-4-3）。ポアソン回帰の場合はseabornの関数では図示できないため、推定されたモデルの予測値を散布図に上書きするようにして作成します。

```
# 予測値の作成
x_plot = np.arange(0, 37)
pred = mod_pois.predict(pd.DataFrame({'temperature': x_plot}))

# 散布図
sns.scatterplot(x='temperature', y='beer_number',
                data=beer, color='black')
# 回帰曲線を上書き
sns.lineplot(x=x_plot, y=pred, color='black')
```

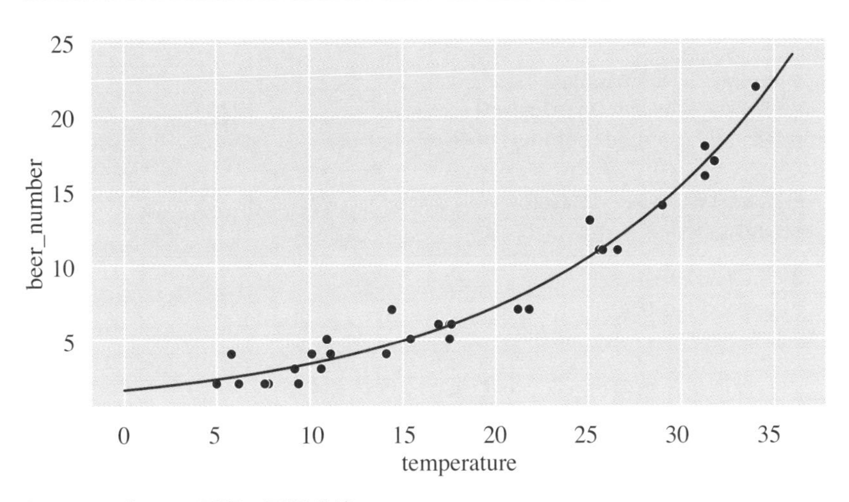

図 9-4-3 ポアソン回帰の回帰曲線

4-13 (実装) 回帰係数の解釈

リンク関数が恒等関数でない場合は、得られた回帰係数の解釈がやや複雑になります。対数関数を使った場合の係数の解釈の仕方を解説します。

13-A◆直観的な説明

対数の特徴として「足し算が掛け算になる」という点には特に注意が必

要です。正規線形モデルでは「気温が1℃上がるとビールの売り上げが●円増える」といった解釈でした。しかし、対数関数を適用すると「気温が1℃上がるとビールの販売個数が▼倍になる」と解釈されます。

13-B◆Pythonによる実装

気温が1℃上がるとビールの販売個数が何倍になるのか、コードを書いて確認します。気温が1℃のときと2℃のときの販売個数の予測値の比をとります。

```
# 気温が1℃のときの販売個数の期待値
exp_val_1 = pd.DataFrame({'temperature': [1]})
pred_1 = mod_pois.predict(exp_val_1)

# 気温が2℃のときの販売個数の期待値
exp_val_2 = pd.DataFrame({'temperature': [2]})
pred_2 = mod_pois.predict(exp_val_2)

# 気温が1℃上がると、販売個数は何倍になるか
round(pred_2 / pred_1, 3)
```

```
0    1.079
dtype: float64
```

これは回帰係数のexpをとった値と一致します。

```
round(np.exp(mod_pois.params['temperature']), 3)
```

```
1.079
```

説明変数の持つ影響が掛け算になることに注意してください。

第10部

統計学と機械学習

第1章

機械学習の基本

本章では機械学習を導入したうえで、統計学と機械学習の関係について説明します。両者の関係性に関して、完全に合意のとれた分類があるわけではありません。そのため著者の立場や背景に依存する部分もあるかもしれませんが、ここではおおよその目安となりうる類似点・相違点を紹介します。

1-1 用語 機械学習

機械学習は、コンピュータに学習能力を与えることを目的とした研究分野のことです。学習はデータに基づき行われ、データの持つ規則性を明らかにします。規則性を明らかにすることによって、未知データの予測などに活用します。

1-2 用語 教師あり学習

機械学習は大きく教師あり学習と教師なし学習に分かれます。

教師あり学習は、正解データが得られる問題に取り組む学習です。

例えば売り上げを予測する場合、売り上げデータが手に入るならば「予測結果があっているか間違っているか」を評価できます。こういった問題に取り組む手法が教師あり学習です。正規線形モデルや一般化線形モデルで扱った問題は、教師あり学習だとみなせます。本書では教師あり学習を対象として解説します。

1-3 用語 教師なし学習

教師なし学習は、正解データが得られない問題に取り組む学習です。

例えばいろいろな魚のDNAを使って、近縁種とそうでない種に分類する場合などがあります。近縁種かどうかがあらかじめわかっているならば、わざわざ分析する必要もありません。正解が得られない中で、最も良いだろうと思われる分類を提案します。

1-4 用語 強化学習

ある与えられた状況において、何らかの報酬を最大にするような行動を見つけるという問題を解く技術を**強化学習**と呼びます。教師あり学習と異なり、正解データは与えられません。

1-5 用語 ルールベース機械学習

あらかじめ人間がルールを指定したうえでそのルールに沿って予測結果を出力する手法を**ルールベース機械学習**と呼び、先述の機械学習とは別のものとして取り扱います。単にルールベースとも呼びます。

複雑な現象に対して人間が逐一ルールを指定するというやり方では、データにあわせた柔軟な予測が出しにくいことがあります。例えば、気温が20℃のときには売り上げが100万円で、25℃でかつ安売りをしたときの売り上げが……と延々ルールを指定し続けるのは効率が悪いですね。ただし、単純なルールで済む問題であれば、機械学習よりもむしろルールベースの方が低コストになるかもしれません。

本書では、規則性あるいはルールを「データに基づき」学習する機械学習法のみを対象とします。

1-6 統計学と機械学習を完全に分離することは困難

ロジスティック回帰などの特定の手法に対して、この手法が統計学の範疇に入るものか機械学習の範疇に入るものかを明確に分けるのが難しいことがあります。例えば機械学習の入門書を開くと、重回帰分析やロジスティック回帰が扱われていることもしばしばあります。

1-7 統計学は過程、機械学習は結果に注目する

統計学と機械学習はとても似ているのですが、データを分析する目的が少し異なります。

統計モデルの目的は「データが手に入るプロセスを理解すること」です。

機械学習の目的は「未知のデータを計算によって手に入れること」です。

統計学はデータが得られるプロセス（過程）に注目します。過程がわかったら、次にどんなデータがやってくるのか予測もできるだろうと考えます。統計モデルを用いることで予測もできますが、過程の理解に注力することが多いです。

機械学習は、次にどのような結果が得られるかに注目します。そのため、中身がブラックボックスとなるようなモデルもしばしば使われます。

ただし、明確にこの分類で分けられるわけではありません。統計モデルでも予測精度の向上を目指すこともあります。機械学習法でも、現象の理解ができるように工夫をすることもあります。あくまでも分類の目安です。近年の機械学習法は、解釈可能性を高める工夫がなされることが増えてきたので、さらに統計学との境界があいまいになったかもしれません。

一般化線形モデルを含む分類・回帰モデルは、統計学の教科書でも機械学習の教科書でも解説されます。

回帰係数がわかると、現象の理解が進みますね。「気温とビールの売り上げには関係があるようだ」といった理解です。そのため、回帰モデルは統計学の教科書にしばしば登場します。一方、回帰モデルを使うことで売り上げやテストの合否を予測できます。この目的で使われる場合は、機械学習の文脈で分類・回帰モデルが語られることになります。

第2章

正則化とRidge回帰・Lasso回帰

統計学と機械学習をつなぐモデルとして、Ridge回帰とLasso回帰を導入します。これらのモデルは単純に予測モデルとして優秀であるだけでなく、さまざまな機械学習法で用いられる正則化という理論を理解するための教材としても優れています。

2-1 用語 正則化

パラメータを推定する際、損失関数に罰則項を導入することで係数が大きな値になることを防ぐ技法を**正則化**と呼びます。罰則項は正則化項とも呼ばれます。統計学ではパラメータの**縮小推定**と呼ばれることもあります。

2-2 用語 Ridge回帰

正則化項として係数の2乗和を用いた回帰モデルをRidge回帰と呼びます。このタイプの正則化を**L_2正則化**とも呼びます。本章では回帰モデルとして正規線形モデルを対象としますが、ロジスティック回帰などでもほぼ同様に拡張できます。

数式を使ってRidge回帰の仕組みを解説します。サンプルサイズがIのデータがあったとします。i番目の応答変数をy_iとします。$i \leq I$です。

説明変数は合計でJ種類あります。j種類目の説明変数が、各々I個あることになります。そのためi番目のデータのj種類目の説明変数はx_{ij}と表記します。j種類目の説明変数に対応する回帰係数をβ_jとします。

添え字の関係は以下の表を参考にしてください。

	応答 売り上げ	説明1 気温	説明2 湿度	…	説明j 価格	…	説明J 天気
1	y_1	x_{11}	x_{12}		x_{1j}		x_{1J}
2	y_2	x_{21}	x_{22}		x_{2j}		x_{2J}
⋮							
i	y_i	x_{i1}	x_{i2}		x_{ij}		x_{iJ}
⋮							
I	y_I	x_{I1}	x_{I2}		x_{Ij}		x_{IJ}

通常の最小二乗法は以下の残差平方和を最小とする係数を推定します。

$$\sum_{i=1}^{I}\left(y_i-\sum_{j=1}^{J}\beta_j x_{ij}\right)^2 \tag{10-1}$$

この式では切片が含まれていないように見えます。しかし、常に値が1である説明変数を用いると、それに対応する係数は切片とみなせます。このため、上記の数式でも切片のあるモデルを表現できます。

Ridge回帰は以下の罰則付きの残差平方和を最小とする係数を推定します。

$$\sum_{i=1}^{I}\left(y_i-\sum_{j=1}^{J}\beta_j x_{ij}\right)^2+\alpha\sum_{j=1}^{J}\beta_j^2 \tag{10-2}$$

残差平方和は小さくしたいですが、罰則はあまり受けたくありません。そのため、絶対値の小さな係数が推定されます。これが縮小推定と呼ばれる所以です。式(10-2)におけるパラメータαが正則化の強さを指定するパ

第10部 第2章

ラメータです。αが大きければ、罰則の影響が強くなるので、係数の絶対値は小さくなります。

2-3 用語 Lasso回帰

正則化項として係数の絶対値の和を用いた回帰モデルを**Lasso回帰**と呼びます。このタイプの正則化を**L_1正則化**とも呼びます。

Lasso回帰は以下の罰則付きの残差平方和を最小とする係数を推定します。罰則項が絶対値の和になった点を除けばRidge回帰と同じです。

$$\sum_{i=1}^{I}\left(y_i-\sum_{j=1}^{J}\beta_j x_{ij}\right)^2+\alpha\sum_{j=1}^{J}|\beta_j| \tag{10-3}$$

なお、L_1正則化とL_2正則化を組み合わせた**elastic net**と呼ばれる手法も提案されています。

2-4 正則化の強度を指定するパラメータの決定

正則化項に現れるαを決定する方法を説明します。

まずは、αを変化させたうえで、クロスバリデーション法を用いてテストデータへの予測精度を評価します。そして、テストデータへの予測精度が最も高くなるαを採用します。詳細は次章で解説します。

正則化項に現れるαを決定するのは一筋縄ではいきません。αも含めて最適化の対象にすると、必ずα=0となったうえで、残差平方和を最小にするように動いてしまうからです。これでは普通の最小二乗法と変わりません。このため、少し手間がかかりますが、クロスバリデーション法を使います。

2-5 説明変数の標準化

Ridge回帰やLasso回帰を実行する前に、あらかじめ説明変数を平均0、標準偏差1に標準化する必要があります。

例えば説明変数として、kg単位のデータを用いたときとg単位のデータを用いたときでは、回帰係数の絶対値の大きさが変わります。回帰係数の絶対値が大きくなると、罰則の影響も大きくなりますね。説明変数の単位がパラメータ推定時に影響を与えるのを防ぐために、あらかじめ説明変数を標準化します。

2-6 Ridge回帰とLasso回帰の違い

Ridge回帰は「全体的に絶対値が小さい係数」が推定される傾向があり、Lasso回帰は「一部の係数だけが0と異なる値となり、それ以外の係数はすべて0」という結果になりやすいです。

これは次章での計算例を見ると、より明確になるでしょう。Lasso回帰は疎（スパース）な解が得られるためスパースモデリングという名前で紹介されることもあります。

Ridge回帰とLasso回帰の罰則の違いを、数値例を挙げて解説します。

ここで、説明変数が2つだけあったとします。各々の係数をβ_1とβ_2とします。罰則項において$\alpha=1$だとします。このときRidge回帰とLasso回帰で、罰則項の大きさが1になる条件を考えます。

まずは「一部の係数だけが0と異なる値となり、それ以外の係数はすべて0」である例として「$\beta_1=1, \beta_2=0$」という状況を考えます。Ridge回帰でもLasso回帰でも、ともに罰則の大きさは1となりますね。

次に「全体的に絶対値が小さい係数」の例として「$\beta_1=0.5, \beta_2=0.5$」という状況を考えます。このときLasso回帰の罰則の大きさは1ですが、Ridge回帰の罰則の大きさは「$0.5^2+0.5^2=0.5$」となります。Ridge回帰の罰則の方が小さいです。「$0.7^2+0.7^2$」がおよそ1となるので、Lasso回帰と同じ罰則の大きさになるまで、もう少し大きな係数になる余裕があります(図10-2-1)。

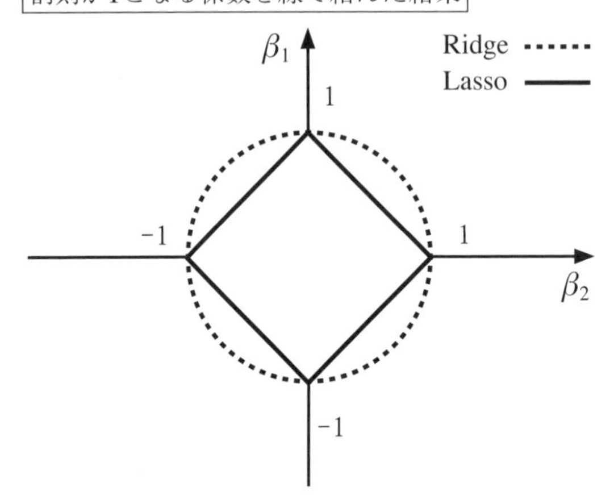

図 10-2-1 Ridge回帰とLasso回帰における罰則の比較

2-7 変数選択と正則化の比較

変数選択では、例えばAIC最小規準などに基づき、不要な説明変数をモデルから除外します。こうすることにより、推定すべき未知のパラメータの数を減らし、モデルを単純化します。モデルを単純にすることにより、過学習を防ぎやすくなることは第7部第6章で解説した通りです。

過学習を防ぐもう1つの方針が、今回のテーマである正則化です。罰則項を入れることで絶対値の大きな係数を推定することを避け、結果的に説明変数が応答変数に与える影響を減らすことができます。特にLasso回帰は、得られる係数のほとんどが0になるため、変数選択をしているのとよく似た結果となります。

2-8 正則化の意義

サンプルサイズよりも説明変数の種類数の方が大きいデータにもLasso回帰などを用いることができるのは、スパースなモデルの大きな利点です。この状況だと、そもそも通常の最小二乗法や最尤法でパラメータを一意に推定することが困難なので、AICによる変数選択も困難です。

また、過学習を抑えることができるのも大きな利点です。正則化は、過学習を抑えるために、さまざまなモデルで取り入れられています。

ただし、Lasso回帰を利用するとすべての問題が解決するわけではありません。次章で扱う簡単なサンプルデータでは問題ありませんが、データによっては推定結果が安定しないこともあります。L_1正則化とL_2正則化を組み合わせたelastic netを用いることで結果を安定させることもしばしば行われます。

第3章

Pythonによる Ridge回帰・Lasso回帰

本章では実際に、Pythonを用いてRidge回帰やLasso回帰を推定します。statsmodelsライブラリを使う方法もあるのですが、今回は機械学習で中心的な役割を果たすscikit-learnを中心に利用します。

3-1 用語 scikit-learn

scikit-learnはPythonで機械学習法を適用するのに頻繁に用いられるライブラリです。sklearnと略します。Anacondaをインストールすれば、すでにこのライブラリのインストールも済んでいます。

sklearnを使いたいからPythonを使うという人も多いはずです。Ridge回帰やLasso回帰以外にも、ニューラルネットワークやサポートベクトルマシンなどさまざまな手法に対応しています。

3-2 実装 分析の準備

必要なライブラリの読み込みなどを行います。線形モデルを推定するためのlinear_modelをsklearnからインポートします。

```
# 数値計算に使うライブラリ
import numpy as np
import pandas as pd
```

```
from scipy import stats
# 表示桁数の設定
pd.set_option('display.precision', 3)
np.set_printoptions(precision=3)

# グラフを描画するライブラリ
from matplotlib import pyplot as plt
import seaborn as sns
sns.set()

# 統計モデルを推定するライブラリ
import statsmodels.formula.api as smf
import statsmodels.api as sm

# 機械学習法を適用するためのライブラリ
from sklearn import linear_model
```


データを読み込みます。サンプルサイズは150で、X_1からX_100まで、100列ある、比較的複雑なデータです。応答変数はないのですが、これは3-4節で作ります。


```
X = pd.read_csv('10-3-1-large-data.csv')
print(X.head(3))
```

```
     X_1    X_2    X_3    X_4    X_5    X_6    X_7    X_8  \
0  1.000  0.500  0.333  0.250  0.200  0.167  0.143  0.125
1  0.500  0.333  0.250  0.200  0.167  0.143  0.125  0.111
2  0.333  0.250  0.200  0.167  0.143  0.125  0.111  0.100

     X_9   X_10  ...   X_91   X_92   X_93   X_94   X_95  \
0  0.111  0.100  ...  0.011  0.011  0.011  0.011  0.011
1  0.100  0.091  ...  0.011  0.011  0.011  0.011  0.010
2  0.091  0.083  ...  0.011  0.011  0.011  0.010  0.010

   X_96  X_97  X_98  X_99  X_100
0  0.01  0.01  0.01  0.01   0.01
1  0.01  0.01  0.01  0.01   0.01
2  0.01  0.01  0.01  0.01   0.01

[3 rows x 100 columns]
```

3-3 実装 説明変数の標準化

まずは説明変数の標準化を行います。標準化は、各々の変数から平均値を引いて、標準偏差で割ります。こうすることで、平均0、標準偏差1になります。

まずはX_1に関して平均値を計算します。

```
round(np.mean(X.X_1), 3)
```

```
0.037
```

しかし、これを100個の説明変数すべてに適用するのは大変です。axis=0と指定すると、列単位で平均値を一気に取得してくれます。

```
np.mean(X, axis=0).head(3)
```

```
X_1     0.037
X_2     0.031
X_3     0.027
dtype: float64
```

これを使えば簡単に標準化ができます。

```
X -= np.mean(X, axis=0)
X /= np.std(X, ddof=1, axis=0)
```

平均値がおよそ0になったことを確認します（微小な数値誤差が入ることがあります）。

```
np.mean(X, axis=0).head(3).round(3)
```

```
X_1    0.0
X_2   -0.0
X_3   -0.0
dtype: float64
```

標準偏差も1になりました。

```
np.std(X, ddof=1, axis=0).head(3).round(3)
```

```
X_1    1.0
X_2    1.0
X_3    1.0
dtype: float64
```

3-4 (実装) シミュレーションで応答変数を作る

読み込んだデータには応答変数がありませんでした。応答変数を今から作ります。正しい係数がわかっている状況で、それを推定できるか調べます。

正しい係数は5であるとして、応答変数を作ります。正規分布に従うノイズが入っていることにします。

```
# 正規分布に従うノイズ
np.random.seed(1)
noise =  stats.norm.rvs(loc=0, scale=1, size=X.shape[0])

# 正しい係数は5として応答変数を作る
y =  X.X_1 * 5 + noise
```

応答変数とX_1の関係を図示します。`sns.jointplot`はfigure-level関数であり、散布図に加えて、各変数のヒストグラムをあわせて描画します。

```
# 応答変数と説明変数をまとめる
large_data = pd.concat([pd.DataFrame({'y':y}), X], axis=1)
# 散布図の作成
sns.jointplot(y='y', x='X_1', data=large_data,
              color='black')
```

説明変数は**sklearn**のリファレンス[URL: https://scikit-learn.org/stable/auto_examples/linear_model/plot_ridge_path.html]を参考にして作りました。少し凝った作りにしていて、0に近いデータがほとんどを占めます。そんな中、たまに大きな値が出ます（**図10-3-1**）。

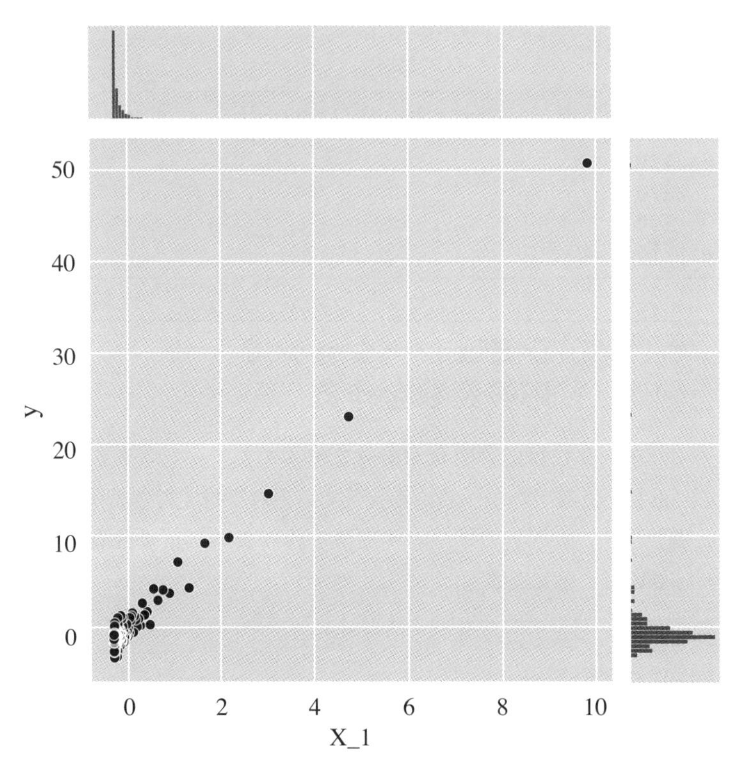

図 10-3-1 応答変数とX_1の関係

3-5 実装 普通の最小二乗法を適用する

通常の最小二乗法を用いてパラメータ推定を行います。説明変数が多いとformulaを書くのがやや面倒なので、以下のように説明変数と応答変数を指定してモデル化します。

```
lm_statsmodels = sm.OLS(endog=y, exog=X).fit()
lm_statsmodels.params.head(3)
```

```
X_1      14.755
X_2     -87.463
X_3     211.743
dtype: float64
```

本来はX_1の係数が5で、それ以外はすべて0の係数が得られるはずです。しかし、OLSの結果を見ると、誤った係数が推定されてしまっていることがわかります。

3-6 実装 sklearnによる線形回帰

正則化を用いたモデルに移る前に、sklearnの使い方に少し慣れていただく目的で、sklearnを使って通常の最小二乗法を用いた正規線形モデルを推定します。

sklearnでは、まずはモデルの構造を指定したうえで、fit関数の引数にデータを指定します。推定された係数はcoef_に格納されています。statsmodelsと同じく、絶対値が大きな係数が推定されています。

```
# どんなモデルを作るかをまずは指定
lm_sklearn = linear_model.LinearRegression()
# データを指定して、モデルを推定
lm_sklearn.fit(X, y)
# 推定されたパラメータ(array型)
lm_sklearn.coef_
```

```
array([ 1.476e+01, -8.746e+01,  2.117e+02, -9.415e+01,
       -6.817e+01, -9.284e+01,  1.761e+00,  8.170e+01,
        6.680e+01,  2.788e+01, -3.288e+01,  6.818e+01,
・・・以下略
```

3-7 実装 Ridge回帰 - 罰則項の影響

通常の最小二乗法ではうまくいかないことがわかったので、正則化を使います。まずはRidge回帰を使います。正則化を実施する際に重要なのは、正則化の強度αの決定です。正則化の強度αがもたらす影響を調べます。

まずはαを50通り作ります。

```
n_alphas = 50
ridge_alphas = np.logspace(-2, 0.7, n_alphas)
```

np.logspaceは初めて出てきた関数です。これはnp.arangeと似たような関数で、底を10とした対数をとると等差数列になります。

```
np.log10(ridge_alphas)
```

```
array([-2.    , -1.945, -1.89 , -1.835, -1.78 , -1.724,
       -1.669, -1.614, -1.559, -1.504, -1.449, -1.394,
・・・中略・・・
        0.645,  0.7  ])
```

αを50通り変えながら、50回Ridge回帰を推定します。Ridge回帰の推定にはlinear_model.Ridge関数を使います。引数にはαと「切片を推定しない」という指定を入れました。

```
# 推定された回帰係数を格納するリスト
ridge_coefs = []
# forループで何度もRidge回帰を推定する
for a in ridge_alphas:
    ridge = linear_model.Ridge(alpha=a, fit_intercept=False)
    ridge.fit(X, y)
    ridge_coefs.append(ridge.coef_)
```

推定された係数をnumpyアレイに変換します。

```
ridge_coefs = np.array(ridge_coefs)
ridge_coefs.shape
```

```
(50, 100)
```

結果は50行100列のアレイとなります。行数はαの変化数であり、100列は説明変数の個数から決まります。plt.plot(ridge_alphas, ridge_coefs[::,0])などとすれば、X軸にα、Y軸に係数の値を置いたグラフが描けます。しかし、この処理を100回繰り返す必要はなく、plt.plot関数は2次元配列を引数に入れると、自動で複数の線を引いてくれます。

結果を見やすくするために、X軸を$-\log_{10}\alpha$に変換したうえでプロットします。このようなグラフをsolution-pathと呼びます。

```
# αを変換
log_alphas = -np.log10(ridge_alphas)
# X軸に-log10(α)、Y軸に係数を置いた折れ線グラフ
plt.plot(log_alphas, ridge_coefs, color='black')
# 説明変数X_1の係数がわかるように目印を入れる
plt.text(max(log_alphas) + 0.1, ridge_coefs[0,0], 'X_1')
# X軸の範囲
plt.xlim([min(log_alphas) - 0.1, max(log_alphas) + 0.3])
# 軸ラベル
plt.title('Ridge')
plt.xlabel('- log10(alpha)')
plt.ylabel('Coefficients')
```


X軸が$-\log_{10}\alpha$なので、左に行くほどαが大きくて正則化の強度が強くなります。左側だと絶対値が小さな係数が推定される傾向があり、右側に行くと罰則が緩くなるので、絶対値の大きな係数が推定されやすくなります(図10-3-2)。

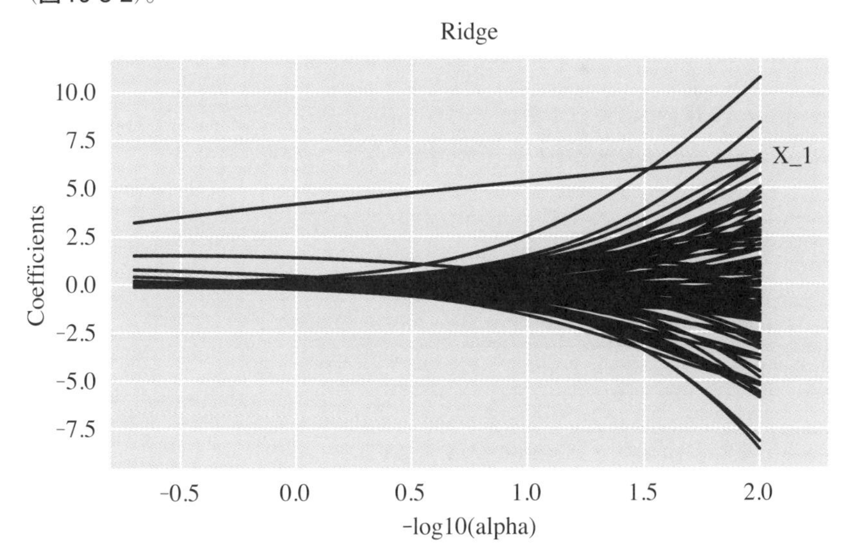

図 10-3-2 Ridge回帰における正則化の強度と係数の関係

肝心のX_1の係数ですが、$-\log_{10}\alpha$が0の付近では、他の係数よりも絶対値がかなり大きな係数になっているようです。しかし、αによって係数の値は大きく変わります。

3-8 実装 Ridge回帰-最適な正則化の強度の決定

αの大きさを決める作業に移ります。クロスバリデーション法を用いて予測精度を評価し、精度が最も良くなったαを採用し、モデルを再構築します。

一連の手順は関数が用意されています。RidgeCV関数を使います。cv=10と指定し、10-fold-CVを用いて予測精度を評価します。

```
# CVで最適なαを求める
ridge_best = linear_model.RidgeCV(
    cv=10, alphas=ridge_alphas, fit_intercept=False)
ridge_best.fit(X, y)

# 最適な-log10(α)
round(-np.log10(ridge_best.alpha_), 3)
```

```
0.237
```

$-\log_{10}\alpha=0.237$の地点を先ほどのsolution-pathで見ると、X_1以外の説明変数の係数の絶対値が0に近くなっていることがわかります。

最適なαは以下の通りです。

```
round(ridge_best.alpha_, 3)
```

```
0.58
```

推定された係数の一覧は以下の通りです。

```
ridge_best.coef_.round(2)
```

```
array([ 4.46,  1.29,  0.29, -0.09, -0.2 , -0.23, -0.22,
       -0.21, -0.14, -0.14, -0.15, -0.05, -0.1 , -0.02,
       -0.11, -0.01, -0.09,  0.01, -0.02, -0.03,  0.02,
       -0.03,  0.04, -0.09,  0.13,  0.02,  0.06, -0.08,
        0.14, -0.01,  0.1 ,  0.12, -0.04,  0.04, -0.03,
        0.02,  0.12, -0.17, -0.01, -0.18,  0.09,  0.22,
        0.04, -0.03, -0.01,  0.03,  0.34, -0.19, -0.11,
        0.21, -0.13, -0.25,  0.25,  0.13, -0.16,  0.27,
        0.03, -0.17, -0.18,  0.16, -0.01,  0.01,  0.19,
        0.13, -0.16, -0.02,  0.26,  0.22, -0.18,  0.01,
        0.53,  0.18, -0.35, -0.12,  0.23, -0.04, -0.12,
       -0.05,  0.21,  0.19, -0.04, -0.2 , -0.1 ,  0.06,
       -0.22,  0.15, -0.04, -0.11,  0.21,  0.01,  0.13,
       -0.03, -0.02, -0.23, -0.2 ,  0.24, -0.31, -0.4 ,
       -0.16,  0.16])
```

説明変数X_1の係数が4.46となったのを見ると、正解とかなり近い値になっていることがわかります。Ridge回帰の成果です。ただし、他の説明変数の係数を見ると、それなりに小さな値になっているものの、影響がないとは言えません。

3-9 (実装) Lasso回帰 - 罰則項の影響

続いてLasso回帰に移ります。solution-pathがRidge回帰とどのように異なるかを確認します。Ridge回帰と同様に実装することもできますが、今回は`lasso_path`という便利な関数を使います。引数にデータを指定するだけで、αをさまざまに変えた結果を出力してくれます。

```
lasso_alphas, lasso_coefs, _ = linear_model.lasso_path(
    X, y, fit_intercept=False)
```

Ridge回帰と同様にsolution-pathを描きます。`lasso_coefs`の並び順がRidge回帰のときと異なるので行列を転置させたり(`lasso_coefs.T`)、配列の添え字が変わっていたりしますが、おおよそ同じコードとなります。

```
# αを変換
log_alphas = -np.log10(lasso_alphas)
# X軸に-log10(α)、Y軸に係数を置いた折れ線グラフ
plt.plot(log_alphas, lasso_coefs.T, color='black')
# 説明変数X_1の係数がわかるように目印を入れる
plt.text(max(log_alphas) + 0.1, lasso_coefs[0, -1], 'X_1')
# X軸の範囲
plt.xlim([min(log_alphas) - 0.1, max(log_alphas) + 0.3])
# 軸ラベル
plt.title('Lasso')
plt.xlabel('- log10(alpha)')
plt.ylabel('Coefficients')
```

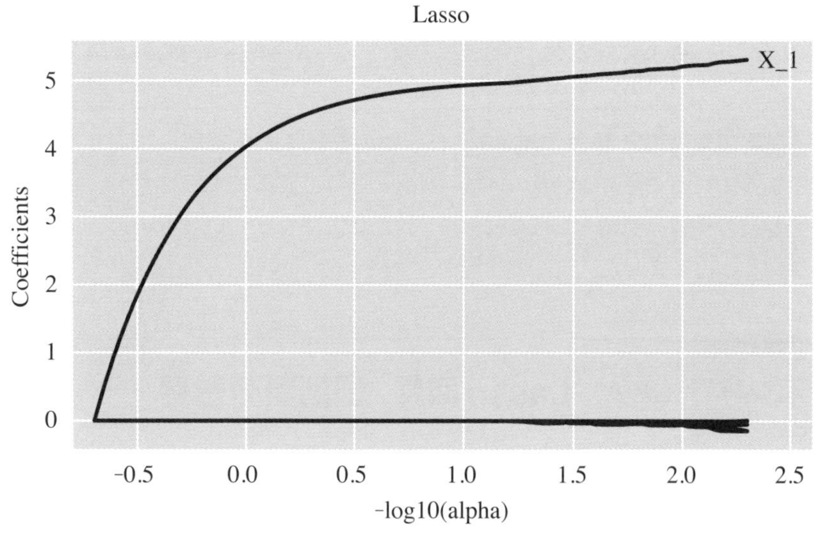

図 10-3-3 Lasso回帰における正則化の強度と係数の関係

X_1の係数以外はほぼ0となりました（図10-3-3）。これがL_1正則化の効果です。

3-10 実装 Lasso回帰 - 最適な正則化の強度の決定

クロスバリデーション法を使って、αを決定します。

```
# CVで最適なαを求める
lasso_best = linear_model.LassoCV(
    cv=10, alphas=lasso_alphas, fit_intercept=False)
lasso_best.fit(X, y)

# 最適な-log(α)
round(-np.log10(lasso_best.alpha_), 3)
```

```
2.301
```

最適なαは以下の通りです。

```
round(lasso_best.alpha_, 3)
```

```
0.005
```

推定された係数の一覧は以下の通りです。ほとんどの係数が0となりました。X_1の係数もおよそ5となりましたので、通常の最小二乗法を使った場合と比べて大きく改善したと考えられます。

```
lasso_best.coef_.round(2)
```

```
array([ 5.34, -0.  , -0.  , -0.3 , -0.04, -0.  , -0.  ,
       -0.  , -0.  , -0.  , -0.  , -0.  , -0.  , -0.  ,
       -0.  , -0.  , -0.  , -0.  , -0.  , -0.  , -0.  ,
       -0.  , -0.  , -0.  , -0.  , -0.  , -0.  , -0.  ,
        0.  , -0.  ,  0.  ,  0.  , -0.  ,  0.  ,  0.  ,
        0.  ,  0.  , -0.  ,  0.  ,  0.  ,  0.  ,  0.  ,
        0.  ,  0.  ,  0.  ,  0.  ,  0.  ,  0.  ,  0.  ,
        0.  ,  0.  ,  0.  ,  0.  ,  0.  ,  0.  ,  0.  ,
        0.  ,  0.  ,  0.  ,  0.  ,  0.  ,  0.  ,  0.  ,
        0.  ,  0.  ,  0.  ,  0.  ,  0.  ,  0.  ,  0.  ,
        0.01,  0.  ,  0.  ,  0.  ,  0.  ,  0.  ,  0.  ,
        0.  ,  0.  ,  0.  ,  0.  ,  0.  ,  0.  ,  0.  ,
        0.  ,  0.  ,  0.  ,  0.  ,  0.  ,  0.  ,  0.  ,
        0.  ,  0.  ,  0.  ,  0.  ,  0.  ,  0.  ,  0.  ,
        0.  ,  0.  ])
```

3-11 実装 Lasso回帰による予測

最適なαを決定したあとのLasso回帰モデルを使って予測値を得る方法を解説します。今回は、訓練データに対する当てはめ値を計算します。訓練データを1つだけ取得します。説明変数がX_1からX_100まで100個あるので、100列のデータとなっています。

```
print(X.iloc[0:1, ])
```

```
     X_1    X_2    X_3    X_4    X_5    X_6    X_7    X_8  \
0  9.828  8.123  7.108  6.429  5.937  5.561  5.261  5.013
     X_9   X_10  ...   X_91   X_92   X_93   X_94   X_95  \
0  4.805  4.628  ...  2.396  2.401  2.405  2.354  2.354
    X_96   X_97  X_98   X_99  X_100
0  2.354  2.353  2.35  2.346  2.342
[1 rows x 100 columns]
```

予測をする場合は推定されたモデル`lasso_best`に`predict`関数を適用します。

```
lasso_best.predict(X=X.iloc[0:1, ])
```

```
array([50.263])
```

結果は示しませんが、すべての訓練データに対する当てはめ値を得る場合は`lasso_best.predict(X=X)`と実装します。

第4章 線形モデルとニューラルネットワーク

本章では、ニューラルネットワークの基本的な仕組みを紹介します。また、Pythonでの実装を通して、線形モデルと複雑な機械学習法との比較を試みます。scikit-learnが提供する関数とstatsmodelsが提供する関数を使って同じデータを対象に分析をします。scikit-learnの特徴をつかむ意味でも役に立つ内容だと思います。
まずはニューラルネットワークの基本事項を解説します。次に、回帰問題と分類問題において、単純なデータを対象として、線形モデルとニューラルネットワークを比較します。最後に複雑な分類問題を対象として、線形モデルとニューラルネットワークを比較します。

4-1 用語 入力ベクトル・目標ベクトル・重み・バイアス

ニューラルネットワークを理解するために必要な用語を導入します。統計モデルと機械学習では、ほぼ同じ内容を表すものでも、異なる用語が使われることがあります。

説明変数は、機械学習では**入力ベクトル**と呼びます。
応答変数は、機械学習では**目標ベクトル**と呼びます。
係数は、機械学習では**重み**と呼びます。
切片は「常に値が1である説明変数」とみなされ、機械学習では**バイアス**と呼びます。

4-2 用語 単純パーセプトロン

単純パーセプトロンは、図10-4-1のように、入力ベクトルの重み付き和として1つの出力を返します。この出力と目標ベクトルを比較し、損失が最小になるように重みが推定されます。

出力は、分類問題ならば（-1または1といったような）2値として得られます。なお、本章では回帰問題を扱うこともあります。この場合は数量データとして出力が得られます。

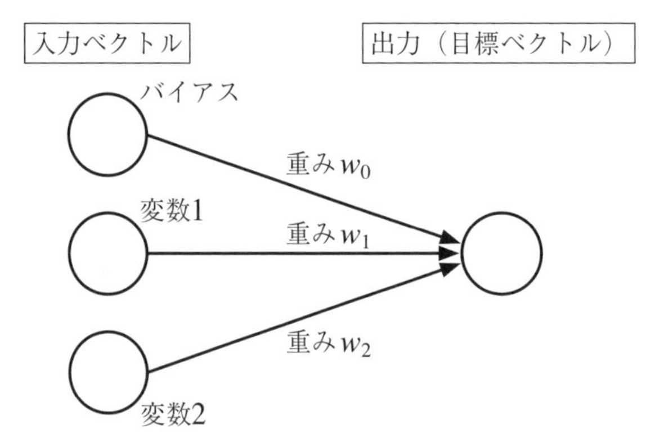

図 10-4-1 単純パーセプトロンの概念図

4-3 用語 活性化関数

活性化関数は、入力ベクトルの重み付き和を出力に変換する関数です。一般化線形モデルにおける「リンク関数の逆関数」と同様の機能を持つものが活性化関数です。この場合、入力ベクトルの重み付き和は線形予測子とみなせます。

分類問題を扱う単純パーセプトロンの活性化関数としてはステップ関数が用いられます。ステップ関数は例えば以下のように、入力に応じて-1か1を返します。

$$h(x)=\begin{cases}-1(x \leq 0)\\ 1(x>0)\end{cases} \tag{10-4}$$

ステップ関数を使うことで、先ほどの単純パーセプトロンは以下のように表記できます。ただし、出力をyと、入力をx_1,x_2とします。

$$y=h(w_0+w_1 \cdot x_1+w_2 \cdot x_2) \tag{10-5}$$

活性化関数を変えることで、単純パーセプトロンからモデルを拡張できます。活性化関数としては、ロジスティック関数や恒等関数なども使われます。

特に多く使われている活性化関数はReLU(Rectified Linear Unit)です。ReLU関数は入力が0以下だと常に0を、0より大きいと入力値をそのまま出力します。ReLU関数は以下のように表記されます（**図10-4-2**）。

$$h(x)=\begin{cases}x(x>0)\\ 0(x \leq 0)\end{cases} \tag{10-6}$$

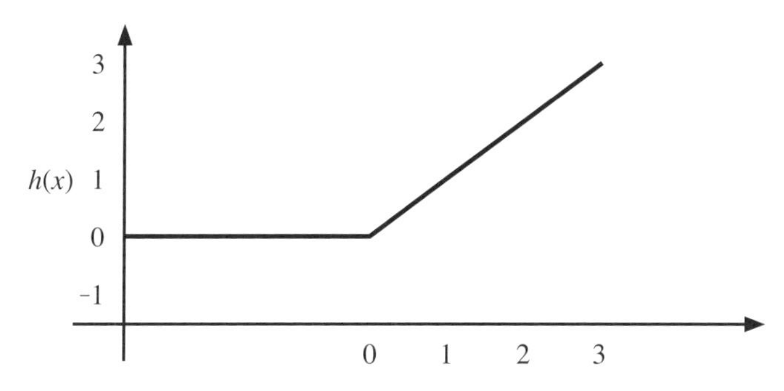

図 10-4-2 ReLU関数

4-4 線形モデルからニューラルネットワークへ

パーセプトロンにおける重みは、損失を最小とするように推定されます。損失としては、2値判別の分類問題のときには交差エントロピー誤差が、連続値への回帰問題のときには残差平方和が用いられることが多いです。

活性化関数としてロジスティック関数を、損失として交差エントロピー誤差を用いた2層のパーセプトロンは、ロジスティック回帰モデルとみなせます。

活性化関数として恒等関数を、損失として残差平方和を用いた2層のパーセプトロンは、正規線形モデル（あるいは重回帰モデル）と同じモデルだとみなせます。

単純なニューラルネットワークは、一般化線形モデルの観点から解釈できます。後ほどPythonでの分析例を通して、両者の関係性を再考します。

4-5 用語 隠れ層

ニューラルネットワークを発展させるのに必要な用語を導入します。

入力ベクトルが入る部分を**入力層**と呼びます。

予測値が出力される層を**出力層**と呼びます。

入力層と出力層の間に入る層を**隠れ層**と呼びます。**中間層**とも呼びます。

隠れ層を組み込むことで、複雑な関係性もとらえられます。

4-6 用語 ニューラルネットワーク

多層のパーセプトロンからなるモデルをフィードフォワード・ニューラルネットワーク、通称**ニューラルネットワーク**と呼びます。**多層パーセプトロン**(MultiLayer Perceptron: MLP)とも呼びます。

隠れ層を増やしたものを特に**深層学習**、あるいは**ディープラーニング**と呼びます。単なるパーセプトロンを増やしただけではなく、プーリング層などの特別な層を組み込むこともあります。これは特別に畳み込みニューラルネットワークと呼びます。

ニューラルネットワークにはさまざまなバリエーションがありますが、本書では単純な多層パーセプトロンのみを対象とします。

4-7 ニューラルネットワークの構造

ニューラルネットワークは図10-4-3のように多層パーセプトロンをつなげた構造となっています。丸印で表されたものはユニットと呼ばれることもあります。矢印の本数だけ重みがあり、それらをすべて推定する必要があります。多くのパラメータを用いる必要がある代わりに、複雑な現象をとらえられるかもしれません。

複雑なモデルですと、重みを推定するのが困難になります。パラメータの推定には確率的勾配降下法(SDG)やAdamなどがしばしば用いられますが、本書では単純なモデルを中心に扱うのでこれらの手法は利用しません。

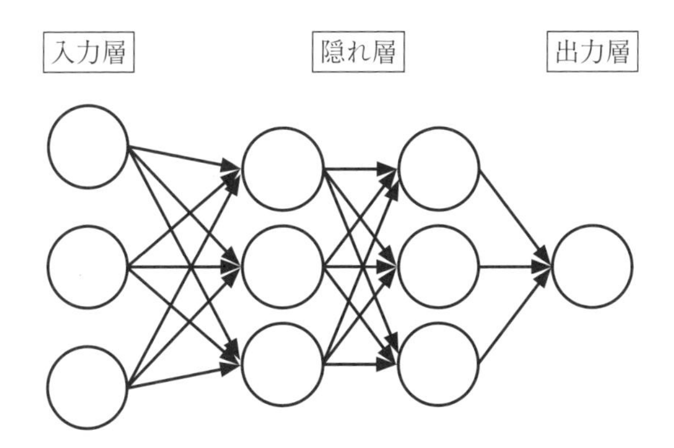

図 10-4-3 ニューラルネットワークの概念図

4-8 ニューラルネットワークにおける L_2正則化

モデルを複雑にすることにより、過学習が起こる可能性があります。そのため、L_2正則化がしばしば用いられます。正則化の解釈はRidge回帰と同様です。

深層学習ともなると、重みの推定方法、隠れ層の数や構造、損失の設定や活性化関数の選択、そしてL_2正則化の強度など、さまざまな要素を変化させる必要があります。これらはモデルを推定する前に決めておかなければならないため、区別して**ハイパーパラメータ**と呼ばれます。

どのような構造・ハイパーパラメータが最も好ましいかを調べることには、それなりの労力が必要です。Ridge回帰などと同様に、クロスバリデーション法を使って、予測精度が高くなるように調整する方法などがとられます。

4-9 実装 分析の準備

本章では実際にPythonを使ってニューラルネットワークを推定します。前章と同じく`scikit-learn`を使います。`scikit-learn`は、今回扱うような多層パーセプトロンを推定するくらいならば、十分な機能を有しています。もしもさらに複雑なモデルを推定したい場合はTensorFlowやKerasなどの別のライブラリの利用を検討してください。

必要なライブラリの読み込みなどを行います。

```
# 数値計算に使うライブラリ
import numpy as np
import pandas as pd
# 表示桁数の設定
pd.set_option('display.precision', 3)
np.set_printoptions(precision=3)
```

```
# 統計モデルを推定するライブラリ
import statsmodels.formula.api as smf
import statsmodels.api as sm

# グラフを描画するライブラリ
from matplotlib import pyplot as plt
import seaborn as sns
sns.set()

# 機械学習法を適用するためのライブラリ
from sklearn.neural_network import MLPRegressor, \
                                   MLPClassifier
from sklearn.linear_model import LinearRegression, \
                                 LogisticRegression

# サンプルデータの作成
from sklearn.datasets import make_circles

# テストデータと訓練データに分ける
from sklearn.model_selection import train_test_split
```


4-10 (実装) 単回帰分析

ニューラルネットワークと比較するために、第8部第1章と同じ例題を用いて、回帰分析を実行します。

10-A◆データの読み込み

分析のためのデータを読み込みます。架空のビールの売り上げデータです。気温（temperature）からビールの売り上げ（beer）を予測する問題に取り組みます。

```
beer = pd.read_csv('8-1-1-beer.csv')
print(beer.head(n=3))
```

```
   beer  temperature
0  45.3         20.5
1  59.3         25.0
2  40.4         10.0
```

10-B◆statsmodelsによるモデル化

第8部第1章と同じように、statsmodelsを用いて単回帰分析を実行し、推定された係数を確認します。

```
lm_stats = smf.ols(formula='beer ~ temperature',
                   data=beer).fit()
lm_stats.params
```

```
Intercept      34.610
temperature     0.765
dtype: float64
```

気温が20℃であるときのビールの売り上げの予測値を計算します。

```
lm_stats.predict(pd.DataFrame({'temperature' : [20]}))
```

```
0    49.919
dtype: float64
```

10-C◆scikit-learnによるモデル化

続いてscikit-learnを使って単回帰分析を実行します。データをnumpyのアレイに変換してから実行します。まずはデータの変換を行います。

```
# 入力ベクトル
# reshape(-1, 列数)の形にする
X_beer = beer['temperature'].to_numpy().reshape(-1, 1)
# 目標ベクトル
y_beer = beer['beer'].to_numpy()
```

reshape(-1, 1)を実行することで、入力ベクトルは1列のアレイとなります。

```
X_beer
```

```
array([[20.5],
       [25. ],
       [10. ],
・・・以下略
```

LinearRegression関数を利用して単回帰分析を実行し、推定された係数を確認します。当然ですが、係数はstatsmodelsを利用した場合と一致します。

```
lm_sk = LinearRegression().fit(X_beer, y_beer)
print(np.round(lm_sk.intercept_, 3))
print(np.round(lm_sk.coef_, 3))
```

```
34.61
[0.765]
```

気温が20℃であるときのビールの売り上げの予測値を計算します。

```
lm_sk.predict(np.array(20).reshape(-1, 1))
```

```
array([49.919])
```

10-D◆モデルの評価

回帰モデルの場合、モデルの評価指標として、第8部第2章で紹介した決定係数R^2がしばしば利用されます。R^2を計算します。

```
pred_lm_all = lm_sk.predict(X_beer)
resid = pred_lm_all - y_beer
ss_t = np.sum((y_beer - np.mean(y_beer))**2)
r2 = 1 - np.sum(resid**2) / ss_t
round(r2, 3)
```

```
0.504
```

score関数を利用することで、簡単にR^2を計算できます。

```
round(lm_sk.score(X_beer, y_beer), 3)
```

```
0.504
```

4-11 実装 ニューラルネットワークによる回帰

単回帰分析を実行したのと同じデータに、単純な構造のニューラルネットワークを当てはめて比較を行います。

11-A◆モデルの推定

MLPRegressor関数を利用して回帰問題のためのニューラルネットワークを推定し、その係数を確認します。

```
nnet_reg = MLPRegressor(random_state=1,
                        hidden_layer_sizes=(1, ),
                        activation='identity', alpha=0,
                        solver='lbfgs', max_iter=500,
                       ).fit(X_beer, y_beer)
print('切片', nnet_reg.intercepts_)
print('係数', nnet_reg.coefs_)
```

```
切片 [array([-42.901]), array([25.803])]
係数 [array([[-3.728]]), array([[-0.205]])]
```

引数の説明をします。

random_state

ニューラルネットワークは複雑な構造を持つことがあるため、しばしばモデルの推定結果が、実行するたびに変化します。そのため引数としてrandom_stateを設定して、結果の再現性を担保します。

hidden_layer_sizes

隠れ層の数と隠れ層に配置されるユニットの数を設定します。(1,)ならば、隠れ層は1つだけであり、ユニットも1つだけとなります。

activation

活性化関数を設定します。'identity'は恒等関数です。

alpha

正則化の強度を設定します。

solver, max_iter

最適化の方法と、繰り返し計算数の設定です。今回はlbfgs法を利用し、内部で最大500回まで繰り返し計算を行うようにしました。

11-B◆係数の解釈

推定された係数の解釈を**図10-4-4**に示しました。推定された係数は小数点以下第2位で四捨五入しています。

今回のモデルでは、切片`intercepts_`も、気温にかかる`coefs_`も2つずつ出力されています。これは隠れ層があるためです。

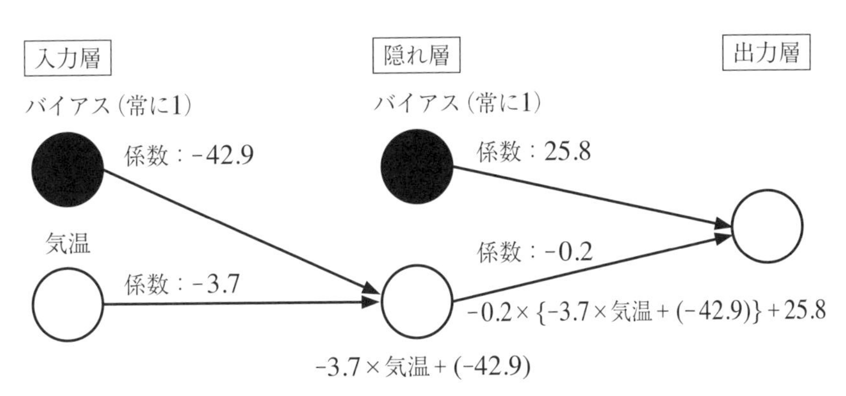

図 10-4-4 推定されたモデルの構造

入力層ではバイアス（回帰分析における切片に対応する、常に1である値）と気温が入力されます。`intercepts_`の1つ目の推定値がおよそ-42.9であり、`coefs_`の1つ目の推定値がおよそ-3.7となっています。そのため隠れ層の値は「-3.7×気温+(-42.9)」で計算されます。

切片は、入力層と隠れ層の2つで導入されます。そのため出力層へ至るまでにも2つのパラメータが推定されます。`intercepts_`の2つ目の推定値がおよそ25.8であり、`coefs_`の2つ目の推定値がおよそ-0.2となっています。そのため出力層は「-0.2×隠れ層+25.8」で計算されます。まとめると下記のようになります。

$$
\begin{aligned}
\text{出力層} &= -0.2 \times \text{隠れ層} + 25.8 \\
&= -0.2 \times \{-3.7 \times \text{気温} + (-42.9)\} + 25.8
\end{aligned}
\tag{10-7}
$$

ここで、出力層の計算式を変形します。

$$
\begin{aligned}
\text{出力層} &= -0.2 \times \{-3.7 \times \text{気温} + (-42.9)\} + 25.8 \\
&= \{-0.2 \times (-42.9) + 25.8\} - \{0.2 \times (-3.7)\} \times \text{気温} \\
&\approx 34.6 + 0.8 \times \text{気温}
\end{aligned}
\tag{10-8}
$$

小数点以下第2位で四捨五入しているのでややずれがありますが、単回帰分析によって得られた切片と回帰係数とほぼ一致します。

Pythonで確認します。まずは切片を再現します。

```
nnet_reg.intercepts_[0] * nnet_reg.coefs_[1] + \
    nnet_reg.intercepts_[1]
```

```
array([[34.61]])
```

続いて気温の係数を再現します。

```
nnet_reg.coefs_[0] * nnet_reg.coefs_[1]
```

```
array([[0.765]])
```

隠れ層が1つで、ユニット数も1つであり、活性化関数が（恒等関数なので）無視できるという、とても単純な構造を持つニューラルネットワークの場合、単回帰モデルとほとんど同じ結果が得られます。

11-C◆予測値の計算

気温が20℃のときの予測値を計算します。

```
nnet_reg.predict(np.array(20).reshape(-1, 1))
```

```
array([49.919])
```

推定された係数を用いても、同じ結果が得られます。

```
(nnet_reg.intercepts_[0] + nnet_reg.coefs_[0] * 20) * \
    nnet_reg.coefs_[1] + nnet_reg.intercepts_[1]
```

```
array([[49.919]])
```

11-D◆モデルの評価

モデルの評価指標としてR^2を計算します。単回帰分析と比べてほとんど変化ありません。

```
round(nnet_reg.score(X_beer, y_beer), 3)
```

```
0.504
```


4-12 (実装) ロジスティック回帰

ニューラルネットワークと比較するために、第9部第2章と同じ例題を用いて、ロジスティック回帰を実行します。

12-A◆データの読み込み

分析のためのデータを読み込みます。架空のテスト合否データです。勉強時間（hours）からテストの合否（result）を分類する問題に取り組みます。resultは、0なら不合格で1なら合格です。

```
test_result = pd.read_csv('9-2-1-logistic-regression.csv')
print(test_result.head(3))
```

```
   hours  result
0      0       0
1      0       0
2      0       0
```

12-B◆statsmodelsによるモデル化

第9部第2章と同じように、statsmodelsを用いてロジスティック回帰を実行し、推定された係数を確認します。

```
glm_stats = smf.glm(formula = 'result ~ hours',
                    data = test_result,
                    family=sm.families.Binomial()).fit()
glm_stats.params
```

```
Intercept   -4.559
hours        0.929
dtype: float64
```

勉強時間が3時間であるときの合格率の予測値を計算します。

```
glm_stats.predict(pd.DataFrame({'hours': [3]}))
```

```
0    0.145
dtype: float64
```

12-C◆scikit-learnによるモデル化

続いてscikit-learnを使ってロジスティック回帰を実行します。scikit-learnはデータをnumpyのアレイに変換してから実行します。まずはデータの変換を行います。

```
# 入力ベクトル
# reshape(-1, 列数)の形にする
X_bin = test_result['hours'].to_numpy().reshape(-1, 1)
# 目標ベクトル
y_bin = test_result['result'].to_numpy()
```

LogisticRegression関数を利用してロジスティック回帰を実行し、推定された係数を確認します。penalty='none'とすることで、正則化をせず、純粋なロジスティック回帰モデルを指定しています。

```
glm_sk = LogisticRegression(random_state=1, penalty='none'
                            ).fit(X_bin, y_bin)
print(np.round(glm_sk.intercept_, 3))
print(np.round(glm_sk.coef_, 3))
```

```
[-4.559]
[[0.929]]
```

勉強時間が3時間であるときの合格率の予測値を計算します。予測値を確率として出力する場合はpredict_proba関数を使います。

```
glm_sk.predict_proba(np.array(3).reshape(-1, 1))
```

```
array([[0.855, 0.145]])
```

出力の1番目は不合格になる確率であり、2番目が合格する確率となります。

合格率が0.5以上なら「1」を、そうでなければ0となるように、単純に合否の予測値を計算する場合はpredict関数を使います。

```
glm_sk.predict(np.array(3).reshape(-1, 1))
```

```
array([0], dtype=int64)
```

12-D◆モデルの評価

分類モデルの場合、モデルの評価指標として、的中率がしばしば利用されます。的中率を計算します。予測値glm_sk.predict(X_bin)と実測値y_binが等しくなった回数を求め、それをサンプルサイズで除すことで計算できます。

```
np.sum(glm_sk.predict(X_bin) == y_bin) / len(y_bin)
```

```
0.84
```

score関数を利用することで、簡単に的中率を計算できます。

```
glm_sk.score(X_bin, y_bin)
```

```
0.84
```

4-13 （実装）ニューラルネットワークによる分類

ロジスティック回帰を実行したのと同じデータに、単純な構造のニューラルネットワークを当てはめて比較を行います。

13-A◆モデルの推定

MLPClassifier関数を利用して分類問題のためのニューラルネットワークを推定し、その係数を確認します。

```
nnet_clf = MLPClassifier(random_state=1,
                         hidden_layer_sizes=(1, ),
                         activation='identity', alpha=0,
                         solver='lbfgs', max_iter=500,
                        ).fit(X_bin, y_bin)
print('切片', nnet_clf.intercepts_)
print('係数', nnet_clf.coefs_)
```

```
切片 [array([1.595]), array([-1.195])]
係数 [array([[-0.441]]), array([[-2.109]])]
```

13-B◆係数の解釈

隠れ層が1つで、ユニット数も1つなので、モデルの構造は回帰問題とほとんど変わりありません。

ロジスティック回帰モデルの切片は以下のように再現できます。

```
nnet_clf.intercepts_[0] * nnet_clf.coefs_[1] + \
    nnet_clf.intercepts_[1]
```

```
array([[-4.559]])
```

続いて勉強時間の係数を再現します。

```
nnet_clf.coefs_[0] * nnet_clf.coefs_[1]
```

```
array([[0.929]])
```

単純な構造を持つニューラルネットワークの場合、ロジスティック回帰モデルとほとんど同じ結果が得られます。

13-C◆予測値の計算

勉強時間が3時間であるときの合格率の予測値を計算します。activation=

'identity'と設定しても、隠れ層から出力層へ至る段階ではロジスティック関数が適用されます。そのため、予測値は0から1の範囲をとる確率として扱えます。

```
nnet_clf.predict_proba(np.array(3).reshape(-1, 1))
```

```
array([[0.855, 0.145]])
```

確率ではなく、単純に合否の予測値を計算する場合はpredict関数を使います。

```
nnet_clf.predict(np.array(3).reshape(-1, 1))
```

```
array([0], dtype=int64)
```

推定された係数を用いても、同じ結果が得られます。まずは定義通りに予測値を計算します。

```
tmp = (nnet_clf.intercepts_[0] + nnet_clf.coefs_[0] * 3) * \
    nnet_clf.coefs_[1] + nnet_clf.intercepts_[1]
```

上記の結果にロジスティック関数を適用することで、predict_probaの結果を再現できます。

```
1 / (1 + np.exp(-tmp))
```

```
array([[0.145]])
```

13-D◆モデルの評価

score関数を利用して、的中率を計算します。

```
nnet_clf.score(X_bin, y_bin)
```

```
0.84
```

こちらも結果はロジスティック回帰と一致しました。

4-14 実装 複雑な分類問題データの作成

単純なデータに対して単純なモデルを適用した場合、線形モデルとニューラルネットワークはほとんど同じ結果を返します。

続いて、ニューラルネットワークの特徴がつかめるように、やや複雑なデータを作成します。scikit-learnの提供するmake_circles関数を使い、分類問題のためのデータを生成します。下記のように実行することで、入力ベクトルXと目標ベクトルyが得られます。

```
X, y = make_circles(
    n_samples=100, noise=0.2, factor=0.5, random_state=1)
```

n_samples=100とすると、サンプルサイズ100のデータが生成されます。noiseはノイズの大きさ、factorは2つのカテゴリーの存在比率（今回は50%ずつ）、random_stateは再現性を保つための乱数の種です。

生成されたデータを確認します。すべてnumpyのアレイですので、scikit-learnでの分析は容易です。

```
# 入力ベクトル
print('行数と列数', X.shape)
print('先頭の3行')
print(X[0:3, ::])
```

```
行数と列数 (100, 2)
先頭の3行
[[-0.383 -0.091]
 [-0.021 -0.478]
 [-0.396 -1.289]]
```

続いて目標ベクトルを確認します。

```
# 目標ベクトル
print('行数と列数', y.shape)
print('先頭の3つのデータ')
print(y[0:3])
```

```
行数と列数 (100,)
先頭の3つのデータ
[1 1 0]
```

make_circles関数の名の通り、これは2つの入力ベクトルがちょうど輪っかになるような形で目標ベクトルのカテゴリーが変化します。散布図を描いて確認します（図10-4-5）。


```
sns.scatterplot(x=X[:, 0], y=X[:, 1], hue=y, palette='gray', style=y)
```

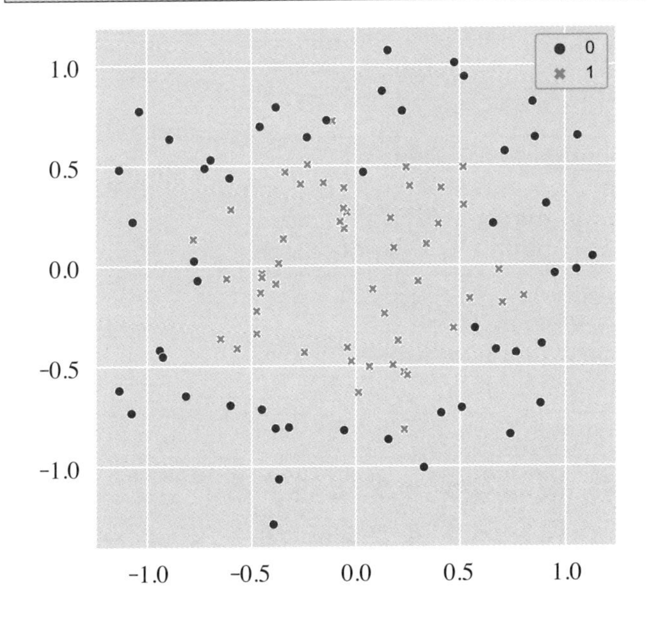

図 10-4-5 複雑な分類データの例

4-15 実装 訓練データとテストデータに分割

作成された入力ベクトルと目標ベクトルを、訓練データとテストデータに分割します。訓練データを対象にしてモデルを推定し、テストデータでその精度を評価します。

sklearn.model_selectionのtrain_test_split関数を使うことで、ランダムにデータを分割できます。訓練データが全体の75%、テストデータが全体の25%となります。再現性を保つために、random_stateで乱数の種を指定します。

```
# データを訓練データとテストデータに分ける
X_train, X_test, y_train, y_test = train_test_split(
    X, y, stratify=y, random_state=1)
```

列数と行数を確認します。

```
print('行数と列数 X_train:', X_train.shape)
print('行数と列数 X_test :', X_test.shape)
print('行数と列数 y_train:', y_train.shape)
print('行数と列数 y_test :', y_test.shape)
```

```
行数と列数 X_train: (75, 2)
行数と列数 X_test : (25, 2)
行数と列数 y_train: (75,)
行数と列数 y_test : (25,)
```

4-16 実装 複雑なデータに対するロジスティック回帰

複雑なデータに対してロジスティック回帰を適用します。

```
circle_glm = LogisticRegression(random_state=0, penalty='none'
                               ).fit(X_train, y_train)
```

的中率を見ると、とても低い値になっているのがわかります。円形のような非線形な形での分類は、単純なロジスティック回帰では困難です。工夫すればある程度精度を上げられることもありますが、今回は取り上げません。

```
print('訓練  :', round(circle_glm.score(X_train, y_train), 3))
print('テスト:', round(circle_glm.score(X_test, y_test), 3))
```

```
訓練  : 0.467
テスト: 0.36
```

4-17 (実装) 複雑なデータに対する ニューラルネットワーク

続いて複雑なデータに対してニューラルネットワークを適用します。今回は隠れ層のユニットを100に増やしたうえ、活性化関数としてReLUを採用しました。また、正則化も実施しています。

```
circle_nnet = MLPClassifier(random_state=1,
                            hidden_layer_sizes=(100, ),
                            activation='relu', alpha=0.5,
                            solver='lbfgs', max_iter=5000
                           ).fit(X_train, y_train)
```

訓練データでもテストデータでも、的中率がかなり改善しているのがわかります。円形のような非線形な形での分類でも、ニューラルネットワークならば、きれいに分類できました。

```
print('訓練  :', round(circle_nnet.score(X_train, y_train), 3))
print('テスト:', round(circle_nnet.score(X_test, y_test), 3))
```

```
訓練  : 0.96
テスト: 0.88
```

興味のある読者は、`hidden_layer_sizes`を増減させたり`activation`を変化させたりして、的中率がどれほど変化するかを調べてみましょう。隠れ層のユニットを1つにして、活性化関数を恒等関数にすると、ほとんどロジスティック回帰モデルと同じくらいに予測の精度が下がります。

逆にMLPClassifierの引数を変えてモデルの構造を変えることで、予測精度を高められる可能性も残っていますが、ここでいったん分析を終えます。

4-18 線形モデルの利点・ニューラルネットワークの利点

ニューラルネットワークの構造を解説したとき、これは線形モデルをより複雑に拡張したものだと説明しました。この認識は誤りではありませんし、線形モデルでは表現できないような複雑なデータでも、ニューラルネットワークならばうまくモデル化できる可能性は大いにあります。

しかし、複雑なモデルは訓練データに過剰に適合する危険性をはらんでいます。また、結果の解釈という点で見ると、正規線形モデルやロジスティック回帰の方が扱いやすいという側面もあります。

ここでの議論は、ニューラルネットワークよりも一般化線形モデルの方が優れているという主張ではないことに注意してください。重要なことは、あらかじめ分析手法を決めて分析に取り掛かるのではなく、データや目的にあわせて分析手法を切り替えるということです。

万能なモデルというものはなかなかないものでして、ニューラルネットワークにも、もちろん一般化線形モデルにも弱点や欠点は多々あります。このとき、1つ1つの欠点を暗記するという方法ではうまくいきません。各モデルの基礎となる理論を学ぶのが、遠いように見えて早道となることがしばしばあります。

本書では統計学や統計モデルの基礎的な理論を解説しました。ライブラリを使って複雑な機械学習法を適用することよりもむしろ、基礎を理解することの方が難しいかもしれません。

しかし、ライブラリの仕様が変わることがあっても、基礎的な理論が数年で変わることは多くありません。新しい手法が提案されたとき、真っ先にそれを活用できるのは、基礎を理解している人だと思います。新しい手法を提案するためにも、基礎的な理論を理解することは重要です。基礎理論こそが、長い目で見れば、最も役立つ道具になると思います。

本書が、統計学、ひいてはデータ活用のための、良き道具となれば幸いです。

参考文献リスト

- Andreas C. Müller, Sarah Guido.（中田秀基 訳).（2017). Pythonではじめる機械学習－scikit-learnで学ぶ特徴量エンジニアリングと機械学習の基礎. オライリー・ジャパン
- Annette J. Dobson.（田中豊・森原敏彦・山中竹春・富田誠 訳).（2008). 一般化線形モデル入門 原著第2版. 共立出版
- C. M.Bishop.（元田浩・栗田多喜夫・樋口知之・松本裕治・村田昇 監訳).（2012). パターン認識と機械学習 <上・下> ベイズ理論による統計的予測. 丸善出版
- Graeme D. Ruxton.（2006). The unequal variance t-test is an underused alternative to Student's t-test and the Mann–Whitney U test. Behavioral Ecology. 17(4), pp688–690
- Graham Upton, Ian Cook.（白幡慎吾 監訳).（2010). 統計学辞典. 共立出版
- H. Wickham. (2014). Tidy data. Journal of Statistical Software, 59 (10)
- R. L. Wasserstein, N. A. Lazar（佐藤俊哉 訳).（2017). 統計的有意性とP値に関するASA声明. http://www.biometrics.gr.jp/news/all/ASA.pdf
- 岩波データサイエンス刊行委員会 編.（2017). 岩波データサイエンス Vol.5. 岩波書店
- 粕谷英一. (1998). 生物学を学ぶ人のための統計のはなし～君にも出せる有意差～. 文一総合出版
- 粕谷英一.（2012). 一般化線形モデル. 共立出版
- 粕谷英一.（2015). 生態学におけるAICの誤用：AICは正しいモデルを選ぶためのものではないので正しいモデルを選ばない(<特集2>生態学におけるモデル選択). 日本生態学会誌,65(2), pp179-185
- 神永正博・木下勉.（2019). Rで学ぶ確率統計学　一変量統計編. 内田老鶴圃
- 久保川達也.（2017). 現代数理統計学の基礎. 共立出版
- 久保拓弥.（2012). データ解析のための統計モデリング入門――一般化線形モデル・階層ベイズモデル・MCMC. 岩波書店
- 倉田博史・星野崇宏.（2009). 入門統計解析. 新世社
- 古賀弘樹.（2018). 一段深く理解する 確率統計. 森北出版
- 斎藤康毅.（2016). ゼロから作るDeep Learning－Pythonで学ぶディープラーニングの理論と実装. オライリー・ジャパン
- 佐和隆光.（1979). 回帰分析. 朝倉書店(2020年に新装版として再刊されています)
- 繁桝算男.（1985). ベイズ統計入門. 東京大学出版会
- 島谷健一郎.（2017). ポアソン分布・ポアソン回帰・ポアソン過程. 近代科学社
- 鈴木武・山田作太郎.（1996). 数理統計学－基礎から学ぶデータ解析－. 内田老鶴圃
- 高橋信.（2004). マンガでわかる統計学. オーム社
- 高橋将宜・渡辺美智子.（2017). 欠測データ処理—Rによる単一代入法と多重代入法—. 共立出版
- 竹澤邦夫.（2009). Rによるノンパラメトリック回帰の入門講義. メタ・ブレーン
- 竹村彰通.（2021). 現代数理統計学. 学術図書出版社
- 田中豊・中西寛子・姫野哲人・酒折文武・山本義郎（日本統計学会 編).（2015).

改訂版 日本統計学会公式認定　統計検定2級対応　統計学基礎．東京図書
・中井悦司．(2018)．技術者のための基礎解析学 機械学習に必要な数学を本気で学ぶ．翔泳社
・中内伸光．(2002)．数学の基礎体力をつけるためのろんりの練習帳．共立出版
・西崎一郎．(2017)．意思決定の数理 最適な案を選択するための理論と手法．森北出版
・西原史暁．(2017)．【翻訳】整然データ[URL:http://id.fnshr.info/2017/01/09/trans-tidy-data/]2022年1月7日最終閲覧
・西原史暁．(2017)．整然データとは何か．情報の科学と技術．67(9), pp448-453
・馬場真哉．(2015)．平均・分散から始める一般化線形モデル入門．プレアデス出版
・馬場真哉．(2018)．時系列分析と状態空間モデルの基礎：RとStanで学ぶ理論と実装．プレアデス出版
・馬場真哉．(2019)．RとStanではじめるベイズ統計モデリングによるデータ分析入門．講談社
・馬場真哉．(2021)．意思決定分析と予測の活用　基礎理論からPython実装まで．講談社
・平井有三．(2012)．はじめてのパターン認識．森北出版
・松井秀俊・小泉和之（竹村彰通 編）．(2019)．統計モデルと推測．講談社
・松浦健太郎．(2016)．RとStanでベイズ統計モデリング．共立出版
・松原望・縄田和満・中井検裕(東京大学教養学部統計学教室 編)．(1991)．統計学入門．東京大学出版会
・山田作太郎・北田修一．(2004)．生物統計学入門．成山堂書店

本書で用いた主要なライブラリのリファレンス

・numpy　[URL: https://numpy.org/]
・pandas　[URL: https://pandas.pydata.org/]
・scipy　[URL: https://scipy.org/]
・matplotlib　[URL: https://matplotlib.org/]
・seaborn　[URL: https://seaborn.pydata.org/]
・statsmodels　[URL: https://www.statsmodels.org/stable/]
・patsy　[URL: https://patsy.readthedocs.io/en/latest/]
・scikit-learn　[URL: https://scikit-learn.org/stable/]

索引

数字

記号・アルファベット

あ行

か行

さ行

た行

な行

は行

ま行

や行

ら行

わ行

プログラミング索引

プログラミング関連の用語一覧です。pd_dfはpandasデータフレームを、pd_seriesはpandasのシリーズを、smf_olsはsmf.ols()でsmf_glmはsmf.glm()で推定されたモデルの結果を指します。

■著者プロフィール

馬場 真哉（ばば しんや）
2014年　北海道大学水産科学院修了
Logics of Blue（https://logics-of-blue.com/）というWebサイトの管理人。
2020年11月より東京医科歯科大学非常勤講師、2021年2月より岩手大学客員准教授、
2022年4月より帝京大学特任講師。
著書に『平均・分散から始める一般化線形モデル入門』（プレアデス出版）
『時系列分析と状態空間モデルの基礎：RとStanで学ぶ理論と実装』（プレアデス出版）
『RとStanではじめる ベイズ統計モデリングによるデータ分析入門』（講談社）
『R言語ではじめる プログラミングとデータ分析』（ソシム）
『意思決定分析と予測の活用 基礎理論からPython実装まで』（講談社）など

装丁デザイン　大下 賢一郎
装丁写真　iStock.com/FrankRamspott
本文デザイン・DTP　株式会社マップス
校正協力　佐藤 弘文

**Python（パイソン）で学ぶ
あたらしい統計学の教科書 第2版**

2022年6月8日　初版第1刷発行

著　者　馬場 真哉（ばば しんや）
発行人　佐々木 幹夫
発行所　株式会社 翔泳社（https://www.shoeisha.co.jp/）
印刷・製本　株式会社ワコープラネット

ISBN978-4-7981-7194-4　Printed in Japan